Kyra Sänger
Christian Sänger

Canon EOS 5DS [R]
für bessere Fotos von Anfang an!

Verlag: BILDNER Verlag GmbH
Bahnhofstraße 8
94032 Passau
http://www.bildner-verlag.de
info@bildner-verlag.de
Tel.: + 49 851-6700
Fax: +49 851-6624

ISBN: 978-3-8328-0149-6

Covergestaltung: Christian Dadlhuber
Produktmanagement und Konzeption: Lothar Schlömer
Layout und Gestaltung: Astrid Stähr
Autoren: Kyra Sänger, Christian Sänger
Herausgeber: Christian Bildner

© 2014 BILDNER Verlag GmbH Passau

Das FSC®-Label auf einem Holz- oder Papierprodukt ist ein eindeutiger Indikator dafür, dass das Produkt aus verantwortungsvoller Waldwirtschaft stammt. Und auf seinem Weg zum Konsumenten über die gesamte Verarbeitungs- und Handelskette nicht mit nicht-zertifiziertem, also nicht kontrolliertem, Holz oder Papier vermischt wurde. Produkte mit FSC®-Label sichern die Nutzung der Wälder gemäß den sozialen, ökonomischen und ökologischen Bedürfnissen heutiger und zukünftiger Generationen.

Wichtige Hinweise

Die Informationen in diesen Unterlagen werden ohne Rücksicht auf einen eventuellen Patentschutz veröffentlicht. Warennamen werden ohne Gewährleistung der freien Verwendbarkeit benutzt. Bei der Zusammenstellung von Texten und Abbildungen wurde mit größter Sorgfalt vorgegangen. Trotzdem können Fehler nicht vollständig ausgeschlossen werden. Verlag, Herausgeber und Autoren können für fehlerhafte Angaben und deren Folgen weder eine juristische Verantwortung noch irgendeine Haftung übernehmen. Für Verbesserungsvorschläge und Hinweise auf Fehler sind Verlag und Herausgeber dankbar.

Fast alle Hard- und Softwarebezeichnungen und Markennamen der jeweiligen Firmen, die in diesem Buch erwähnt werden, können auch ohne besondere Kennzeichnung warenzeichen-,marken- oder patentrechtlichem Schutz unterliegen.

Das Werk einschließlich aller Teile ist urheberrechtlich geschützt. Es gelten die Lizenzbestimmungen der BILDNER-Verlag GmbH Passau.

Inhaltsverzeichnis

1. Canons starke Zwillinge: EOS 5DS und 5DS R ... 17

- 1.1 Die wichtigsten Features kurz vorgestellt ... 18
- 1.2 5DS und 5DS R: der kleine Unterschied ... 21
  - Mit Tiefpassfilter oder ohne? ... 22
- 1.3 Die EOS 5DS [R] im Überblick ... 23
  - Bedienelemente auf der Vorderseite ... 23
  - Einstellungsoptionen auf der Kamerarückseite ... 25
  - Die EOS 5DS [R] von oben betrachtet ... 27
  - Die fünf Kameraanschlüsse ... 28
  - Informationen von LCD-Anzeige und Monitor ... 29
  - Anzeigeform wechseln ... 31
  - Ein Blick durch den Sucher ... 31
  - Die Sucheranzeige individualisieren ... 33
- 1.4 Das Bedienkonzept der EOS 5DS [R] ... 34
  - Schnelleinstellung mit der Q-Taste ... 35
  - Direkteinstellungstasten ... 36
  - Verwenden des umfassenden Kameramenüs ... 36
  - Arbeiten im Livebild-Modus ... 38
- 1.5 Die 5DS [R] startklar machen ... 39
  - Nützliche Akkuinformationen ... 39
  - Der doppelte Speicherkartenslot ... 40

2. Bilder aufnehmen und betrachten ... 43

- 2.1 Die Speicherkarte vorbereiten ... 44
- 2.2 Zum Einstieg: die Automatische Motiverkennung ... 44
  - Was die Motivsymbole bedeuten ... 46

2.3	**Bildqualität, Dateiformate und der neue Cropmodus**	**47**
	Das Seitenverhältnis auswählen	49
	Schneidedaten hinzufügen	51
	JPEG und RAW, welches Format für welchen Zweck?	51
	Eigenschaften von M-RAW und S-RAW	53
2.4	**Bilder betrachten, sichern und löschen**	**55**
	Wiedergabe von Bildern und Movies	55
	AF-Feldanzeige aktivieren	56
	Detaillierte Informationsanzeige	56
	Vom Bildindex bis zur vergrößerten Kontrollansicht	57
	Vergleichen von Bildern	57
	Favoritensterne vergeben	58
	Bildpräsentation als Diaschau	59
	Bilder am TV wiedergeben	60
	Schutz vor versehentlichem Löschen	61
	Bilder schnell und sicher löschen	62

3. Die Belichtung im Griff ... 65

3.1	**Die Relevanz der Belichtungszeit**	**66**
3.2	**Den Bildstabilisator effektiv einsetzen**	**67**
3.3	**Bildgestaltung mit Schärfentiefe**	**70**
	Die Schärfentiefe kontrollieren	71
3.4	**ISO-Fähigkeiten der 5 DS [R]**	**72**
	Über die Empfindlichkeit des Sensors in der Praxis	73
	ISO-Wert und ISO-Bereich einstellen	75
	Ein Blick auf ISO 50	76
	Bildrauschen reduzieren	77
	Rauschreduzierung bei Langzeitbelichtung	79
	Die ISO-Automatik optimal nutzen	80

3.5	**Vier Belichtungsoptionen für alle Fälle**	**82**
	Intelligente Belichtung mit der Mehrfeldmessung	82
	Wann die mittenbetonte Integralmessung sinnvoll ist	85
	Selektiv- und Spotmessung bei Gegenlicht und hohem Kontrast	87
3.6	**Belichtungskontrolle mit dem Histogramm** ...	**89**
	Was das Histogramm aussagt	90
	Dynamikumfang: Ist mein Bild korrekt belichtet?	91
	Bildkontrolle mit dem RGB-Histogramm	92
3.7	**Typische Situationen für Belichtungskorrekturen**	**94**
	Die Belichtung anpassen	95
3.8	**Doppel- und Mehrfachbelichtungen**	**95**
	Mehrfach belichten mit Digital Photo Professional	100
	Grenzen der Mehrfachbelichtung	101

4. Den Autofokus gekonnt einsetzen 103

4.1	**Schärfe und Schärfentiefe**	**104**
4.2	**Performance des 61-Punkte-Weitbereich-AF**	**105**
	Objektivabhängigkeit der nutzbaren AF-Messfelder	107
	Präzision der AF-Felder	108
4.3	**Automatisch fokussieren mit der EOS 5DS [R]**	**109**
4.4	**AF-Bereiche und Messfelder wählen**	**110**
	AF-Bereiche und Messfelder auswählen	111
	Szenarien für die automatische Messfeldwahl	113
	AF-Messfeldwahl in Zone	114

		Wann die erweiterten AF-Bereiche sinnvoll sind	116
		Motive für Einzelfeld- und Spot-AF	117
		AF-Feld registrieren und kontinuierliches AF-Wahlmuster	119
		Unterschiedliche Voreinstellungen fürs Hoch- und Querformat	121
		Anzeige der AF-Messfelder anpassen	122
	4.5	**Einer für (fast) alles: der One-Shot-Autofokus**	**123**
		Schärfepriorität deaktivieren	125
		Manuell nachfokussieren	125
	4.6	**AI Servo und AI Focus für packende Actionfotos**	**127**
		Den AI Servo AF situationsbedingt anpassen	129
	4.7	**Für Könner: manuell Scharfstellen**	**133**
	4.8	**Scharfstellen über den LCD-Monitor**	**135**
		Mit FlexiZone Single gezielt ein Motiv scharf stellen	136
		Automatische Gesichtserkennung und Verfolgung	138
	4.9	**Die Autofokus-Feinabstimmung**	**139**
5.	**Professionelle Programme für jede Situation**		**145**
	5.1	**Mit der Programmautomatik spontan reagieren**	**146**
		Programmverschiebung	147
	5.2	**Mit Tv die Geschwindigkeit kontrollieren**	**148**
	5.3	**Die Schärfentiefe mit Av regulieren**	**151**
		Bokeh oder die Qualität der Unschärfe	153
		Schärfentiefe anpassen	154

5.4	Mehr Sicherheit dank Safety Shift	154
5.5	Manuelle Belichtungskontrolle	155
5.6	Langzeitbelichtung steuern mit dem Modus B	157
	Zeitvorwahl mit dem Langzeitbelichtungs-Timer	158
5.7	C1 bis C3: die Individual-Aufnahmemodi	160

6. Farbkontrolle mit Weißabgleich und Bildstil ... 165

6.1	Farbkontrolle per Weißabgleich	166
	Farbtemperaturen und der Weißabgleich	166
	Der automatische Weißabgleich	167
	Wann der AWB in Schwierigkeiten gerät	168
	Neu: AWB für Kunstlicht	170
	Mit den Weißabgleichvorgaben arbeiten	171
	Den Weißabgleich korrigieren	173
6.2	Professionell arbeiten mit manuellem Weißabgleich	174
	Die Farbtemperatur numerisch einstellen	176
	Für Profis: individuelle Farbprofile erstellen	177
6.3	Verwendung der Bildstile	182
	Der neue Bildstil Feindetail	183
	Bildstile auswählen und anpassen	185
	Bildstile in der Übersicht	186
	Eigene Bildstile entwerfen	187
	Bildstile aus dem Internet verwenden	188
6.4	Farbraum und Farbmanagement	189
	Farbmanagement: Monitor und Drucker kalibrieren	191

7. Perfekter Blitzlichteinsatz mit der 5DS [R] ... 193

- **7.1 Blitzlicht, Blitzgeräte und E-TTL II** ... 194
  - Blitzsteuerung mit E-TTL II ... 195
  - Den Blitz über das Menü steuern ... 196
- **7.2 Systemblitzgeräte für die EOS 5DS [R]** ... 197
  - Lichtformer für Systemblitzgeräte ... 201
- **7.3 Kreative Blitzsteuerung** ... 202
  - Blitzen mit der Programmautomatik ... 202
  - Kreativ blitzen mit der Zeitautomatik Av ... 203
  - Blitzsynchronzeit anpassen ... 204
  - Tv und M – oder das Spiel mit der Zeit ... 206
- **7.4 Feinabstimmung der Blitzdosis** ... 207
  - Blitzbelichtungs-Bracketing ... 208
- **7.5 Blitzeinsatz in heller Umgebung** ... 209
- **7.6 Kreative Blitzaufnahmen bei Dunkelheit** ... 210
- **7.7 Blitzen mit entfesselten Geräten** ... 212
  - Entfesselt blitzen mit dem Canon-EX-Multi-Flash-System ... 213

8. Personen stilvoll porträtieren ... 219

- **8.1 Das passende Porträtobjektiv auswählen** ... 220
- **8.2 Aufnahmen von Einzelpersonen** ... 221
- **8.3 Gruppenbilder gestalten** ... 222
- **8.4 Porträts im Freien mit Systemblitz und Softbox** ... 224
- **8.5 Moiré-Effekte vermeiden oder beseitigen** ... 226
- **8.6 Selfies mit dem Selbstauslöser** ... 230
- **8.7 Stimmungsvolle Nachtporträts** ... 232
  - Was das AF-Hilfslicht bringt ... 233

8.8	**Mit der 5DS [R] im Studio: perfekte Kontrolle**	**234**
8.9	**Tethered Shooting für die direkte Bildkontrolle**	**238**
	Fernaufnahmen mit Canon EOS Utility	239

9. Architekturfotografie und Stadtansichten 245

9.1	**Architektur im High-End-Bereich**	**246**
9.2	**Stürzende Linien vermeiden**	**247**
9.3	**Mittel gegen objektivbedingte Abbildungsfehler**	**250**
	Kamerainterne Vignettierungs- und Aberrationskorrektur	251
9.4	**Spiegelungen mit dem Polfilter kontrollieren**	**254**
9.5	**Wasser in Bewegung**	**256**
	Farbneutrale Graufilter	258

10. Mit der EOS 5DS [R] in die Natur 261

10.1	**Mehr Harmonie mit Grauverlaufsfiltern**	**263**
10.2	**Landschaften im Farbenrausch**	**266**
10.3	**Tiere vor der Kamera**	**267**
	Haustiere in Szene setzen	268
	Tiere in Zoo und Gehege: was es zu beachten gilt	270
	Wildtierfotografie meistern mit der EOS 5DS [R]	271
	Auf der Pirsch: Kamerageräusche vermeiden	274

11. Sport und Action mit der EOS 5DS [R] ... 277

- 11.1 Den einen Moment erwischen ... 278
- 11.2 Bewegungen einfrieren ... 279
- 11.3 Den Fokus exakt setzen und präzise nachführen ... 280
- 11.4 Schnell auftauchende Motive sicher erfassen ... 282
- 11.5 Störende Elemente vor dem Motiv ignorieren ... 284
- 11.6 Das vorderste Motiv im Fokus ... 285
- 11.7 Kameratipps für spannende Flugaufnahmen ... 287
  - Den Fokusbereich einschränken ... 288
- 11.8 Dynamik mit Wischeffekten gestalten ... 289
- 11.9 Schnelle Bewegungen bei Kunstlicht einfangen ... 291

12. Faszinierende Nah- und Makrofotografie ... 295

- 12.1 Die 5DS [R] im Makroeinsatz ... 296
  - Geeignete Voreinstellungen ... 296
- 12.2 Der Abbildungsmaßstab ... 298
- 12.3 Nahlinsen für Makros mit jedem Objektiv ... 300
- 12.4 Vergrößern mit Zwischenringen ... 302
  - Der Retroadapter-Trick ... 303
- 12.5 Makroobjektive: Spezialisten für die Nähe ... 304
- 12.6 Kleine Tiere groß herausbringen ... 306
- 12.7 Beugungsunschärfe vermeiden ... 308

12.8 Knackig scharf mit Spiegelverriegelung **310**

12.9 Fokussieren mit der Lupenfunktion **312**

13. Die 5DS [R] in allen Lagen professionell einsetzen **315**

13.1 Kontraste managen **316**
Dynamikumfang des 5DS [R]-Sensors 316
Überstrahlung vermeiden mit der Tonwert-Priorität 317
Was leistet die Automatische Belichtungsoptimierung? 319
Ästhetische Aufnahmen bei Dämmerung und blauer Stunde 320
Der besondere Trick: Exposure to the right 323

13.2 Mit dem HDR-Style glänzen **325**
Was der HDR-Modus leistet 327
HDR mit Digital Photo Professional 330
HDR-Bilder mit der Belichtungsreihenautomatik 331
HDR-Software in der Übersicht 334

13.3 Lichter am Himmel und auf der Erde **335**
Feuerwerke gekonnt in Szene setzen 335
Sternenbahnen mit dem Intervall-Timer 337

13.4 Panoramafotografie **341**
Freihändig und unkompliziert 341
Übersicht über geeignete Panoramasoftware 344
Anspruchsvolle Panoramen realisieren 345
Panoramaköpfe in der Übersicht 347

14. Videoprojekte mit der 5DS [R] realisieren **349**

14.1 Filmen mit der automatischen Belichtung **350**

14.2	Welches Format für welchen Zweck?	351
	Wissenswertes über die Bildrate	353
	Was es mit der Kompressionsmethode auf sich hat	355
14.3	**Die Aufnahmebedingungen optimieren**	**356**
	Einfluss der Belichtungszeit	357
	Die Belichtung anpassen	359
	Filmen mit konstanter Belichtung	359
	Die Motive im Fokus halten	360
	Manuell zur richtigen Schärfe	363
14.4	**Alles wuselt: Zeitraffer-Movies gestalten**	**365**
14.5	**Den richtigen Ton treffen**	**367**
	Verwendung eines externen Mikrofons	368

15. Interessantes aus dem Zubehöruniversum — 371

15.1	**Rund um Objektive & Co.**	**372**
	Verbindungselement Bajonett	372
	Bemerkungen zur Lichtstärke	372
	Geeignete Objektive für die 5DS [R]	373
	Objektivvergleich	375
	Normalzoomobjektiv mit hoher Lichtstärke	377
	Superweitwinkel-Zoomobjektive	378
	Telezoomobjektive	379
	Wann sich Telekonverter lohnen	380
	Porträtobjektive	381
15.2	**Das Stativ: der beste Freund der 5DS [R]**	**382**
	Auf den Stativkopf kommt es an	384
15.3	**Fernbedienungen für die 5DS [R]**	**385**
15.4	**Länger shooten mit dem Akkugriff**	**387**
15.5	**Geeignete Speicherkarten für Ihre 5DS [R]**	**388**
	Wi-Fi-fähige Speicherkarten	389

15.6 Bilder verorten mit dem GPS-Empfänger 390
Die erfassten GPS-Daten auslesen 393
GPS-Daten in Adobe Lightroom 394

15.7 Kabellose Datenübertragung mit dem WFT-E7 395

15.8 Objektiv- und Sensorreinigung 396
Behutsame Objektivreinigung 396
Ist der Sensor sauber? 397
Staublöschungsdaten erstellen und anwenden 398
Sensorreinigung mit dem Blasebalg 399
Feuchtreinigung des Sensors 400

16. Bildbearbeitung und Menükompass 403

16.1 Bildbearbeitung in der Kamera 404
Bilder rotieren 404
RAW-Bilder entwickeln 404
Größe von JPEG-Bildern nachträglich ändern 406
Ausschnittvergrößerungen 406

16.2 Die Canon-Software im Überblick 407

16.3 Bilder mit EOS Utility auf den PC übertragen 408

16.4 RAWs mit Digital Photo Professional entwickeln 410
Horizont begradigen und Zuschneiden 411
Helligkeit und Kontrast optimieren 413
Weißabgleich und Farbbalance 414
Bildrauschen mindern und Nachschärfen 415
Objektivfehler effizient korrigieren 418
Speicheroptionen 419

16.5 Weitere empfehlenswerte RAW-Konverter 420
Adobe Camera Raw und Lightroom 420

		DxO Optics Pro	421
		RawTherapee	422
16.6		**Weitergabe von Bildern**	**423**
		Bilder von Karte zu Karte kopieren	423
		Fotobuch-Einstellungen	424
		Druckaufträge vorbereiten	425
16.7		**Kamerasoftware updaten**	**426**
16.8		**Weitere Menüeinstellungen**	**428**
	6:	Messtimer	428
	1:	Ordner wählen oder neu erstellen	428
	1:	Datei-Nummer	429
	1:	Dateiname	429
	1:	Automatisch drehen	430
	2:	LCD-Helligkeit anpassen	431
	2:	Datum und Uhrzeit festlegen	431
	2:	Spracheinstellungen	432
	4:	Bilder mit Copyright-Informationen versehen	432
	4:	Anzeige Zertifizierungs-Logo	432
	3:	Drehung Wahlrad bei Tv/Av	432
	3:	Multifunktionssperre	433
		Kamera- und Individualfunktionen löschen	433
16.9		**Das My Menu konfigurieren**	**433**
16.10		**Individuelle Schnellmenüs aufbauen**	**435**

Stichwortverzeichnis ... **437**

Canons starke Zwillinge: EOS 5DS und 5DS R

Bei der EOS 5DS oder der EOS 5DS R handelt es sich um zwei außergewöhnliche Kameras für Fotografen, die eine Stange Geld dafür ausgeben, um bestmögliche Technik in Händen zu halten. Ihr unspektakuläres Äußeres lässt dabei keinerlei Rückschlüsse auf das fotografische Potenzial zu, das den beiden tatsächlich innewohnt. Zum Angeben oder als technische Schmuckstücke taugen sie jedenfalls nicht, denn der edle Kern ist unsichtbar. Mit edel meinen wir nicht diverses Bling-Bling oder ein fancy Retrodesign, sondern einzig und allein die inneren Werte der beiden großen Schwarzen, und die versprechen sowohl dem engagierten Amateur als auch dem Profi eine ganze Menge.

▲ *Die Canon EOS 5DS R im Extremeinsatz beim Motocross, geschützt durch das abgedichtete Gehäuse, Umschlagtuch und Regenschirm. Das Bild, das hierbei entstand, sehen Sie auf Seite 72.*

1.1 Die wichtigsten Features kurz vorgestellt

Als anspruchsvoller Fotograf oder Fotografin begleitet Sie Ihre EOS 5DS [R] mit Sicherheit auch in Situationen, die dem ergonomisch geformten Gehäuse eine Menge abverlangen.

Ein typisches Merkmal einer solchen Profikamera ist ein bestmöglicher Schutz gegen Außeneinflüsse aller Art. Daher hat Canon den beiden Kameras mit einem *verstärkten Chassis* ein besonders robustes Gehäuse aus Magnesiumlegierung spendiert, das auch mal einen gröberen Stoß verträgt, und alle Spalten und Bedienelemente mit Dichtungen gegen Staub und Feuchtigkeit geschützt.

▲ *Robustes Gehäuse aus Magnesiumlegierung (Bild: Canon)*

Das eigentliche Sahnestück der 5DS [R] ist zweifelsohne der brandneue *Vollformatsensor* mit seiner gigantischen Auflösung von *50,6 Megapixeln*. Er ist ohne Frage das Hauptargument, warum diese Kameras von vielen Profis gekauft werden wird, denn er erweitert die fotografischen Möglichkeiten der Kleinbildkamera erheblich und bewegt die Ergebnisse schon in Richtung Mittelformat.

Was die Verwendbarkeit der Aufnahmen angeht, verschiebt die 5DS [R] mit Sicherheit Grenzen. So sind beispielsweise großflächige Fine-Art-Drucke mit hoher Bildqualität mit der 5DS [R] ohne Weiteres in Topqualität zu realisieren.

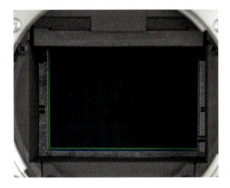

▲ *Sensor der EOS 5DS R*

Mit dem neuen *Cropmodus* kann der Sensor auf die Aufnahme von Bildgrößen beschränkt werden, wie sie bei APS-C- oder APS-H-Kameras generiert werden. Die Bilder sind von der Auflösung her in etwa genauso groß wie aus den erwähnten Cropfaktor-Kameras und es ergibt sich ein Teleeffekt, der beispielsweise für Wildtieraufnahmen interessant ist.

Über 50 Megapixel führen zwangsläufig zu außerordentlich großen Bilddateien. Damit die 5DS [R] in der Lage ist, die Datenmengen auch in adäquater Geschwindigkeit zu verarbeiten, besitzt sie mit dem *Dual-DIGIC6-Prozessor* gleich einen doppelten Prozessorkern. Das ermöglicht immerhin eine Reihenaufnahmegeschwindigkeit von *5 Bildern pro Sekunde* bei *12 RAW-Aufnahmen in Serie*, was beim Fotografieren im Actionbereich nicht optimal, aber doch sehr gut nutzbar ist. Das konnten wir beim Fotografieren auf diversen Sportveranstaltungen sehr gut nachvollziehen, auch dort waren wir mit den Aufnahmen mehr als zufrieden.

▲ *Dual-DIGIC6-Prozessor (Bild: Canon)*

Ein weiteres interessantes Feature ist ebenfalls der hohen Auflösung und der dadurch gegebenen hohen Verwacklungsempfindlichkeit geschuldet. Das *Mirror Vibration Control System* dämpft die Auf- und Abbewegung des Spiegels beim Auslösen und mindert die dabei entstehenden Mikroerschütterungen, die bei Belichtungszeiten von etwa 1/50

Sek. oder länger Unschärfe im Bild erzeugen können. Das Geräusch des Spiegelschlags ist daher angenehm dezent.

In Sachen *Lichtempfindlichkeit* erreicht die 5DS [R], verglichen mit anderen DSLRs dieses Kalibers, keine schwindelerregenden Höhen. Bei ISO 12800 ist das Ende der Fahnenstange erreicht. Dies ist aber unserer Meinung nach kein gravierender Nachteil, da in den meisten Fotosituationen ISO-Werte bis 6400 völlig ausreichen.

Dank der ungeheuren Auflösung der 5DS [R] können die Bilder zudem problemlos auf das Niveau weniger pixelstarker Kameras verkleinert werden. Dadurch lässt sich die Qualität von High-ISO-Bildern verbessern, denn die verringerte Detailauflösung oder etwaiges Bildrauschen sind weniger augenfällig.

Werden die Bilder aus der EOS 5DS [R] zum Beispiel auf die gleiche Größe und Auflösung reduziert, wie sie die EOS 5D Mark III oder EOS 7D Mark II bieten, schneiden die High-ISO-Bilder keinesfalls schlechter ab, eher das Gegenteil ist der Fall.

Auch einen neuen Bildstil namens *Feindetail* hat Canon der 5DS [R] gegönnt. Dieser bewirkt eine Priorisierung von Farbabstufungen und Details und soll geeignet sein, Motive besonders klar und mit definierten Mikrokontrasten abzubilden. Damit passt er also sehr gut zu den Ambitionen dieser Kamera.

Beim *61-Punkte-Weitbereich-Autofokus* verbaut Canon 36 Kreuz- und 5 Doppelkreuzsensoren, die für eine sehr präzise Schärfenachführung speziell auch bei schnell bewegten Motiven sorgen. Zudem setzt Canon, wie schon bei der EOS 7D Mark II, auf das EOS-iTR-AF-System (**i**ntelligent **T**racking and **R**ecognition), das anhand von Farb- und Gesichtsinformationen sich bewegende Motive innerhalb des Bildausschnitts erkennt und die Schärfe darauf nachführt. Damit

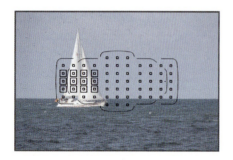

▲ *Der 61-Punkte-Weitbereich-AF bietet 5 hochsensible Dualkreuzsensoren, 36 Kreuz- und 20 Liniensensoren.*

können bewegte Motive noch besser im Fokus gehalten werden. Eine sehr nützliche Funktion, die wir ebenfalls schon aus der EOS 7D Mark II kennen, ist die *Anti-Flacker-Funktion*, mit der sich auch schnelle Bewegungen bei Kunstlicht sicher einfangen lassen. Und der individuell *konfigurierbare Schnelleinstellungsbildschirm* gibt Ihnen die Möglichkeit, die Kamera den eigenen Arbeitsabläufen und Gewohnheiten anzupassen.

Im Filmbereich begnügt sich Canon bei der EOS 5DS [R] damit, dem Videografen solide Standards anzubieten, *Full HD* mit maximal *30 Bildern pro Sekunde*. Das richtige Gerät für ambitionierte Filmer, die ja beispielsweise die EOS 5D Mark III durchaus auch für professionelle Einsätze verwenden, ist sie unserer Meinung nach eher nicht.

Dafür besteht die Möglichkeit, mit dem Programm *Zeitraffer-Movie* Zeitrafferfilme aus Einzelbildern zu erstellen, die anschließend automatisch zu einem Clip zusammengeschnitten werden. Damit lassen sich zum Beispiel Himmelskörper, Wolken oder auch das Aufgehen einer Blüte anschaulich dokumentieren.

1.2 5DS und 5DS R: der kleine Unterschied

Die EOS 5DS und EOS 5DS R unterscheiden sich äußerlich nur durch das kleine Rote R. Auch bezüglich der inneren Werte herrscht Gleichstand, lediglich der *Tiefpassfilter* macht den Unterschied. Wobei Canon nicht, wie andere Hersteller, bei der 5DS R einfach auf den Tiefpassfilter verzichtet hat, sondern dem auch in dieser Kamera verbauten Filter einen Aufhebungsfilter nachgeschaltet hat.

Laut Aussagen von Canon wäre es aus Konstruktionsgründen bedeutend aufwendiger gewesen, den Tiefpassfilter wegzulassen, das Ergebnis ist aber letztendlich dasselbe.

Mit Tiefpassfilter oder ohne?

Und mit welchem der beiden Vollformatboliden lohnt es sich, anzubandeln und die nächsten wichtigen Projekte in Angriff zu nehmen? Nun, das ist natürlich auch eine Frage der persönlichen Fotografierphilosophie.

Wir, die wir nie genug knackige Schärfe im Bild haben können, haben uns nach eingehendem Test beider Kameras für die 5DS R als neues Arbeitspferd entschieden, denn sie holt im Vergleich tatsächlich noch ein Quäntchen mehr Detailschärfe aus den feinen Strukturen heraus. Wobei hier gesagt sei, dass es sich wirklich nur um Nuancen handelt.

Andererseits ist es so, dass mit Blick auf Bildstörungen, wie etwa das viel diskutierte Moiré, die Kameras in unseren Händen so gut wie keinen Unterschied zeigten.

Ob mit oder ohne Aufhebungsfilter, beide Kameras zeigten bei Vergleichsaufnahmen die entsprechenden Effekte oder eben nicht und manchmal nur um Nuancen unterschiedlich.

Da die 5DS sonst keinen Vorteil in der Abbildungsleistung für sich verbuchen konnte, fiel uns die Entscheidung am Ende relativ leicht. Die 200 Euro Preisunterschied lassen wir jetzt mal nonchalant unter den Tisch fallen.

▲ *100 %-Ausschnitt EOS 5DS*   *100 %-Ausschnitt EOS 5DS R*

1.3 Die EOS 5DS [R] im Überblick

Um Ihnen einen systematischen Überblick über das Gehäuse und die darauf angeordneten Bedienelemente zu verschaffen, werden wir die EOS 5DS R im Folgenden von allen Seiten vorstellen. Da sich beide Modelle von der Bedienung her nicht unterscheiden, haben wir hier exemplarisch eine EOS 5DS R unter die Lupe genommen.

Bedienelemente auf der Vorderseite

▲ *Canon EOS 5DS [R] von vorn*

Wenn Sie sich die EOS 5DS [R] von vorn ohne angesetztes Objektiv anschauen, springt Ihnen sicherlich der *Auslöser* ❶ als eines der wichtigsten Bedienelemente gleich ins Auge. Er wird zum Fokussieren bis auf den ersten Druckpunkt und für die Bildaufnahme ganz heruntergedrückt. Rechts daneben befindet sich die *Selbstauslöser-Lampe* ❷, die die verstreichende Vorlaufzeit bei Aufnahmen mit Selbstauslöser visualisiert. Im Zentrum der Kamera ist der silberne *Bajonettring* ❸ lokalisiert. Er trägt eine rote Markierung, um EF-Objektive an der richtigen Stelle anzusetzen und mit einer Drehung im Uhrzeigersinn an der Kamera zu befestigen. Zum Lösen des Objektivs drücken Sie die *Objektiventriegelungstaste* ❺ und drehen das Objektiv gegen den Uhrzeigersinn.

Hinter den fünf kleinen Öffnungen verbirgt sich das *integrierte Mikrofon* ❹, das den Ton beim Filmen in Mono aufzeichnet.

Die *elektrischen Kontakte* ❻ am Bajonett sorgen für eine einwandfreie Kommunikation zwischen Kamerabody und Objektiv. Darüber sehen Sie im Innern des Spiegelkastens den schräg angeordneten *Schnellrücklaufspiegel* ❼. Dieser leitet das meiste Licht vom Objektiv zum Sucher weiter und schickt einen kleinen Teil nach unten, damit die Autofokussensoren scharf stellen können. Er schwingt zudem bei der Belichtung nach oben und gibt den Sensor für die Bildaufnahme frei. Den *Sensor* selbst bekommen Sie daher nur zu Gesicht, wenn Sie im Zuge der Sensorreinigung den Spiegel manuell hochklappen.

Unten, dicht neben dem Bajonettrahmen befindet sich die *Schärfentiefe-Prüftaste* ❽. Mit ihr können Sie die zu erwartende Schärfentiefe vor der Aufnahme im Sucher oder Livebild verfolgen, was für die kreative Bildgestaltung enorm wichtig ist. Sollten Sie Ihre 5DS [R] über einen Netzadapter mit Steckdosenstrom betreiben, können Sie das Kabel aus dem Akkufach heraus durch die *Kabelöffnung für den DC-Kuppler* ❾ leiten, was das Schließen des Akkufachs dann wieder möglich macht. Mit dem *Sensor für die Fernbedienung* ❿ (zum Beispiel Canon RC-6) schließen wir den Rundgang durch die frontalen Bedienelemente ab.

▲ *Kameraseitige Kontakte*

Die Kontakte im Detail

Den acht Kontaktstiften am Bajonett der EOS 5DS [R] sind von links nach rechts abgelesen folgende Funktionen zugeordnet: 1. VBAT (Batteriespannung zum Beispiel für AF-Motor), 2. LDET (Objektiverkennung), 3. PGND (Betriebserdung), 4. VDD (Strom für Digitalelektronik), 5. DCL (Datenübertragung Kamera-Objektiv), 6. DLC (Datenübertragung Objektiv-Kamera), 7. LCLK (Taktsignal), 8. D-GND (Betriebserdung Digitalelektronik).

▲ *EF-Objektivkontakte (Nummer 2 und 3 sind miteinander verschmolzen)*

▲ *Canon-L-Objektiv mit den drei Zusatzkontakten für Telekonverter*

Canon-L-Objektive, die mit Telekonvertern betrieben werden können, haben drei weitere Kontakte, wobei die 1,4-fach-Konverter von Canon die Kontakte 9, 10 und 11 gemeinsam nutzen, während 2-fache Canon-Konverter über die Kontakte 8 plus 10 kommunizieren.

Sollte Ihre 5DS [R] die Fehlermeldung *Err 01 Verbindung zwischen Kamera und Objektiv fehlerhaft. Bitte Kontakte säubern.* ausgeben, führen Sie eine behutsame Reinigung der Kontakte am Kamerabody und am Objektiv durch. Benutzen Sie hierzu ein trockenes Wattestäbchen oder ein Mikrofasertuch, gegebenenfalls benetzt mit ein wenig Alkohol aus der Apotheke.

Einstellungsoptionen auf der Kamerarückseite

Von hinten betrachtet präsentiert sich die EOS 5DS [R] zwar mit vielen Knöpfen, aber dennoch gut aufgeräumt und übersichtlich. Das fängt bei der *MENU*-Taste ❶ oben links an, über die Sie in die Tiefen der Kameramenüs gelangen. Mit der *INFO.*-Taste ❷ daneben lassen sich die unterschiedlichen Monitoranzeigen im Aufnahme- und Wiedergabemodus wählen. Durch den optischen *Sucher* ❸ sehen Sie das Motiv direkt durchs Objektiv hindurch und mit einer Bildfeldabdeckung von 100 %. Um auch ohne Brille alles detailliert zu erkennen, drehen Sie das Rad für die *Dioptrieneinstellung* ❹ nach links oder rechts, bis Sie die eingeblendeten Autofokusmessfelder scharf sehen können.

▲ *Rückansicht, Teil eins*

Um das Bild in Echtzeit auf dem LCD-Monitor anzuzeigen, muss der Schalter für *Livebild*-Aufnahmen ❺ auf 📷 und für Movie-Aufnahmen auf 🎥 stehen. Zum Starten und Stoppen von Livebild oder Filmaufnahme wird die START/STOP-Taste ❻ gedrückt. Mit der *AF-ON*-Taste ❼ kann, alternativ zum Auslöser, fokussiert werden. Die *Sterntaste* ✱ ❽ dient zum Speichern der Belichtung ohne (AE-Speicherung) und mit Blitz (FE-Speicherung). Mit der Taste für die *AF-Messfeldwahl* ⊞ ❾ lassen sich die *AF-Bereiche* (Spot, Einzelfeld, Erweiterung, Umgebung, Zone oder Automatik) einstellen. Der *Multi-Controller* ✥ ❿ fungiert als universeller Joystick,

▲ *Rückansicht, Teil zwei*

mit dem es sich ganz einfach durch die Menüs navigieren lässt. Mit der *Schnelleinstellungstaste* Q ⓫ können Sie den Schnelleinstellungsbildschirm aufrufen, mit dem sich die wichtigsten Aufnahmeparameter einstellen lassen.

▲ *Rückansicht, Teil drei*

Viele Menü- und Aufnahmeeinstellungen lassen sich auch mit dem *Schnellwahlrad* ◌ ⓬ anpassen, und mit der *SET*-Taste ⓭ werden Änderungen bestätigt. Wenn die *Zugriffsleuchte* ⓮ eingeschaltet ist, greift die 5DS [R] gerade auf die Speicherkarte zu.

Die Speicherkartenabdeckung auf der Unterseite sollte dann keinesfalls geöffnet werden, da sonst Daten verloren gehen können. Mit der *LOCK*-Taste ⓯ können Sie den Multi-Controller sowie das Haupt- und Schnellwahlrad außer Kraft setzen, um ein unbeabsichtigtes Verstellen von Funktionen zu verhindern. Mit dem *Touchpad* ✪ ⓰ lassen sich die Belichtungseinstellungen bei laufenden Filmaufzeichnungen geräuschlos ändern. Zuvor muss aber die Taste Q gedrückt werden.

Der *Umgebungslichtsensor* ⓱ unterhalb des Monitors kann die Helligkeit des LCD-Monitors der Umgebungshelligkeit anpassen. Signaltöne kommen bei der EOS 5DS [R] aus dem *Lautsprecher* ⓲.

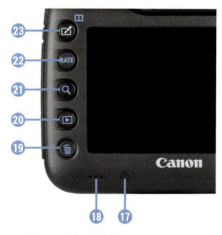

▲ *Rückansicht, Teil vier*

Zum Entfernen von Bildern und Filmen von der Speicherkarte drücken Sie die *Löschtaste* 🗑 ⓳ und für die Ansicht von Bildern und Movies die *Wiedergabetaste* ▶ ⓴. Die Bildansicht vergrößern oder verkleinern können Sie mit der *Lupentaste* 🔍 ㉑ und anschließendem Drehen am Hauptwahlrad auf der Kameraoberseite.

Um die Bilder und Filme mit Sternen zu bewerten, drücken Sie die *RATE*-Taste ㉒. Mit der *Kreativaufnahme*-Taste ㉓ gelangen Sie zur direkten Auswahl des Bildstils, des Modus Mehrfachbelichtung oder des HDR-Modus. Im Wiedergabemodus können Sie über dieselbe Taste eine *Vergleichsansicht* ▢ starten.

Die EOS 5DS [R] von oben betrachtet

Viele Bedienelemente, die für die Bildaufnahme essenziell sind, befinden sich auf der Oberseite der EOS 5DS [R].

Das Ganze fängt links mit dem *Modus-Wahlrad* ❷ an, über das Sie das Aufnahmeprogramm bestimmen. Damit sich dieses nicht versehentlich verstellt, kann das Modus-Wahlrad nur bei gleichzeitigem Drücken der *Sperrtaste* ❶ gedreht werden. Im Zentrum befindet sich der *Zubehörschuh* ⓫ mit den Blitzsynchronisationskontakten. Darüber können Systemblitzgeräte oder andere Zubehörkomponenten wie Fernauslöser oder Mikrofone angeschlossen werden.

▲ *Bedienelemente auf der Oberseite der EOS 5DS [R]*

Für die zentralen Aufnahmeeinstellungen gibt es vier Tasten, die mit je zwei Funktionen belegt sind. Mit der Taste WB·⊚ ❸ und dem Schnellwahlrad ⊙ wird der *Weißabgleich* (Automatisch, Tageslicht, Schatten etc.) eingestellt. Zusammen mit dem Hauptwahlrad ⌒ kann die *Messmethode* (Mehrfeld, Selektiv, Spot, Mittenbetont) geändert werden. Die Taste DRIVE·AF ❹ plus Schnellwahlrad ⊙ dient zum Einstellen der *Betriebsart* (Einzel-/Reihenaufnahme, Selbstauslöser). In Kombination mit dem Hauptwahlrad ⌒ wird der *AF-Betrieb* (One-Shot, AI Focus, AI Servo) umgestellt. *Blitzbelichtungskorrekturen* können mit der Taste ⚡·ISO ❼ plus Schnellwahlrad ⊙ vorgenommen werden, und die *ISO-Lichtempfindlichkeit* kann mit der gleichen Taste und dem Hauptwahlrad ⌒ angepasst werden. Mit der *M-Fn*-Taste ❺ lässt sich der AF-Bereich wählen, wenn vorher die Taste ⊞ gedrückt wird. Bei aktivem Blitz dient der alleinige Druck auf die M-Fn-Taste dem Speichern der Blitzbelichtung (FE-Speicherung). Das bereits mehrfach erwähnte *Hauptwahlrad* ❻ befindet sich gut erreichbar unterhalb des Auslösers. Damit Ihnen auch beim Blick auf die Kamera keine wichtigen Informationen entgehen, präsentiert Ihnen die *LCD-Anzeige* ❾ alle wichtigen Aufnahmeeinstellungen. Bei Bedarf können Sie diese sogar sechs Sekunden lang beuchten ❽. Zu guter Letzt wird mit der Markierung für die *Bildebene* ❿ die Position des Sensors verdeutlicht. Und wenn Sie die vielen Informationen jetzt erst einmal sacken lassen möchten, schalten Sie die 5DS [R] mit dem *Hauptschalter* ⓬ zwischenzeitlich einfach aus.

Die fünf Kameraanschlüsse

An der von hinten betrachtet linken Seite besitzt die EOS 5DS [R] zwei Abdeckungen, hinter denen sich die Anschlüsse befinden, die für das Koppeln der Kamera mit verschiedenen Zubehörkomponenten benötigt werden.

▲ *Die Anschlussbuchsen der EOS 5DS [R]*

Dazu gehört die *Fernbedienungsbuchse* ❶, über die Fernauslöser vom Typ N3 (RS-80N3, TC-80N3) angebracht werden können.

Darüber liegt der *PC-Anschluss* ❷, der für die Verbindung mit externen Studioblitzen via Synchronkabel benötigt wird. Die Eingangsbuchse *MIC* ❸ dient dem Anschluss externer Mikrofone, die die Tonaufnahme beim Filmen entscheidend verbessern können. Die *Kabelanschlussbuchsen* ❹ und ❼ enthalten jeweils ein Schraubgewinde, in das der am Schnittstellenkabel angebrachte Plastik-Kabelschutz am Gehäuse befestigt werden kann. Das versehentliche Abziehen des Kabels wird so verhindert.

Mit der Buchse *HDMI OUT* ❺ können Sie die Bilder und Movies auf Fernsehern oder Computern, die ebenfalls einen HDMI-Anschluss besitzen, in höchster Qualität betrachten. Über den *Digital-Anschluss* ❻ und das mitgelieferte

Schnittstellenkabel (IFC-150U II) lässt sich schließlich eine USB-Verbindung zu Druckern und Computern herstellen.

Informationen von LCD-Anzeige und Monitor

Nicht nur im rückseitigen Monitor, sondern auch auf der Kameraoberseite präsentiert Ihnen die EOS 5DS [R] die wichtigsten Aufnahmeparameter. Dazu zählen die Einstellungen des für die Farbgebung wichtigen *Weißabgleichs* ❶, die *Belichtungszeit* ❸, der für die Schärfentiefe zuständige *Blendenwert* ❼ und die Lichtempfindlichkeit (*ISO*) des Bildsensors ⓳. Hinzu kommen die Einstellungen des *AF-Betriebs* ❿ (One-Shot, AI Focus, AI Servo), der *Betriebsart* ⓬ (Einzel-/Reihenaufnahme, Selbstauslöser) und der *Messmethode* (Mehrfeld, Selektiv, Spot, Mittenbetont) ⓮.

Über die Zahl in der Klammer erfahren Sie die Anzahl *möglicher Aufnahmen* ❾, und das Symbol ⓴ erscheint, wenn Sie eine Aufnahme mit dem *Langzeitbelichtungs-Timer* anfertigen. Ob die Bildhelligkeit mittels Belichtungskorrektur verändert wurde, können Sie an der *Belichtungsstufenanzeige* ㉔ ablesen. Wurde die Blitzlichtmenge korrigiert, erscheint das Symbol ㉕.

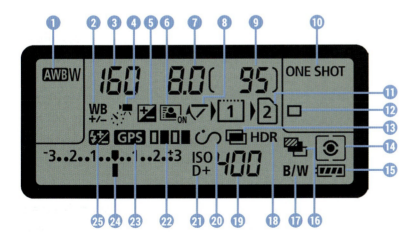

◀ *Die LCD-Anzeige liefert Informationen zu allen zentralen Aufnahmefunktionen.*

Zudem weist die LCD-Anzeige auf eine Reihe von Spezialfunktionen hin. Eine manuelle Anpassung der Bildfarben über die *Weißabgleichkorrektur* wird mit WB ❷ gekennzeichnet, und bei der *Aufnahme von Zeitraffer-Movies* erscheint das Symbol ❹. Bei Verwendung der *Belichtungskorrektur* ist auf der Anzeige ❺ zu sehen, die Einstellung der *Automatischen Belichtungsoptimierung* sehen Sie bei ❻, und wenn die *Spiegelverriegelung* aktiviert ist, erscheint ❽.

Bei ❻ haben Sie die Belichtungsreihenautomatik *AEB* eingeschaltet, mit der bis zu sieben unterschiedlich helle Bilder automatisch aufgenommen werden können. Erscheint *B/W* ⓱, befinden Sie sich im Modus für Monochromaufnahmen. Die Aufzeichnung von *Ortsdaten* wird mit GPS ㉓ symbolisiert, und solange die *Mehrfachbelichtung* aktiv ist, leuchtet das Symbol ⓭ auf. *Intervallaufnahmen* werden mit ㉒ und der *HDR-Modus* mit HDR ⓲ symbolisiert. Schließlich weist der Schriftzug **D+** ㉑ auf die eingeschaltete automatische Kontrastkorrektur der 5DS [R] hin, die sogenannte *Tonwert-Priorität*. Ablesbar sind zudem der *Akkuladestand* ⓯ und die Belegung der beiden *Speicherkartenplätze* ① für CF-Karten und ② für SD-Karten ⓫. Der Pfeil ▶ weist darauf hin, welche Speicherkarte aktuell für die Aufnahme und Wiedergabe von Bildern und Filmen ausgewählt ist.

Im hinteren LCD-Monitor finden Sie die Positionen der LCD-Anzeige in etwas abgeänderter Reihenfolge wieder. Zusätzlich kommen noch die folgenden Informationen hinzu. Der *Aufnahmemodus* ㉖ wird oben links angezeigt. Bei einer *Belichtungsspeicherung* erscheint das Symbol ✱ ㉘.

Die *Bildqualität* ㉙ ist getrennt für beide Speicherkarten angegeben, die Zahl der in diesem Modus möglichen *Reihenaufnahmen* ㉚ ist rechts unten ersichtlich, und den gewählten *Bildstil* ㉗ können Sie auf der linken Seite ablesen.

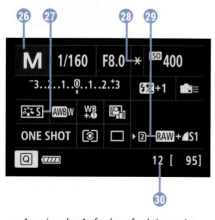

▲ *Anzeige der Aufnahmefunktionen im LCD-Monitor*

Anzeigeform wechseln

Mit der *INFO.*-Taste werden die unterschiedlichen Anzeigeformen des LCD-Monitors aufgerufen. So gelangen Sie von der Auflistung der aktuellen Kameraeinstellungen über die elektronische Wasserwaage weiter zur Anzeige für das *Schnellmenü* und schließlich zur Anzeige für das *individuelle Schnellmenü*, das Sie Ihren persönlichen Bedürfnissen anpassen können (siehe ab Seite 435).

Mit einem weiteren Tastendruck lässt sich die Monitoranzeige auch ganz ausschalten. Durch mehrfaches Betätigen der *INFO.*-Taste springen Sie also von einer Anzeigeform zur nächsten und wieder zurück auf die erste.

▲ *Kameraeinstellungen*

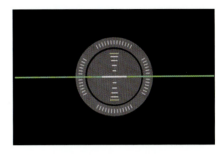
▲ *Elektronische Wasserwaage*

 Anzeigeoptionen einschränken

Mit dem Eintrag *INFO.-Taste Anzeigeoptionen* aus dem Einstellungsmenü 3 können Sie die Anzeigeformen einschränken.

Unser Tipp: Aktivieren Sie nur das *Schnellmenü* oder das *individuelle Schnellmenü* und zusätzlich die *Elektronische Wasserwaage*, dann entfällt der *INFO.*-Tastendruck für die Kameraeinstellungsanzeige und für eines der beiden Schnellmenüs.

Ein Blick durch den Sucher

Als ambitionierter Fotograf oder Fotografin werden Sie zur Einstellung des Motivausschnitts und zur Kontrolle der Schärfe sicherlich meist durch den Sucher der EOS 5DS [R] schauen.

Neben dem Motiv können Sie dort viele wichtige Aufnahmeeinstellungen ablesen, und die Umstellung der einzelnen Werte bzw. Felder bei entsprechender Tastenbetätigung direkt verfolgen, ohne das Motiv dabei aus dem Auge zu verlieren.

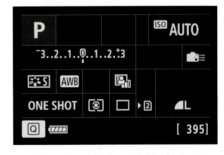
▲ *Schnellmenü*

▲ *Individuelles Schnellmenü*

▶ *Informationen, die im Sucher eingeblendet werden*

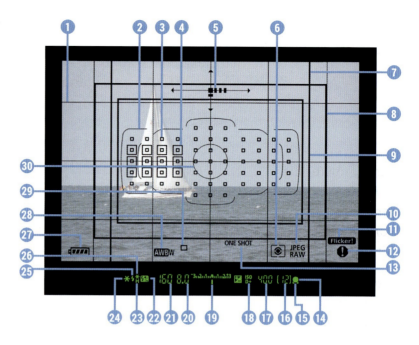

Nutzen Sie beispielsweise die *Gitteranzeige* ⋕ ❶, die *elektronische Wasserwaage* ❺ oder die Seitenverhältnislinie für das 1:1-Format ❼ als Hilfsmittel für die Bildgestaltung.

Die beiden dicken Rahmen verdeutlichen die Bildausschnitte der 1,3-fachen ❽ und 1,6-fachen ❾ Ausschnittbereiche, die Sie mit dem neuen Cropmodus wählen können.

Oder peilen Sie mit dem *Spotmesskreis* ㉚ genau den Motivbereich an, der mit der Spotmessung [•] exakt belichtet werden soll. Die gewählte *Messmethode* ❻ wird unten mit angezeigt.

In Sachen Autofokus zeigt Ihnen der Sucher ebenfalls alle wichtigen Einstellungen an: den *AF-Betrieb* ⓭, die *Betriebsart* ㉙, die Rahmen für die *AF-Zonen* ❷ und die 61 vorhandenen *AF-Messfelder* [▫] ❸, wobei die ausgewählten Standardfelder mit leeren Quadraten ☐ und die besonders genauen *AF-Spotmessfelder* mit gefüllten Quadraten [▫] ❹ markiert werden. Hinzu kommt die *AF-Statusanzeige* ▲ ◢ ⓯, die aufleuchtet, wenn der Autofokus aktiv ist.

Der *Schärfenindikator* ● ⓴ weist auf eine erfolgreiche Scharfstellung hin.

Darüber hinaus erhalten Sie Informationen über den Ladezustand des Akkus ㉗, welcher *Weißabgleich* ㉘ eingestellt ist und welche *Bildqualität* ⓾ gewählt ist.

Im unteren rechten Fensterbereich gibt es zudem zwei Warnsymbole, die aufleuchten, wenn die 5DS [R] ein *Flackern* der Lampenbeleuchtung registriert **Flicker!** ⓫ oder wenn bestimmte Funktionen aktiviert wurden (Bildstil Monochrom, Weißabgleichkorrektur, One-Touch-Bildqualität, Multi-Shot-Rauschreduzierung, Spotmessung) ❗ ⓬.

Unterhalb des Sucherbilds finden Sie Informationen zur *maximalen Anzahl an Reihenaufnahmen* ⓰, zum *ISO-Wert* ⓱, zur gewählten *Blende* ⓴ und *Belichtungszeit* ㉑. Sollte die automatische Kontrastkorrektur (*Tonwert-Priorität*) aktiv sein, sehen Sie das am Symbol **D+** ⓲.

Zudem gibt die *Belichtungsstufenanzeige* ⓳ Auskunft über Belichtungskorrekturen ohne Blitz an. Das Symbol 🗲 ㉒ weist auf eine *Blitzbelichtungskorrektur* hin. Die *Blitzbereitschaft* wird mit dem Symbol ⚡ ㉕ angezeigt, und die eventuell eingeschaltete *Hi-Speed-Synchronisation* fürs Blitzen mit sehr kurzer Belichtungszeit wird mit ⚡H ㉓ markiert. Wenn Sie die Belichtung speichern, können folgende Symbole aufleuchten: ✱ ㉔ für die Belichtungsspeicherung ohne Blitz (*AE-Speicherung*) und ⚡✱ ㉖ für die Speicherung mit Blitz (*FE-Speicherung*).

Die Sucheranzeige individualisieren

Die LCD-Mattscheibe der EOS 5DS [R] blendet die Informationen elektronisch ein. Daher können Sie über das Einstellungsmenü 2 bei *Sucheranzeige* selbst wählen, welche Symbole zu sehen sein sollen.

▲ Links: Sucheranzeige einrichten
Mitte: Hinweise ein-/ausblenden
Rechts: Warnungen ein-/ausblenden

Der Übersichtlichkeit halber empfehlen wir Ihnen, die *Wasserwaage* und das *Gitter im Sucher* zu deaktivieren und bei *Im Sucher ein-/ausblenden* nur die Optionen *Bildqualität* und **Flicker!** einzuschalten.

Gleiches können Sie im Individualmenü 3 bei Warnungen ❶ im Sucher erledigen. Die Warnungsauswahl gilt auch für die LCD-Anzeige.

1.4 Das Bedienkonzept der EOS 5DS [R]

Wenn Sie mit Ihrer EOS 5DS [R] unterwegs sind oder alles für das Shooting mit der neuen Kamera im Studio vorbereiten, fragen Sie sich bestimmt, welche Wege Ihnen nun offenstehen, um die Einstellungen an die jeweilige Situation anzupassen.

Dabei ist es wichtig zu wissen, dass das Bedienkonzept der EOS 5DS [R] auf drei grundlegenden Vorgehensweisen basiert. So können Sie die Kamera je nach der einzustellenden Funktion und entsprechend Ihren individuellen Vorlieben bedienen. Die drei Säulen sind das *Schnellmenü* Q, die *Direkttasten* für grundlegende Funktionen sowie das systematisch aufgebaute *Kameramenü*.

Schnelleinstellung mit der Q-Taste

Mit dem *Schnelleinstellungsbildschirm* lassen sich die wichtigsten Aufnahme- und Wiedergabefunktionen direkt anpassen. Um dieses von Canon in der Bedienungsanleitung verwendete Wortungetüm zukünftig vermeiden zu können, werden wir im Folgenden den handlicheren Terminus *Schnellmenü* verwenden.

▲ *Schnelleinstellungstaste*

Um Einstellungen vorzunehmen, drücken Sie einfach die Schnelleinstellungstaste Q auf der Kamerarückseite. Wählen Sie anschließend mit dem Multi-Controller die gewünschte Funktion aus, beispielsweise die Lichtempfindlichkeit ISO.

Durch Drehen am Hauptwahlrad oder am Schnellwahlrad lässt sich der Wert oder die gewünschte Einstellung dann flink festlegen.

◄ *Links: Schnelleinstellung der ISO-Empfindlichkeit*
Rechts: Bildschirm für Funktionseinstellungen

Alternativ können Sie mit der *SET*-Taste auch zum jeweiligen Bildschirm für Funktionseinstellungen wechseln und die Änderung darin vornehmen. In beiden Fällen ist eine Bestätigung der Änderung mit der *SET*-Taste nicht notwendig.

Sie können somit einfach den Auslöser antippen, um die Schnelleinstellung zu verlassen und das Bild aufzunehmen. Die Schnelleinstellung funktioniert übrigens auch bei aktiviertem Livebild.

Direkteinstellungstasten

▲ Den ISO-Wert mit der Direkttaste plus Hauptwahlrad ändern

Für einige besonders häufig verwendete Funktionen finden sich Direkttasten auf dem Kameragehäuse. Möchten Sie zum Beispiel den ISO-Wert verändern, können Sie einfach die Taste ⚡·ISO drücken und den Wert mit dem Hauptwahlrad anpassen.

Da manche Direkttasten mit zwei Funktionen belegt sind, besteht die Möglichkeit, die zweite Option jeweils mit dem Schnellwahlrad zu regulieren. In diesem Fall wäre das beispielsweise die Blitzbelichtungskorrektur.

Der Vorteil der Direkttasten gegenüber der Schnelleinstellung ist, dass Sie, sofern Sie die 5DS [R] blind beherrschen, die Funktionen anpassen können, während Sie durch den Sucher blicken. So verlieren Sie das Motiv nicht aus den Augen.

Verwenden des umfassenden Kameramenüs

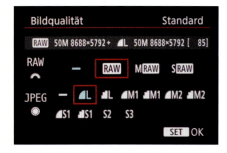

▲ Aufnahmemenü mit dem ausgewählten Menüelement *Bildqualität*

▲ Aktivieren der Bildqualität RAW

Das Kameramenü ist die Steuerzentrale Ihrer 5DS [R]. Hier können Sie sowohl allgemeine Einstellungen wie Sprache, Datum/Uhrzeit oder LCD-Helligkeit verändern als auch Aufnahmeeinstellungen anpassen. Gerade Letzteres werden Sie im alltäglichen Gebrauch immer wieder benötigen. Denn es gibt Funktionen, die nur über das Menü zu erreichen sind.

Das Menü erreichen Sie über die gleichnamige *MENU*-Taste. Es gliedert sich in maximal sechs *primäre Registerkarten*. Darunter werden die *sekundären Registerkarten* in Form kleiner Quadrate ■ nebeneinander aufgelistet. Darunter wiederum finden Sie tabellarisch aufgelistet links die *Menüelemente* und rechts die aktuell gewählten *Menüeinstellungen*.

Mit der Taste [Q] können Sie rasch von einer primären Registerkarte zur nächsten springen. Zum Navigieren auf der Ebene der sekundären Registerkarten verwenden Sie das Hauptwahlrad, und die Menüelemente können Sie per Schnellwahlrad markieren. Alternativ lässt sich auch der Multi-Controller dafür nutzen. Probieren Sie einfach aus, was Ihnen besser liegt.

Zum Öffnen eines Menüelements drücken Sie die *SET*-Taste, und wenn Sie eine Einstellung geändert haben, bestätigen Sie die Auswahl ebenfalls mit der *SET*-Taste, damit sie übernommen wird. Natürlich können Sie die Aktion auch unverrichteter Dinge abbrechen, indem Sie die *MENU*-Taste betätigen. Mit dieser Taste können Sie im Menü auch schrittweise rückwärts navigieren. Um das Menü schließlich ganz zu verlassen, tippen Sie einfach kurz den Auslöser an.

Durch die Fülle der Funktionen erscheint das Menü anfangs etwas unübersichtlich, aber Sie werden sich schnell an die Struktur gewöhnen und die für Sie essenziellen Menüelemente bald ganz intuitiv ansteuern. Das Menü gliedert sich in folgende Teilbereiche:

- Das Aufnahmemenü ⬛ enthält alle Funktionen, die für die Bildaufnahme benötigt werden. Beim Aufrufen des Movie-Modus liefert das Menü alle filmrelevanten Einstellungsoptionen.
- Im Menü **AF** finden Sie die umfangreichen Funktionen zum Anpassen des Autofokus.
- Das Wiedergabemenü ▶ bietet Funktionen für die Bildbetrachtung, die Bewertung, zur RAW-Bearbeitung und zum Schützen und Löschen von Bildern und Movies.
- Das Einstellungsmenü ⚒ enthält Funktionen für grundlegende Kameraeinstellungen (Datum, Karte formatieren etc.) und zum Speichern eigener Aufnahmeprogramme.
- Mit den Individualfunktionen ⬛ können Sie viele Kamerafunktionen individuell anpassen.

- Das My Menu ★ hält Registerkarten mit jeweils sechs Speicherplätzen für häufig verwendete Funktionen parat, die Sie selbst individuell belegen können.

Arbeiten im Livebild-Modus

Oftmals reicht es nicht aus, das Bild erst nach der Aufnahme zu beurteilen, sondern es ist notwendig, schon vor dem Auslösen zu erkennen, ob Fehlbelichtungen oder Farbstiche vorliegen. Dank des Livebild-Modus Ihrer EOS 5DS [R] ist dies ohne Weiteres möglich.

▲ Livebild-Taste

Steht der Schalter für Livebild-/Movie-Aufnahmen auf Livebild ▢, reicht ein Druck auf die Taste START/STOP aus, um zur Echtzeitvorschau zu kommen. Das Livebild steht in allen Aufnahmemodi zur Verfügung und wird mit einem erneuten Druck auf die Taste START/STOP beendet.

Selbstverständlich können Sie auch im Livebild-Modus die wichtigsten Aufnahmeeinstellungen justieren. Drücken Sie dazu einfach die Schnelleinstellungstaste Q.

▲ Funktionseinstellung bei aktivem Livebild

Navigieren Sie mit dem Multi-Controller von oben nach unten durch die Menüelemente und stellen Sie die gewünschte Option, die am unteren Bildrand eingeblendet wird, mit dem Hauptwahlrad oder durch seitliches Wippen des Multi-Controllers ein.

Sobald Sie den Auslöser antippen, werden die Einstellungen übernommen und Sie können die Auswirkung der Änderungen gleich live auf dem Bildschirm begutachten.

▲ Aktivieren der Belichtungssimulation

Die EOS 5DS [R] versucht im Livebild-Modus, die Belichtung so gut es geht zu simulieren, was am eingeblendeten Symbol Exp.SIM zu erkennen ist. Somit können Sie die Belichtung, die Farben und natürlich auch die Scharfstellung sehr gut kontrollieren. Wichtig dafür ist, dass die Funktion *Belichtungssimul.* im Aufnahmemenü 5 auf *Aktivieren* steht. Denn bei *Deaktivieren* zeigt das Livebild nur die Standardbelichtung an, und mit der Option *Während* 🔘 wird die Simulation nur aktiviert, solange Sie die Schärfentiefe-Prüftaste auf der Kameravorderseite unterhalb des Objektivs drücken.

Übrigens, wenn Sie das Livebild gar nicht nutzen möchten, können Sie es im Aufnahmemenü 3 (A⁺) bzw. 5 (*P* bis *C3*) bei *Livebild-Aufnahme* gänzlich deaktivieren.

1.5 Die 5DS [R] startklar machen

Um Ihrer neuen EOS 5DS [R] Leben einzuhauchen, ist es als Erstes notwendig, ihr die nötige Energie zugänglich zu machen. Und die kommt, das ist nichts Neues, aus dem Akku.

> **⊗ Probleme mit der Belichtungssimulation**
>
> In sehr heller oder sehr dunkler Umgebung kann es vorkommen, dass die Simulation der Belichtung nicht mehr ganz exakt funktioniert und das Symbol `Exp.SIM` blinkt oder ausgegraut wird.
>
> Ganz deaktiviert ist die Belichtungssimulation, wenn Sie mit Blitzlicht fotografieren oder im Modus *B* Langzeitaufnahmen anfertigen oder das Bildrauschen mit der Multi-Shot-Rauschreduzierung `NR` unterdrücken.

Nützliche Akkuinformationen

Der Akku der 5DS [R] benötigt etwa zwei Stunden, bis er vollständig geladen ist. Am besten nehmen Sie ihn dann auch gleich wieder aus dem Ladegerät heraus, da sich ein längeres Verweilen im Ladegerät negativ auf die Haltbarkeit und Funktion des Energiespeichers auswirkt.

Auch sollten Sie den Akku möglichst nicht fast 🔋 oder vollständig 🔋 entleeren, da dieser sonst leicht Schäden davontragen kann und die Lebensdauer damit zunehmend verkürzt wird.

Der komplett aufgeladene Akku spendet für ca. 680 Aufnahmen Strom. Wenn Sie den Ladezustand zwischendurch einmal prüfen möchten, können Sie dies im Einstellungsmenü 3 bei *Info Akkuladung* tun. Dort wird auch die Anzahl an Bildern angegeben, die mit dem Akku bereits aufgenommen wurden.

▲ *In der 5DS [R] können Akkus vom Typ LP-E6N und LP-E6 verwendet werden.*

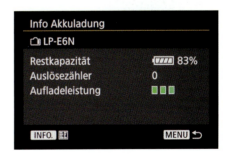

▲ *Info Akkuladung*

▲ Drei Akkus wurden registriert, der untere ist aktuell in der Kamera eingelegt.

Wer möchte, kann zudem über die *INFO.*-Taste und die Schaltfläche *Registrieren* bis zu sechs Akkus in der Kamera registrieren. Damit erhalten Sie auch dann Informationen über den Ladezustand und die Anzahl an Auslösungen, wenn der Akku gar nicht eingelegt ist. Das kann praktisch sein, wenn Sie mehrere Akkus besitzen.

 Günstigere Fremdakkus

Beim Einlegen eines Drittanbieterakkus oder eines gefälschten Akkus werden Sie nach dem Einlegen vermutlich gefragt, ob Sie den Akku wirklich verwenden möchten. Da für diese Displayanzeige bereits Strom aus dem Akku verwendet wird, spendet er quasi schon Strom. Allerdings funktionieren die Informationen zur Akkuladung nicht oder nicht zuverlässig und die Akkuregistrierung ist nicht möglich. Bedenken Sie zudem, dass bei Funktionsstörungen der Kamera durch fremde oder gefälschte Akkus jegliche Canon-Garantieansprüche erlöschen.

Allerdings wird der Auslösezähler nach jedem neuen Ladeprozess wieder auf null gestellt. Dauerhaft lässt sich somit nicht verfolgen, wie viele Auslösungen der Akku schon auf dem Buckel hat. Und natürlich stimmt der Ladezustand nicht mehr, wenn der Akku zwischenzeitlich in einer anderen Kamera verwendet wurde. Sollten Sie die Registrieroption dennoch nutzen, kleben Sie am besten ein Etikett mit der Seriennummer auf den Akku, die im Menü angezeigt wird, damit Sie die Informationen dem jeweiligen Energiespender zuordnen können.

Der doppelte Speicherkartenslot

Als Speicherkarte für Ihre EOS 5DS [R] eignen sich SDHC- oder SDXC-Karten (SD = **S**ecure**D**igital) genauso wie CF-Karten (**C**ompact **F**lash), denn die Kamera besitzt gleich zwei Steckplätze. Die beiden Slots für die Speicherkarten befinden sich an der rechten Seite des Gehäuses. Schieben Sie den jeweiligen Kartentyp wie gezeigt in den passenden Schlitz, bis er mit einem Klick einrastet.

▲ Einlegen von einer oder zwei Speicherkarten

Zur Entnahme drücken Sie im Fall der SD-Karte auf die Karte, sodass sie Ihnen etwas entgegenkommt. Die CF-Karte wird mit der grauen Auswurftaste entriegelt. Da Speicherkarten nicht im Lieferumfang enthalten sind, finden Sie ab Seite 388 Tipps zu empfehlenswerten Modellen.

Das Praktische an den zwei Kartenfächern ist, dass Sie die beiden Speicherkarten für verschiedene Zwecke miteinander kombinieren können.

Nutzen Sie sie im Verbund als Speicherplatzerweiterung, indem erst die eine Karte vollgeschrieben wird und dann die zweite (*Auto.Kartenumsch.*). Oder speichern Sie die Daten parallel auf beiden Karten, um beim Ausfall einer Karte kein wichtiges Bild zu verlieren (*Mehrfachaufzeichn*), wobei das nicht für Videos gilt.

▲ Auswahl der Speicherkarte und Wahl der Aufzeichnungsmethode

Diese werden stets nur auf der Karte gespeichert, die für die Wiedergabe ausgewählt wurde. Auch können Sie eine Karte für RAW-Bilder und die zweite für JPEG-Fotos nutzen (*Separate Aufzeich*).

Die Auswahl der Vorgehensweisen lässt sich zügig über das Schnellmenü einstellen. Mit dem Hauptwahlrad bestimmen Sie die Karte, die primär beschrieben werden soll bzw. als Wiedergabekarte dient. Mit dem Schnellwahlrad legen Sie fest, nach welchem Muster die Karten beschrieben werden sollen. Alternativ finden Sie die Option auch im Einstellungsmenü 1 bei *Aufn.funkt. + Karte/Ordner ausw*. Bei separater Aufzeichnung wählen Sie anschließend für jede Karte die Bildqualität aus.

▲ Separate Aufzeichnung: SD-Karte für RAW, CF-Karte für JPEG

 Aufzeichnung ohne Karte unterbinden

Uns ist es schon passiert, dass wir nach ein paar Aufnahmen feststellen mussten, dass peinlicherweise keine Karte in der Kamera steckte. Dies ist mit der Deaktivierung der Funktion *Auslöser ohne Karte betätigen* im Aufnahmemenü 1 ganz einfach zu verhindern. Dann wird bei fehlender Speicherkarte der Hinweis *Card (keine Speicherkarte)* angezeigt und die Kamera löst kein Bild aus.

Bilder aufnehmen und betrachten

Die Vollautomatik der EOS 5DS [R] eignet sich in Situationen, in denen bequem, schnell und unkompliziert ein paar Aufnahmen eingefangen werden sollen. Erfahren Sie in diesem Kapitel, wie die Automatik tickt und wie Sie die besten Bilder anschließend optisch ansprechend präsentieren können – in der Kamera oder am TV-Gerät.

2.1 Die Speicherkarte vorbereiten

▲ *Formatieren der Speicherkarte*

Bevor Sie mit dem Fotografieren loslegen, ist es sinnvoll, die neu in Ihre 5DS [R] eingesetzte Speicherkarte zu formatieren. Sonst besteht die Gefahr, dass Ihre Bilder nicht im richtigen Ordner auf der Karte abgelegt werden. Das ist aber schnell erledigt.

Rufen Sie im Einstellungsmenü 1 die Option *Karte formatieren* auf. Bestätigen Sie anschließend den zu formatierenden Speicherkartentyp, die CF-Karte 1 oder die SD-Karte 2, mit der *SET*-Taste. Wählen Sie danach die Schaltfläche *OK* und starten Sie den Vorgang mit der *SET*-Taste.

2.2 Zum Einstieg: die Automatische Motiverkennung

Die *Automatische Motiverkennung* A⁺ der EOS 5DS [R] ist sicherlich nicht das bevorzugte Programm der meisten erfahreneren Fotografen. Dennoch nutzen wir sie beispielsweise gerne, wenn es in unkritischen Lichtsituationen schnell gehen soll und wir uns nur um den Bildausschnitt kümmern möchten.

In solchen Fällen nimmt uns die Automatik die ganze Arbeit ab und sorgt zuverlässig für richtig belichtete Fotos mit schönen Farben. Sollten Sie also mal keine Lust auf Knöpfchen-Drücken und Rädchen-Drehen haben oder aber tatsächlich noch nicht ganz so routiniert im Umgang mit einer anspruchsvollen DSLR sein, lässt Sie der vollautomatische Modus sicher nicht im Stich.

Die Automatische Motiverkennung liefert quasi ein Rundum-sorglos-Paket, bei dem alle wichtigen Belichtungseinstellungen automatisch an die jeweilige Situation angepasst

1/160 Sek. | f/8 | ISO 100 | 35 mm

▲ *Auch stark kontrastierte Motive landen gut belichtet auf dem Sensor der 5DS [R]. Dank des einstellbaren RAW-Formats können solche Bilder bei Bedarf auch optimal nachbearbeitet werden.*

werden. Das geht sogar so weit, dass die Art des Motivs analysiert und die Farbgebung entsprechend eingestellt wird.

Auf diese Weise werden Aufnahmen im Freien bis hin zu Sonnenuntergängen farblich intensiver präsentiert als beispielsweise Innenaufnahmen bei künstlicher Beleuchtung.

Für die Scharfstellung verwendet die 5DS [R] bis zu 61 AF-Messfelder und stellt üblicherweise auf das am nächsten gelegene Motivdetail scharf.

Zudem kann die 5DS [R] beim Scharfstellen erkennen, ob sie ein still stehendes oder ein sich bewegendes Objekt vor sich hat. Halten Sie bei bewegten Motiven den Auslöser konstant auf halber Stufe und verfolgen Sie das Objekt, sodass die Schärfe sich kontinuierlich anpassen kann.

▲ *Auswahl der Betriebsart Reihenaufnahme schnell und der Bildqualität für die beiden eingelegten Speicherkarten*

Neben all den automatisch gesetzten Funktionen gibt es zwei grundlegende Optionen, die Sie selbst bestimmen können: die *Betriebsart* (Einzelbild, Reihenaufnahme etc.) und die *Bildqualität*.

Das ist auch sehr sinnvoll, denn vor allem durch die Möglichkeit, die Bildqualität *RAW* nutzen zu können, wird spontanes Fotografieren noch komfortabler. Schließlich erlaubt nur das RAW-Format wirklich weitreichende Korrekturen der Aufnahme.

Beide Funktionen lassen sich flink über das Schnellmenü anpassen. Die Betriebsart können Sie aber auch mit der Direkttaste DRIVE·AF plus Schnellwahlrad ändern.

Die Automatische Motiverkennung bewährt sich sicherlich in vielen Situationen, erwarten Sie jedoch nicht zu viel. Einerseits gerät das Programm bei anspruchsvolleren Lichtverhältnissen an seine Grenzen und andererseits bietet sich aufgrund der wenigen Einflussmöglichkeiten nur ein sehr eingeschränkter gestalterischer Spielraum für die kreative Fotografie.

Was die Motivsymbole bedeuten

Wenn Sie mit der Automatischen Motiverkennung im Livebild fotografieren, werden oben links im Monitor szenentypische Motivsymbole eingeblendet. Daher ist es nicht verkehrt, in etwa zu wissen, welche Szene die 5DS [R] gerade vor sich zu haben glaubt, denn sie kann sich ja auch einmal irren.

An der Hintergrundfarbe lässt sich ablesen, ob sich das Motiv vor blauem Himmel (), vor einem anders gearteten hellen Hintergrund () oder vor einem dunklen Hintergrund () befindet. Abhängig von der Aufnahmesituation und den Kameraeinstellungen stehen nicht immer alle Szenensymbole zur Verfügung.

> **Blitzen im Automatikmodus**
>
> An der EOS 5DS [R] angebrachte Systemblitzgeräte werden bei jeder Aufnahme ausgelöst, egal ob die Umgebung dunkel oder hell ist. Die Blitzeinstellungen lassen sich hierbei nicht verändern. Zwar wird die Belichtungszeit durch den Blitz kurz gehalten, um eine verwacklungsfreie Aufnahme aus der Hand zu gewährleisten. Der Hintergrund kann bei wenig Umgebungslicht aber recht dunkel werden. In dem Fall können Sie in den Modus *Av* wechseln und mit einer längeren Belichtungszeit mehr Umgebungslicht einfangen, gegebenenfalls dann vom Stativ aus.

So werden die Symbole für Menschen beispielsweise nur angezeigt, wenn der Autofokus mit Gesichtsverfolgung aktiv ist.

	Normales Licht	Gegenlicht	Abend-licht	Spot-licht	Dunkel, mit Stativ
Person	👤👤👤	👤👤		👤	👤
Person in Bewegung	👤👤👤	👤👤		👤	
Landschaft, Objekte	A⁺ A⁺ A⁺	☀️☀️	🌅	🔺	🌙
Objekte in Bewegung	◐ ◐ A⁺	☀️☀️	🌅	🔺	
Nahaufnahme	🌷🌷🌷	🌷🌷		🌷	

◄ *Übersicht über die Motivsymbole*

✓ **Falsches Szenensymbol?**

Es kann vorkommen, dass die 5DS [R] aus den Farben des Motivs einen falschen Rückschluss zieht. Wenn Sie beispielsweise eine Schreibtischlampe im Bild haben, kann fälschlicherweise ein Sonnenuntergangsmotiv identifiziert werden. Farben und Helligkeit des Bilds können durch die Wahl dieser ungeeigneten Aufnahmeeinstellung falsch dargestellt werden. In derlei Situationen ist es sinnvoll, in den Modus *P* umzuschalten. Dieser funktioniert im Prinzip genauso wie A⁺, besitzt jedoch die automatische Szeneneinstellung nicht.

2.3 Bildqualität, Dateiformate und der neue Cropmodus

Bei der Wahl der Bildqualität bietet Ihnen die EOS 5DS [R] eine Vielzahl verschiedener Größen und Typen an. Dazu zählen die JPEG-Bildgrößen **L**arge (groß) *L*, **M**edium (mittelgroß) *M1*, *M2* und **S**mall (klein) *S1*, *S2* und *S3* sowie die Rohdatenformate *RAW, M-RAW* (mittelgroß) und *S-RAW* (klein). Zudem gibt es die Möglichkeit, die JPEG-Bilder unterschiedlich komprimiert abzuspeichern.

Dabei liefert die Einstellung *Fein* ◢ die bestmögliche Auflösung und Schärfe und somit die höchste Qualität. Die Kompressionsstufe *Normal* ◢ produziert kleinere Dateien mit etwa halb so großem Speichervolumen, was sich bei nachträglich nicht weiterbearbeiteten Bildern optisch kaum bemerkbar macht.

▼ *Die sieben Bildgrößen der EOS 5DS [R] im Seitenverhältnis 3:2*

▼ *JPEG- und RAW-Formate im Seitenverhältnis 3:2 (Bildanzahl ermittelt bei ISO 100). Bei der Wahl eines anderen Seitenverhältnisses kann sich die Anzahl möglicher Bilder etwas ändern.*

Um bei dieser umfangreichen Auswahl nicht die Übersicht zu verlieren, haben wir Ihnen die verschiedenen Formate einmal tabellarisch zusammengefasst. Darin finden Sie auch die jeweilige Anzahl an Aufnahmen, die auf eine Speicherkarte mit einer Größe von 8 GByte passen würden.

Bildgröße	Pixelmaße	Bilder auf 8-GByte-Karte		Druckbare Größe (Auflösung 300 dpi)
		Fein ◢	Normal ◢	
L	8.688 × 5.792	522	1.053	Poster bis DIN A1
M1	7.680 × 5.120	674	1.340	Poster bis DIN A2
M2	5.760 × 3.840	1.035	2.073	Poster bis DIN A3
S1	4.320 × 2.880	1.625	3.190	Poster bis DIN A4
S2	1.920 × 1.280	5.722		entspricht Full-HD-Videobreite, digitale Fotorahmen, große Internetfotos
S3	720 × 480	20.380		entspricht PAL-Videobreite, Mail- und kleine Internetfotos
RAW	8.688 × 5.792	109		Poster bis DIN A1
M-RAW	6.480 × 4.320	145		Poster bis DIN A2
S-RAW	4.320 × 2.880	203		Poster bis DIN A4

Die verfügbaren Dateigrößen finden Sie entweder im Aufnahmemenü 1 bei *Bildqualität* oder im Schnellmenü. Wählen Sie einfach die gewünschten Qualitäten aus, dabei können Sie nach Lust und Laune alle JPEG-Formate (Schnellwahlrad) mit allen RAW-Formaten (Hauptwahlrad) kombinieren oder auch nur auf JPEG bzw. nur auf RAW setzen.

Das Seitenverhältnis auswählen

Neben den unterschiedlichen Bildgrößen stellt Ihnen die EOS 5DS [R] auch zur Wahl, mit dem neuen Cropmodus einen vergrößerten Bildausschnitt zu erzeugen oder das Seitenverhältnis zu ändern.

Die Einstellungsmöglichkeit dazu finden Sie in den Programmen *P* bis *C3* im Aufnahmemenü 4 unter dem Eintrag *Ausschn./Seitenverh.*

Fotografieren mit Cropfaktor

Der neue Ausschnitt- oder Cropmodus liefert ein beschnittenes Bild mit einer vergrößerten Motivansicht im Seitenverhältnis 3:2. Die Aufnahmen ähneln Bildern aus Kameras, deren Sensorbreite *1,3×* (APS-H) oder *1,6×* (APS-C) kleiner ist.

Durch die hohe Sensorauflösung haben diese Bilder im Format *RAW* oder *L* aber immer noch eine Auflösung von 6.768 × 4.512 Pixeln (1,3×) bzw. 5.424 × 3.616 Pixeln (1,6×). Letzteres entspricht fast der Auflösung der 7D Mark II (5.472 × 3.648 Pixel). Die 5DS [R] hat quasi den Sensor der 7D Mark II ebenfalls intus.

Wichtig zu wissen ist, dass Sie den Beschnitt bei RAW-Aufnahmen mit Digital Photo Professional oder anderen RAW-Konvertern wie Lightroom nachträglich wieder zurücknehmen können. Der Ausschnitt dient also mehr als Orientierung. Bei JPEG-Aufnahmen gehen die Ränder hingegen verloren.

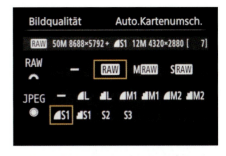

▲ *Auswahl der Kombination RAW plus JPEG groß-fein. Die Pixelmaße und die möglichen Aufnahmen in der Klammer werden stets mit angegeben.*

▲ *Seitenverhältnis und Bildgröße wie das einer Cropfaktor-Kamera*

▲ *Cropfaktor-Rahmen 1,6× im Sucher im Modus Maskiert*

1/1600 Sek. | f/4 | ISO 100 | 200 mm | +⅓ EV

▲ *Lachmöwe, aufgenommen mit dem Ausschnitt 1,6×. Mit einer EOS 7D Mark II oder 70D wäre ein vergleichbares Bild entstanden.*

Die Art und Weise, wie Ihre 5DS [R] den Motivausschnitt bei Sucheraufnahmen präsentiert, können Sie Ihrem Geschmack entsprechend einstellen, indem Sie im Menü *Ausschn./Seitenverh.* Die *INFO.*-Taste drücken und den Eintrag *Maskiert* oder *Umrandet* auswählen. Bei Livebild-Aufnahmen sehen Sie nur den vergrößerten Bildausschnitt.

Seitenverhältnis ändern

Bei den Seitenverhältnissen können Sie das klassische Bildformat (3:2) beispielsweise in das Kompaktkameraformat (4:3), in ein quadratisches Bild (1:1) oder ins Breitbildformat 16:9 umwandeln. Letzteres kann auf Flachbildfernsehern formatfüllend wiedergegeben werden. Allerdings funktioniert dies im Fall von 4:3 und 16:9 nur im Livebild-Modus, wohingegen Aufnahmen im Verhältnis 1:1 auch im Sucherbetrieb möglich sind. In letzterem Fall werden dann auch im Sucher die begrenzenden Rahmenlinien angezeigt.

Damit Ihnen kein wichtiger Bildbereich verloren geht, ist es generell sinnvoll, entweder parallel eine RAW-Datei mitzuspeichern oder das Seitenverhältnis nachträglich bei der Bildbearbeitung zu ändern.

Schneidedaten hinzufügen

Eine weitere Seitenverhältnisvariante besteht darin, sogenannte Schneidedaten mitzuspeichern. Das bedeutet, Ihr Foto wird nicht während der Aufnahme beschnitten, sondern es werden nur virtuelle Begrenzungslinien des gewählten Seitenverhältnisses gespeichert.

Diese Linien sind im Livebild sichtbar, im Sucher aber leider nicht. Dennoch können die Schneidedaten auch im normalen Fotomodus sowohl bei JPEG- als auch bei RAW-Bildern hinzugefügt werden. Sie dienen anschließend dazu, das Bild in Digital Photo Professional schnell auf das gewählte Seitenverhältnis zuzuschneiden.

Um die Schneidedaten zu sichern, stellen Sie bei *Ausschn./ Seitenverh.* die Vorgabe *FULL* ein. Wählen Sie dann im Individualmenü 3 bei *Schneidedaten hinzufügen* eine der sechs Vorgaben aus (6:6, 3:4, 4:5, 6:7, 5:6 oder 5:7). Die Seitenverhältnisse orientieren sich an den Formaten, die bei Mittel- oder Großformatkameras üblich sind. Aber Achtung, RAW-Bilder mit hinzugefügten Schneidedaten können nicht mehr kameraintern bearbeitet werden.

1/640 Sek. | f/5,6 | ISO 125 | 500 mm | +1 EV

▲ *Bild im klassischen Großformat-Seitenverhältnis 4:5*

JPEG und RAW, welches Format für welchen Zweck?

Für all diejenigen, die ihre Bilder ohne weitreichende Nachbearbeitung am liebsten gleich präsentieren, ausdrucken oder per E-Mail versenden möchten, ist das JPEG-Format am

▼ Links: Unbearbeitetes Original
Rechts: JPEG bearbeitet: Kreidefelsen und Steinvorderseite bleiben überstrahlt

besten geeignet. JPEG liefert optimale Bildresultate, wenn die Lichtverhältnisse ausgewogen sind und die Kontraste nicht zu hart erscheinen. Bei kontrastreicheren Motiven,

1/50 Sek. | f/8 | ISO 200 | 24 mm

▲ Aus der RAW-Datei konnten wir ohne Probleme ein Bild mit guter Durchzeichnung herausholen, in diesem Fall durch Konvertierung mit Adobe Lightroom.

Aufnahmen bei Gegenlicht oder auch leichten Fehlbelichtungen können in JPEG-Fotos jedoch überstrahlte Bereiche auftauchen. Diese lassen sich nachträglich meist nur noch sehr unzureichend retten.

Das RAW-Format der EOS 5DS [R] speichert die Bilddaten hingegen verlustfrei im Dateiformat CR2 (**C**anon **R**AW) ab. Es besitzt mehr Reserven, sodass sich die Bandbreite der Lichter und Schatten besser ausschöpfen lässt. Der Vorteil ist, dass Sie die Bilder nicht nur umfassender optimieren, sondern diese Änderungen auch jederzeit wieder rückgängig machen können.

Nutzen Sie zur RAW-Konvertierung beispielsweise das mitgelieferte Programm Digital Photo Professional oder andere Konverter wie Photoshop (Elements) oder Adobe Lightroom. Es ist zwar etwas mühsamer, eine ganze Reihe an Dateien auf diese Weise zu „entwickeln". Haben Sie aber erst einmal das Potenzial der RAW-Dateien kennengelernt, werden Sie zumindest wichtige Bilder bestimmt nur noch im RAW-Modus speichern. Damit können Sie selbst gut belichtete JPEG-Fotos in ihrer Wirkung noch weiter übertreffen.

Grenzen der RAW-Flexibilität

Grenzenlos flexibel ist das RAW-Format nicht. Was sich gar nicht ändern lässt, ist beispielsweise die ISO-Einstellung, die mit dem Drücken des Auslösers festgelegt wird.

Auch Fehlbelichtungen können nur in Maßen gerettet werden, denn alles, was mehr als zwei ganze Stufen über- oder unterbelichtet wurde, wird schwerlich aufzufangen sein. Und weil die RAW-Dateien größer sind, schafft die EOS 5DS [R] auch nur bis zu 12 Bilder in Reihe, die mit höchster Geschwindigkeit auf die Speicherkarte geschrieben werden können.

Eigenschaften von M-RAW und S-RAW

Neben dem altbekannten RAW-Format besitzt die EOS 5DS [R] zwei kleinere Rohdatenformate, deren Gesamtpixel sich von *RAW* auf *M-RAW* und *S-RAW* jeweils in etwa halbieren. Daraus ergibt sich ganz offensichtlich der Vorteil, dass bei reduziertem Speicherbedarf mehr Bilder auf die Karte passen und die Daten schneller auf den Computer übertragen werden können. Ganz so einfach ist es aber nicht, denn die Dateigröße verringert sich nicht etwa auf die Hälfte (*M-RAW*) oder ein Viertel (*S-RAW*), sondern nur um etwa 20 % bzw. 50 %. Ganz so groß ist der Speicherplatzgewinn also nicht.

Format	Auflösung	Megapixel	% von RAW	Dateigröße	% von RAW	Pufferspeicher
RAW	8.688 × 5.792	50,3	100	ca. 60,5 MByte	100	ca. 12
M-RAW	6.480 × 4.320	28,0	56	ca. 44,0 MByte	ca. 73	ca. 12
S-RAW	4.320 × 2.880	12,4	25	ca. 29,8 MByte	ca. 49	ca. 14

▲ *Auflösung, Speichergröße und Pufferspeicher der RAW-Formate im prozentualen Vergleich*

Auch können die *M-RAW*- und *S-RAW*-Dateien nicht kameraintern in JPEGs konvertiert werden. Dafür benötigen Sie also auf jeden Fall einen externen RAW-Konverter wie Digital Photo Professional, Photoshop oder Lightroom.

Außerdem sollten Sie sich über eines klar sein: Die verringerte Datenmenge bei *M-RAW* und *S-RAW* hat den Nachteil, dass externe RAW-Konverter ihre volle Leistungsfähigkeit nicht mehr ausüben können.

Das hat folgenden Grund: Jedes Pixel besitzt zwar eine eigene Helligkeitsinformation. Die Farbinformationen müssen hingegen bei der RAW-Konvertierung interpoliert werden, da die einzelnen Pixel nur rote, grüne oder blaue Farbinformationen liefern (Bayer-Pattern).

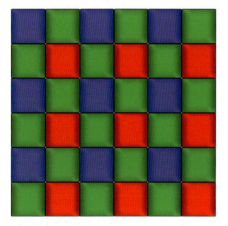

▲ *Bayer-Pattern, hier bezogen auf eine Bildfläche mit 36 Pixeln*

Bei *M-RAW* bzw. *S-RAW* übernimmt die EOS 5DS [R] die Farbinterpolation teilweise bzw. ganz. Die Folge ist, dass der RAW-Konverter all seine Kompetenz in Sachen Farbinterpolation, die – anders als bei der 5DS [R] – durch Updates stets auf den neuesten technischen Stand gehoben wird, gar nicht anwenden kann. Die Bearbeitungsqualität ist somit etwas eingeschränkt.

Nun wirkt sich das in der Praxis nicht so aus, dass man es den Bildern sofort ansehen würde. Aber wer nach wie vor die beste Qualität aus der EOS 5DS [R] herausholen möchte, sollte – vor allem auch in Situationen mit wenig Licht und höheren ISO-Werten – auf das große RAW-Format setzen.

2.4 Bilder betrachten, sichern und löschen

Nachdem Sie mit Ihrer EOS 5DS [R] eine Menge Bilder aufgenommen haben, steht die Präsentation der Motive und Szenen auf dem Plan. Im Folgenden zeigen wir Ihnen, welche Möglichkeiten Sie hierbei haben.

Wiedergabe von Bildern und Movies

Um die Fotos auf der Speicherkarte ansehen zu können, reicht ein Druck auf die Wiedergabetaste ▶. Das Foto erscheint daraufhin auf dem Monitor. Nun können Sie mit dem Schnellwahlrad in beide Richtungen von Bild zu Bild springen und alle Aufnahmen in Augenschein nehmen.

Wenn Sie schneller vor oder zurück möchten, können Sie durch Drehen des Hauptwahlrads jeweils in Zehnerschritten zurück oder nach vorn navigieren. Beendet wird die Bildwiedergabe, indem Sie den Auslöser antippen oder die Wiedergabetaste erneut drücken.

▲ *Anzeige der grundlegenden Informationen*

Um Filme zu betrachten, drücken Sie die *SET*-Taste und bestätigen in der Filmsteuerung die Wiedergabe-Schaltfläche auch mit *SET*. Die Lautstärke lässt sich mit dem Hauptwahlrad regulieren und die Wiedergabe bei Bedarf mit der *SET*-Taste pausieren. Um die Wiedergabeansicht wieder zu verlassen, drücken Sie die Wiedergabetaste erneut oder tippen einfach den Auslöser an.

▲ *Filmsteuerung*

Wenn Sie in der Einzelbildanzeige schneller durch den Bildbestand scrollen möchten, können Sie dies ganz einfach mit dem Hauptwahlrad bewerkstelligen. Hierfür stehen verschiedene Bildwechselmethoden zur Verfügung, die sich im Wiedergabemenü 2 unter *Bildsprung mit* auswählen lassen.

▲ Bildsprungkriterium festlegen

▲ Ein AF-Messfeld hat dieses Motiv scharf gestellt.

▲ Anzeige der vollständigen Aufnahmeinformationen

Zur Verfügung stehen dort Sprungabstände von einem, zehn oder 100 Bildern oder nach den Kriterien Datum, Ordner auf der Speicherkarte, nur Movies, nur Fotos, nur geschützte Bilder und Bewertung.

AF-Feldanzeige aktivieren

Bei der Wiedergabe in der 5DS [R] können Sie sich anzeigen lassen, welche AF-Felder zum Zeitpunkt des Auslösens verwendet wurden, und das gilt sowohl für Sucher- als auch für Livebild-Aufnahmen.

Aktivieren Sie hierzu im Wiedergabemenü 3 die Option *AF-Feldanzeige* oder im Schnellmenü die Schaltfläche. Auch in der mitgelieferten Software Digital Photo Professional gibt es die Möglichkeit, sich die AF-Felder anzeigen zu lassen. Dazu wählen Sie *Vorschau* | *AF-Felder* ([Alt]+[J]).

Detaillierte Informationsanzeige

Falls Sie neben der Bildansicht noch genauer wissen möchten, mit welchen Einstellungen die Aufnahme gemacht wurde, oder die Belichtung anhand des Histogramms kontrollieren wollen, ist auch das kein Problem.

Drücken Sie die *INFO.*-Taste so oft, bis die Anzeige der detaillierten Aufnahmeinformationen erscheint. Je nach Aufnahmeprogramm ändern sich die Informationen etwas, es sind also nicht immer alle Einträge vorhanden oder tauchen an der gleichen Stelle auf.

Mit dem Multi-Controller können Sie nun nach unten navigieren und Schritt für Schritt weitere Informationen aufrufen: Farbhistogramm, Weißabgleich/-korrekturen, Bildstil-Einstellungen, Farbraum/Rauschreduzierung, Objektiv- und Aberrationskorrekturen und, wenn bei der Aufnahme der GPS-Empfänger GP-E2 montiert und eingeschaltet war, auch die GPS-Informationen.

Vom Bildindex bis zur vergrößerten Kontrollansicht

Um sich eine bessere Übersicht zu verschaffen, können Sie die Lupentaste 🔍 zum schnellen Einschalten der Übersichtsanzeige verwenden. Drücken Sie die Taste einmal und drehen Sie anschließend das Hauptwahlrad nach links, sodass Ihnen erst 4, dann 9, 36 und schließlich 100 Bilder gleichzeitig präsentiert werden.

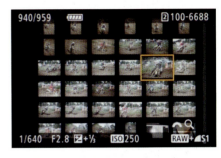

▲ *Bildindex mit 36 Bildern*

Wenn Sie die Lupentaste erneut drücken und dann am Hauptwahlrad drehen, gelangen Sie in der jeweiligen Indexstufe von Bildset zu Bildset. Dies ermöglicht ein schnelles Durchforsten der gespeicherten Bilder und Movies.

Um ein Bild in die Vollbildansicht aufzurufen, steuern Sie es einfach mit dem Multi-Controller an und drücken die **SET**-Taste. Um die Schärfe der Aufnahme zu prüfen, drücken Sie die Lupentaste und drehen das Hauptwahlrad nach rechts. Mit dem Multi-Controller können Sie in der vergrößerten Ansicht navigieren und die gewünschte Bildstelle ansteuern. Wenn Sie ein Bild davor oder dahinter mit gleicher Vergrößerung betrachten möchten, drehen Sie am Schnellwahlrad.

▲ *Ansicht bei maximaler Vergrößerung*

 Vergrößerungsfaktor festlegen

Mit welchem Faktor Ihre 5DS [R] die Bilder direkt nach dem Aufrufen anzeigen soll, können Sie im Wiedergabemenü 3 bei *Vergrößerung(ca.)* festlegen. Wir haben uns für *1x (keine Vergrößerung)* entschieden. Dann wird als Ausgangspunkt beim Zoomen das gesamte Bild angezeigt und der Index lässt sich schneller aufrufen.

Vergleichen von Bildern

Wer häufig Parallelaufnahmen oder schnelle Reihenaufnahmen anfertigt, wird die Vergleichsansicht der 5DS [R] schnell zu schätzen wissen. Denken Sie an Bewegungsabläufe, die Sie mit dem Nachführautofokus AI Servo aufgenommen

▲ *Die Vergleichsansicht ist nur bei Bildern möglich, nicht bei Movies.*

haben. Mit der Vergleichsansicht lassen sich die unbrauchbaren Fotos schneller aussortieren, bei denen der kontinuierliche Autofokus das Motiv noch nicht perfekt scharf gestellt hatte.

Für den Vergleich rufen Sie das erste Bild mit der Wiedergabetaste auf den Monitor und drücken dann die Taste ⊞. Wählen Sie mit der Lupentaste eine Vergrößerung, bei der Sie die wichtigen Bildareale gut beurteilen können. Mit der *SET*-Taste springen Sie in den rechten Bildbereich, der nun gelb umrahmt wird. Jetzt können Sie das Vergleichsbild mit dem Schnellwahlrad auswählen. Um es in der gleichen Vergrößerungsstufe sehen zu können, drücken Sie die Taste Q. Mit dem Multi-Controller lässt sich der Bildausschnitt wie gewohnt verschieben, und mit der *INFO.*-Taste können Sie unterschiedliche Aufnahmeinformationen einblenden, wie zum Beispiel das Histogramm oder Angaben zum Weißabgleich.

Bei unserem Beispiel ist das linke Bild das schlechtere, daher würden wir dieses mit der *SET*-Taste erneut auswählen und es mit der Löschtaste 🗑 entfernen. Übrigens, um eines der beiden Vergleichsbilder wieder ganz auf den Monitor zu holen, drücken Sie einfach die Wiedergabetaste etwas länger.

Favoritensterne vergeben

Eine praktische Möglichkeit, Ihre Topbilder bereits in der 5DS [R] als solche zu markieren und sie später schnell wiederzufinden, bieten die Favoritensternchen. Bis zu fünf Sterne [✶✶] können vergeben werden.

▲ *Bildbewertung mit der RATE-Taste*

Rufen Sie das Bild dazu in der Wiedergabeansicht auf und betätigen Sie dann die Taste *RATE* so oft, bis die gewünschte Sternanzahl oben am Bild erscheint. Alternativ können Sie die Sternvergabe aber auch über das Wiedergabemenü 2 bei *Bewertung* oder über das Schnellmenü durchführen.

Zu empfehlen ist, wirklich nur die besten und maximal noch die zweitbesten Fotos zu bewerten, sonst wird die Aktion schnell sehr zeitaufwendig. Dies können Sie übrigens auch gleich im Rahmen des zuvor gezeigten Bildvergleichs durchführen.

Wenn Sie die markierten Fotos auf einen Computer mit dem Betriebssystem Windows Vista, Windows 7/8/10 übertragen, wird die Bewertung übernommen.

◂ *Das mit fünf Sternen bewertete Bild im Windows-Explorer*

Bildpräsentation als Diaschau

Zeigen Sie hin und wieder gerne Ihre Bilder im Kreise der Familie und Bekannten, oder nutzen Sie die 5DS [R] als zügige Präsentationsmöglichkeit für Kunden? Dann kommt die Diaschau-Funktion Ihrer 5DS [R] doch gerade recht. So können Sie Ihre Fotos am Kameramonitor oder, wenn die Kamera mit dem Computer oder Fernseher verbunden ist, auch auf einem größeren Bildschirm ansprechend präsentieren (siehe nächsten Abschnitt).

Das Erstellen einer Diashow ist auch nicht weiter schwer. Navigieren Sie im Wiedergabemenü 2 zur Option *Diaschau*. Wählen Sie darin das zweite Feld von oben aus und drücken Sie die *SET*-Taste, sodass weiße Pfeile zu sehen sind.

Mit dem Schnellwahlrad können Sie nun auswählen, nach welchen Kriterien die Diashow-Bilder zusammengestellt werden sollen. Haben Sie Datum, Ordner oder Bewertung ★ gewählt, drücken Sie anschließend die *INFO.*-Taste, um das gewünschte Kriterium genauer festzulegen.

▴ *Vorbereiten der Diaschau-Präsentation*

Bei *Einstellung* können Sie die *Anzeigedauer* der Bilder festlegen. Wenn Sie die Bilder kommentieren möchten, wählen Sie hier am besten eine sehr lange Zeit und springen während der Show dann in Ihrem Tempo manuell per Schnellwahlrad von Bild zu Bild. Mit dem Hauptwahlrad lässt sich die Movie-Lautstärke regeln.

Zum Starten der Diaschau bestätigen Sie die Schaltfläche *Start* mit der *SET*-Taste. Die gleiche Taste können Sie danach nutzen, um die Show zu pausieren. Verlassen können Sie die Show mit der *MENU*-Taste, um beispielsweise die Einstellungen zu ändern. Ganz beendet wird die Diaschau einfach durch Antippen des Auslösers.

Bilder am TV wiedergeben

Der Kameramonitor ist viel zu klein, der Computer steht im Arbeitszimmer und der Laptop ist ebenfalls nicht so richtig geeignet, die Fotos richtig eindrucksvoll und schön groß zu präsentieren. Was nun? Na ja, da wäre ja noch der Fernseher ... Gedacht, getan. Schließen Sie Ihre EOS 5DS [R] doch einfach einmal mit einem HDMI-Kabel am TV-Gerät an. Egal ob Konferenzraum oder heimisches Wohnzimmer, schon flimmern die Bilder in stattlichem Format.

▲ HDMI-mini-Kabel mit Kameraanschluss (links) und TV-Anschluss (rechts)

Dafür benötigen Sie das HDMI-Kabel von Canon (HTC-100) oder ein handelsübliches HDMI-mini-Kabel (zum Beispiel von Hama). Schalten Sie nun als Erstes die 5DS [R] und den Fernseher aus, schließen Sie den HDMI-mini-Stecker am HDMI-mini-Ausgang Ihrer Kamera und das größere HDMI-Ende am entsprechenden Eingang des TV-Geräts an.

▲ HDMI-Anschluss der 5DS [R]

▲ HDMI-Anschluss am Fernseher

Schalten Sie zuerst den Fernseher ein und wählen Sie den Kanal, der den verwendeten Anschlussbuchsen zugeordnet ist (hier: *HDMI*). Anschließend wird die 5DS [R] aktiviert und die Wiedergabetaste gedrückt.

Nun können Sie die Bilder oder Videos einzeln aufrufen oder, wie zuvor gezeigt, eine Bildwiedergabe als Diaschau starten. Gegebenenfalls müssen Sie zusätzlich im Einstellungsmenü 3 das *Videosystem* von *PAL* auf *NTSC* umstellen, um die Bildrate auswählen zu können, die das Ausgabegerät verlangt.

Wenn Ihr TV-Gerät zudem die HDMI-CEC-Norm erfüllt, können Sie die 5DS [R] mit der Fernbedienung steuern, sofern die Funktion *Strg über HDMI* im Wiedergabemenü 3 auf *Aktivieren* steht.

Schutz vor versehentlichem Löschen

Stellen Sie sich vor, eine der Aufnahmen beim Outdoorshooting ist exakt so geworden, wie Sie oder der Auftraggeber es sich vorgestellt haben, alles passt perfekt, oder Sie konnten einen ganz besonderen Moment fotografisch festhalten.

Nichts wäre ärgerlicher, als wenn diese Fotos versehentlich gelöscht würden. Um solch ein Ungemach zu verhindern, besitzt die EOS 5DS [R] einen Bildschutz. Darüber werden die Fotos markiert, die keinesfalls gelöscht werden dürfen.

Um die Schutzfunktion anzuwenden, navigieren Sie im Wiedergabemenü 1 zur Option *Bilder schützen*. Öffnen Sie darin die Option *Bilder auswählen* und wählen Sie das zu schützende Bild anschließend aus.

Mit der *SET*-Taste wird die Schutzfunktion zugewiesen. Wenn der Schutz wieder entfernt werden soll, drücken Sie erneut *SET*. Geschützte Bilder können nun mit den normalen Löschfunktionen nicht mehr entfernt werden.

▲ *Ausgewähltes Bild über das Schnellmenü schützen*

Einfacher geht es, wenn Sie das Schnellmenü verwenden. Navigieren Sie einfach zur Schaltfläche *Schutzfunktion* und wählen Sie *Aktivieren*, und schon ist das Bild gesichert.

Schützen über RATE-Tasten-Funktion

Die schnellste Methode zum Schützen einzelner Bilder besteht darin, im Einstellungsmenü 3 bei *RATE-Tasten-Funkt.* die Option von *Bewertung* auf *Schützen* umzustellen. Dann reicht ein Druck auf die Taste *RATE*, um den Bildschutz anzuwenden oder auch wieder aufzuheben. Die Bildbewertung muss dann über das Wiedergabemenü oder das Schnellmenü erfolgen.

Formatieren hebt Bilderschutz auf

Das Formatieren der Speicherkarte löscht auch die geschützten Bilder. Nutzen Sie daher besser die nachfolgend beschriebenen Löschfunktionen, wenn Sie alle nicht mehr benötigten Fotos in einem Schritt entfernen möchten und nur die geschützten behalten wollen.

Sollen gleich mehrere Bilder in einem Rutsch geschützt werden, können Sie im Wiedergabemenü 1 unter *Bilder schützen* einfach die Option *Alle Bilder im Ordner* (kann die Bilder beider Speicherkarten umfassen) oder *Alle Bilder auf Karte* (bezieht sich auf die aktuelle Wiedergabekarte) wählen.

Umgekehrt lässt sich der Schutz auch wieder aufheben, indem Sie *Alle Bild.im Ordner ungeschützt* oder *Alle Bild. auf Karte ungeschützt* wählen.

Bilder schnell und sicher löschen

Es liegt in der Natur der Sache, dass nicht jedes Bild gelingt, das geht Amateuren genauso wie eingefleischten Profis. Daher ist es sinnvoll, die eindeutig vermasselten Fotos gleich in der 5DS [R] zu löschen. Um einzelne Fotos in die ewigen Jagdgründe zu schicken, rufen Sie das Foto mit der Wiedergabetaste auf und drücken dann einfach die Löschtaste 🗑. Anschließend bestätigen Sie die Schaltfläche *Löschen* mit der *SET*-Taste, und schon ist das Bild verschwunden.

▲ *Entfernen eines ausgewählten Bilds mit der Löschtaste*

Zum Löschen mehrerer Bilder finden Sie im Wiedergabemenü 1 den Eintrag *Bilder löschen*. Öffnen Sie darin die Rubrik *Bilder auswählen und löschen*, um anschließend ein Bild oder Movie nach dem anderen aufzurufen und die zu entfernenden Bilder mit der *SET*-Taste zu markieren. Anschließend drücken Sie die Löschtaste, wählen die Schaltfläche *OK* und drücken zum Starten des Löschvorgangs die *SET*-Taste.

Alle markierten Bilder werden daraufhin von der Speicherkarte gefegt und es steht wieder mehr Speicherplatz für neue Aufnahmen zur Verfügung. Alternativ können natürlich auch *Alle Bilder im Ordner* oder *Alle Bilder auf Karte* über das Menü gelöscht werden.

 Standard-Löschoption
Es gibt auch die Möglichkeit, beim Drücken der Löschtaste die vorgewählte Schaltfläche zu ändern. Standardmäßig ist *Abbruch* ausgewählt. Über das Individualmenü 3 bei *Standard-Löschoption* können Sie aber auch *Löschen* wählen. Damit sparen Sie sich einen Tastendruck, aber die Gefahr des versehentlichen Löschens erhöht sich. Wir sind daher vorsichtshalber bei *Abbruch* geblieben.

Die Belichtung im Griff

Von der Belichtung hängt die Wirkung eines Fotos essenziell ab. Erfahren Sie daher in diesem Kapitel alles Wichtige über das Zusammenspiel der grundlegenden Komponenten einer angepassten Belichtung. Die Belichtungszeit, Blende und der ISO-Wert sind hierbei natürlich die unangefochtenen Spielmacher, aber auch die Messmethode hat ein Wörtchen mitzureden. Welche Möglichkeiten Ihnen die EOS 5DS [R] in diesen Bereichen bietet, inklusive der Optionen für kreative Mehrfachbelichtungen, rundet die Tour durch das Belichtungsuniversum ab.

▼ *Großes Bild und Ausschnitt oben: Die zweifache Brennweite als Kehrwert der Belichtungszeit ist ein guter Anhaltspunkt für scharfe Freihandaufnahmen mit der EOS 5DS [R]. Ausschnitt unten: Mit der einfachen Brennweite im Kehrwert der Belichtungszeit sind uns viele Aufnahmen verwackelt.*

Großes Bild, Ausschnitt oben:
1/200 Sek. | f/2,8 | ISO 2500 | 100 mm,
Ausschnitt unten: 1/100 Sek. | f/2,8 | ISO 1250 | 100 mm

3.1 Die Relevanz der Belichtungszeit

Die Belichtungszeit bestimmt, wie lange das Licht auf den Sensor der EOS 5DS [R] treffen darf. Sie beeinflusst damit einerseits die Bildhelligkeit, hat andererseits aber auch einen Einfluss auf die Bildschärfe.

Aufgrund der hohen Auflösung der 5DS [R] können sich Verwacklungen im Bild relativ schnell bemerkbar machen,

weil der hochauflösende Sensor die feinen Details so exakt abzubilden vermag.

Manchmal liegen aber auch nur minimale Verwacklungen vor, die am Monitor der Kamera nicht so gut zu erkennen sind, selbst wenn die Ansicht vergrößert wird. Erst bei der Betrachtung am Computer in der 100 %-Ansicht fallen diese ins Auge.

Aus diesen Gründen ist es empfehlenswert, die Belichtungszeit beim Fotografieren mit der EOS 5DS [R] stets ein wenig im Blick zu haben und die Belichtungswerte konservativ zu wählen.

Bei unseren fotografischen Arbeiten mit der 5DS [R] hat es sich als sinnvoll herausgestellt, den Kehrwert der Belichtungszeit etwa nach der doppelten Brennweite auszurichten. Das bedeutet, dass wir bei 100 mm Brennweite nicht mit 1/100 Sek. fotografieren, sondern Werte von 1/200 Sek. oder kürzer anstreben – oder bei 50 mm Brennweite mit 1/100 Sek. und kürzer arbeiten. Die Belichtungszeiten geben wir dann entweder in den Modi *Tv* oder *M* vor oder verwenden bei *Av* eine angepasste ISO-Automatik (siehe dazu ab Seite 81).

Ansonsten mussten wir unseren Fotografierstil kaum ändern und kamen auch ohne Stativ in den meisten Situationen zu Aufnahmen ohne Verwacklungsunschärfe. Das Stativ bemühten wir daher weniger als zunächst gedacht.

3.2 Den Bildstabilisator effektiv einsetzen

Um einem versehentlichen Verwackeln so gut wie möglich entgegenzusteuern, besitzen viele Objektive von Canon oder auch kompatible Optiken anderer Hersteller einen eingebauten *Bildstabilisator*, der bei Canon als *IS* (**I**mage **S**tabilizer), bei Tamron als *VC* (**V**ibration **C**ompensation) und bei Sigma als *OS* (**O**ptical **S**tabilizer) bezeichnet wird.

Damit gelingen auch noch gestochen scharfe Fotos aus der Hand, die ohne Stabilisierungstechnik garantiert verwackelt wären. Schauen Sie sich dazu einmal den zweiten Bildvergleich aus der Serie mit der etwas grimmig dreinschauenden hölzernen Seejungfrau an.

▼ *Großes Bild und Ausschnitt oben: scharfe Freihandaufnahme mit Bildstabilisator. Ausschnitt unten: deutliche Verwacklungsunschärfe ohne Stabilisator.*
Großes Bild, Ausschnitt oben: 1/30 Sek. | f/2,8 | ISO 320 | 100 mm | IS an, Ausschnitt unten: 1/30 Sek. | f/2,8 | ISO 320 | 100 mm | IS aus

Das Potenzial des Bildstabilisators wird hier sehr deutlich, denn wir konnten mit eingeschalteter Stabilisierungstechnik tatsächlich noch bei einer Belichtungszeit von 1/30 Sek. scharfe Bilder erzeugen.

Ohne Bildstabilisator war ja bereits bei 1/100 Sek. Schluss mit der Schärfe, wie im vorigen Abschnitt zu sehen ist. Bei 1/30 Sek. ohne Stabilisator ist das Bild erwartungsgemäß noch stärker verwackelt.

▲ *Der Bildstabilisator wird am Objektiv aus- und eingeschaltet.*

Den höchsten Zeitgewinn erzielen die Bildstabilisatoren der neuesten Generation. Mit älteren Stabilisatoren rechnen Sie generell etwas konservativer damit, dass Sie die Belichtungszeit um etwa eine (erste und zweite IS-Generation) bis zwei (dritte IS-Generation) ganze Belichtungsstufen verlängern können.

Um etwas Puffer zu haben, richten wir persönlich die Belichtungszeit bei Objektiven mit Bildstabilisator so ein, dass sie im Kehrwert der verwendeten Brennweite entspricht, also beispielsweise 1/30 Sek. bei 30 mm.

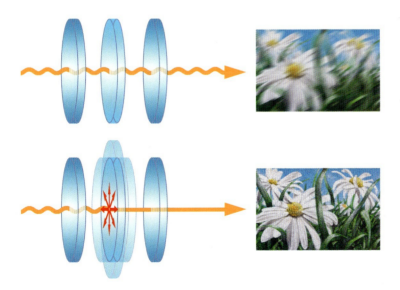

▲ *Wirkungsweise des Bildstabilisators*

> ✓ **Den Bildstabilisator ausprobieren**
>
> Testen Sie selbst einmal aus, bei welchen Belichtungszeiten und Brennweiten Sie Ihre 5DS [R] noch verwacklungsfrei halten können. Dazu fotografieren Sie ein gut strukturiertes Motiv im Modus *Tv* und bei eingeschalteter ISO-Automatik. Wählen Sie zum Beispiel eine Objektivbrennweite von 50 mm und stellen Sie mit dem Hauptwahlrad eine Zeit von 1/100 Sek. ein. Fotografieren Sie Ihr Motiv mit und ohne Bildstabilisator und am besten auch mehrfach, um zu sehen, wie konstant die Ergebnisse ausfallen. Dann verlängern Sie die Belichtungszeit auf 1/50 Sek. und so weiter. Betrachten Sie die Fotos in der vergrößerten Wiedergabeansicht oder am Computer in der 100 %-Ansicht. Ab wann beginnen die Fotos zu verwackeln?

Bildstabilisator bei Stativaufnahmen

Aus unserer Erfahrung heraus können wir empfehlen, den Bildstabilisator auch bei Stativaufnahmen anzulassen. So kann er beispielsweise auch leichte Schwingungen des Stativs abfedern, was vor allem bei stärkeren Teleobjektiven mehr Bildqualität liefert. Wenn Sie jedoch auf einem stabilen Stativ sekunden- oder minutenlange Langzeitaufnahmen anfertigen, ist es laut Canon besser, den Stabilisator auszuschalten. Am besten, Sie probieren das mit Ihrer individuellen Kamera-Objektiv-Stativ-Kombination mit und ohne Stabilisator einmal aus, denn die eigene Erfahrung ist gerade bei solch einem viel diskutierten Thema die beste Versicherung für verwacklungsfreie Bilder.

Bei der Bildstabilisierung wird die Verwacklung übrigens durch sogenannte Gyrosensoren im Objektiv registriert und ein beweglich gelagertes Linsenelement wird dann in seiner Position gegenläufig zur Verwacklungsrichtung verschoben.

Auf diese Weise kann die Aufnahme horizontal (x-Achse) und vertikal (y-Achse) stabilisiert werden. Zudem gibt es bei Canon den *Hybrid-IS*. Dieser gleicht neben dem „normalen" Wackeln auch leichte Kameraverschiebungen aus. Das Makroobjektiv EF 100 mm f/2,8 L Macro IS USM besitzt beispielsweise einen Hybrid-IS.

3.3 Bildgestaltung mit Schärfentiefe

Fotografien erzählen uns Geschichten und leiten unseren Blick dabei ganz unbewusst durch das Bild. Auf Schärfe reagieren unsere Augen hierbei besonders sensibel. Achten Sie beim Betrachten Ihrer Fotos einmal darauf, an welchen Stellen Ihr Blick intuitiv haften bleibt – es werden meist die hellen und besonders scharfen Bereiche sein.

Setzen Sie die *Schärfentiefe*, also den von unseren Augen noch als scharf wahrgenommenen Bildbereich vor und hinter der fokussierten Ebene, daher kreativ ein. Heben Sie Ihre Hauptmotive mit geringer Schärfentiefe prägnant vor einem unscharfen Hintergrund hervor oder versuchen Sie, alles durchgehend scharf zu bekommen.

▲ *Blende ganz geöffnet*

▲ *Blende auf den Wert f/16 geschlossen*

Dafür muss in erster Linie der Blendenwert manuell wählbar sein. Denn die Blende steuert die Objektivöffnung und beeinflusst auf diese Weise die Schärfentiefe.

Am besten geeignet sind hierfür die Zeitautomatik *Av* oder die manuelle Belichtung *M*. Wobei gilt: Kleine Blendenwerte erzeugen wenig Schärfentiefe, und große Blendenwerte liefern eine hohe Schärfentiefe.

1/500 Sek. | f/2,8 | ISO 100 | 100 mm
1/160 Sek. | f6,3 | ISO 160 | 100 mm

◀ *Links: Bei offener Blende sehen Hinter- und Vordergrund unschärfer aus und der Blick des Betrachters wird unweigerlich auf das scharfe rechte Katzenauge geleitet. Rechts: Bei erhöhtem Blendenwert wirkt vor allem der Hintergrund zu unruhig.*

Allerdings sollten Sie bei der EOS 5DS [R] wenn möglich nicht über f/11 hinausgehen, da das Bild sonst durch Beugungsunschärfe an Qualität verliert (siehe ab Seite 308).

Bei der EOS 5DS [R] ist die Schärfentiefe aufgrund der Größe des Vollformatsensors generell recht gering. Das kommt einer gelungenen Objektfreistellung entgegen. Wenn Sie aber mehr Schärfentiefe benötigen, jedoch nicht über f/11 hinausgehen möchten, ist es sinnvoll, mit niedrigen Brennweiten zu fotografieren und den Abstand zwischen Motiv und Kamera eher hoch zu halten. Möglich ist es auch, mehrere Bilder mit unterschiedlichen Fokusabständen aufzunehmen und diese softwaregestützt zu fusionieren (Focus Stacking, Schärfentiefe-Erweiterung).

Die Schärfentiefe kontrollieren

Wenn Sie schon vor der Aufnahme sehen möchten, wie hoch die Schärfentiefe ausfallen wird, können Sie die rechts neben dem Objektiv angebrachte Schärfentiefe-Prüftaste oder *Abblendtaste* betätigen. Die Blende schließt sich auf den gewählten Wert, die sogenannte *Arbeitsblende*, und

▲ *Abblendtaste*

der Sucher oder das Livebild zeigen den Schärfeverlauf an. In der Porträt- und Makrofotografie ist die Schärfentiefe-Kontrolle besonders wichtig, um störende Elemente im Hintergrund identifizieren zu können.

3.4 ISO-Fähigkeiten der 5 DS [R]

Die EOS 5DS [R] ist bei uns, und bei Ihnen sicherlich auch, überall mit dabei. Aber die Aufnahmesituationen sind natürlich nicht immer optimal. Wir können zwar nicht behaupten, dass die beiden Profiboliden ausgewiesene Low-Light-Kameras sind, der Sensor ist aber lichtempfindlich und flexibel genug, um auch unter schwierigen Lichtbedingungen mit erhöhten ISO-Werten scharfe, immer noch hoch aufgelöste und optimal belichtete Bilder zu liefern. Davon

▼ *Die hohe Lichtempfindlichkeit, mit der wir die kurze Belichtungszeit erzielten, um die Regentropfen punktförmig darzustellen, ist der Aufnahme nicht wirklich anzusehen.*
1/2000 Sek. | f/3,2 | ISO 3200 | 200 mm

konnten wir uns im Rahmen unterschiedlicher Projekte im sport- und eventfotografischen Bereich überzeugen.

Über die Empfindlichkeit des Sensors in der Praxis

Steigende ISO-Werte bedeuten aber immer, dass Bildstörungen in Foto oder Film zunehmen. Dazu zählen die unterschiedlich hellen oder bunten Fehlpixel, die Sie in den jeweils linken Detailausschnitten der Bildausschnitte auf der nächsten Seite sehen können.

Getestet haben wir beide Kameras unter identischen Bedingungen. Wenn wir rein optische Maßstäbe ansetzen, fallen in Sachen Bildrauschen zwischen der EOS 5DS und 5DS R keine nennenswerten Unterschiede auf, daher betrachten wir die Ergebnisse hier modellübergreifend.

Von ISO 50 ausgehend bis ISO 400 bleiben die Bilder auf einem niedrigen Rauschniveau, auch wenn keinerlei Rauschreduzierungsfunktionen angewandt werden.

Bei ISO 800 und 1600 wird das Bildrauschen ohne Rauschunterdrückung langsam sichtbar und ist bei ISO 3200 bis 12800 dann deutlich bis sehr deutlich zu sehen.

Um dieses Bildrauschen zu unterdrücken, werden die JPEG-Bilder standardmäßig kameraintern mit der Funktion *High-ISO-Rauschreduzierung* entrauscht. Damit wird das Bildrauschen über den gesamten ISO-Bereich sehr gut unterdrückt, was Sie in den jeweils rechten Bildausschnitten sehen können (Abbildungen nächste Seite).

Ab ISO 3200 lassen die Motivdetails zwar optisch an Schärfe und Auflösung nach, wie in den entsprechenden Ausschnitten zu sehen. Die Farbunregelmäßigkeiten, die das

Dynamikverlust

Das Anheben der ISO-Empfindlichkeit geht auch immer zulasten des Dynamik- oder Kontrastumfangs. Die Bandbreite an darstellbaren Farb- und Helligkeitsstufen sinkt. Auch aus diesen Gründen ist es von Vorteil, mit niedrigen ISO-Werten zu agieren und so die bestmögliche Performance aus dem Sensor zu holen.

▶ *JPEG direkt aus der 5DS R bei ISO 12800 und Standard-Rauschreduzierung*

▶ *Linke Ausschnitte: High-ISO-Rauschreduzierung ausgeschaltet, rechte Ausschnitte: High-ISO-Rauschreduzierung* Standard*.*

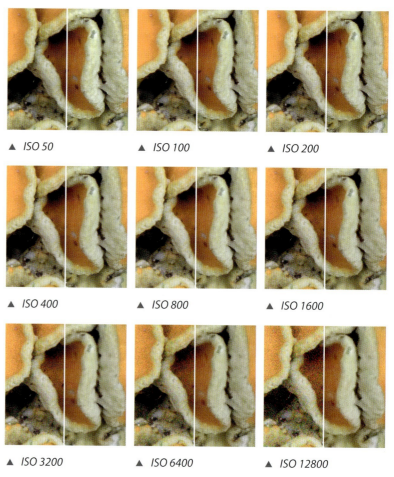

▲ *ISO 50* ▲ *ISO 100* ▲ *ISO 200*

▲ *ISO 400* ▲ *ISO 800* ▲ *ISO 1600*

▲ *ISO 3200* ▲ *ISO 6400* ▲ *ISO 12800*

Bild optisch am meisten stören, werden aber bis ISO 12800 sehr gut kompensiert.

Wenn Sie auf eine möglichst hohe Bildqualität setzen, fotografieren Sie möglichst im Bereich von ISO 100 bis ISO 1600 und nur, wenn es nicht anders geht, auch mit höheren Werten.

ISO-Wert und ISO-Bereich einstellen

Um die Lichtempfindlichkeit des Sensors manuell einstellen zu können, muss sich die 5DS [R] in einem der Modi *P* bis *C3* befinden. Drücken Sie dann einfach die Taste ⚡·ISO und drehen Sie am Hauptwahlrad.

Nach rechts gedreht, erhöht sich die Lichtempfindlichkeit in ⅓-Stufen. Ganz nach links auf *A* gedreht, können Sie die später noch vorgestellte ISO-Automatik aktivieren. Die Änderung wird jeweils direkt übernommen.

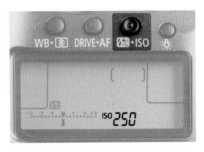

▲ *Einstellen des ISO-Wertes, hier auf ISO 250*

Gut gelöst ist auch, dass sich der *ISO-Bereich* im Aufnahmemenü 2 bei *ISO-Empfindl. Einstellungen* individuell auswählen lässt.

Legen Sie das *Minimum* und das *Maximum* fest und aktivieren Sie bei Bedarf die Erweiterungen auf *L(50)* oder *H(12800)*.

Wenn die Tonwert-Priorität eingeschaltet ist, engt sich der verwendbare ISO-Bereich allerdings auf 200 bis 6400 ein. Bei Movie-Aufnahmen ist die Lichtempfindlichkeit per se auf ISO 100 bis 12800 eingeschränkt.

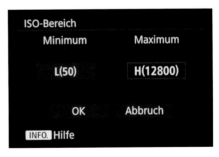

▲ *Auswahl des ISO-Bereichs*

Sollte Ihnen die Auswahl der Lichtempfindlichkeit in ⅓-Stufen zu umständlich sein, weil Sie schnell zwischen einer geringen und einer hohen ISO-Stufe wechseln möchten, stellen Sie im Individualmenü 1 die *ISO-Einstellstufen* auf *Ganzstufig* (100, 200 etc.).

4 Sek. | f/9 | ISO 50 | 24 mm | Stativ

▲ *Dank ISO 50 konnte die Belichtungszeit um eine weitere Stufe verlängert werden, um das Wasser möglichst stark verwischt abzubilden.*

Ein Blick auf ISO 50

Wenn es rein nach Bildrauschen geht, bietet die geringste ISO-Stufe *L(50)* das niedrigste Rauschlevel und eine sehr gute Bildqualität. Dies erkaufen Sie sich aber mit einem verringerten Dynamikumfang , da die EOS 5DS [R] das Bild nicht nativ mit ISO 50 aufnimmt. Vielmehr wird kameraintern bei ISO 100 ein einstufig überbelichtetes Bild erzeugt, dessen Belichtung anschließend wieder um eine Stufe reduziert wird. In der Praxis zeigt sich, dass die hellsten Bildstellen leichter anfangen, zu überstrahlen und an Zeichnung zu verlieren. Aus den dunkelsten Arealen lassen sich auch weniger Details hervorzaubern, wenn diese aufgehellt werden sollen. Der Verlust an Bildqualität kann dann höher sein als der geringe Gewinn an weniger Bildrauschen. Daher empfehlen wir Ihnen, ISO 50 nur bei nicht allzu kontrastierten Motiven zu verwenden, wenn im Studio wirklich alle Details gut ausgeleuchtet sind oder in der Natur eine Aufnahme im Schatten oder bei Nebel entsteht. Auch sollten die Motive keine großen weißen Flächen beinhalten. Praktisch ist die geringste Lichtempfindlichkeit allerdings, wenn Sie mit einer möglichst langen Belichtungszeit Wischeffekte erzeugen wollen, beispielsweise bei fließendem Wasser. Kontrastreiche Szenarien profitieren hingegen mehr von ISO 100, da diese Stufe immer noch eine hervorragende Bildqualität liefert und gleichzeitig mehr Spielraum für nachträgliche Bildverbesserungen im RAW-Konverter oder Bildbearbeitungsprogramm bereithält.

Bildrauschen reduzieren

Die zentrale Funktion zur Reduktion des Bildrauschens finden Sie bei der 5DS [R] im Aufnahmemenü 3 bei *High ISO Rauschreduzierung*, sofern Sie in einem der Modi *P* bis *C3* fotografieren. Damit wird das Bildrauschen vor allem bei hohen ISO-Werten verringert. Zu empfehlen ist, die Funktion auf dem voreingestellten Wert *Standard* zu belassen und nur bei Aufnahmen mit ISO-Werten von 6400 oder höher auf *Stark* zu setzen oder die *Multi-Shot-Rauschreduz.* zu verwenden. Die Multi-Shot-Rauschreduzierung steht allerdings nur zur Verfügung, wenn die anschließend vorgestellte Rauschreduzierung bei Langzeitbelichtung ausgeschaltet ist.

▲ *Auswahl der High-ISO-Rauschreduzierungsstufe*

Außerdem können Sie keine Langzeitbelichtungen (Bulb) damit anfertigen, das RAW-Format nicht nutzen, nicht blitzen und die automatische Belichtungsreihe (AEB) nicht verwenden. Auch die kamerainterne Korrektur zum Entfernen objektivbedingter Bildverzerrungen kann nicht angewandt werden. Wichtig ist zudem, die Kamera ruhig zu halten, da mehrere Aufnahmen hintereinander fotografiert und deckungsgleich miteinander verschmolzen werden müssen. Dementsprechend ist die Multi-Shot-Rauschreduzierung für bewegte Objekte nicht geeignet. Es dauert auch stets einige Sekunden, bis die 5DS [R] wieder aufnahmebereit ist. Zu

1/30 Sek. | f/2,8 | ISO 12800 | 16 mm

▲ *Die Multi-Shot-Rauschreduzierung liefert bei hohen ISO-Werten überzeugende Resultate.*

empfehlen ist es daher, die Multi-Shot-Rauschreduzierung bei Bildern unbewegter Objekte mit ISO 6400 und 12800 höher zu verwenden, denn sie liefert an sich wirklich hervorragende Resultate. Hinter der Multi-Shot-Rauschreduzierung steckt die Beobachtung, dass sich die Stärke des Bildrauschens mindert, wenn mehrere Fotos desselben Motivs übereinander gestapelt und miteinander verrechnet werden. Das liegt daran, dass die bunten Fehlpixel zufällig verteilt sind. Die „richtigen" Pixel des einen Bilds können somit die „falschen" des anderen überlagern.

 RAW-Bilder entrauschen

RAW-Bilder müssen beim Entwickeln mit dem RAW-Konverter von Fehlpixeln befreit werden. Das funktioniert mit der Canon-Software Digital Photo Professional sehr gut, denn die Werte werden beim Öffnen der Datei bereits automatisch angepasst. Auch Adobe Lightroom besitzt äußerst potente Rauschunterdrückungsfunktionen. Dennoch werden Sie bei hohen ISO-Werten auch bei RAW-Bildern Detailverluste in Kauf nehmen müssen.

Rauschreduzierung bei Langzeitbelichtung

Die Funktion *Rauschred. bei Langzeitbel.*, zu finden in den Modi *P* bis *C3* im Aufnahmemenü 3, filtert ein gewisses Grundrauschen aus den Bildern heraus. Allerdings gilt dies nur für Fotos, die mit Belichtungszeiten von 1 Sek. und länger aufgenommen werden.

Außerdem dauert die kamerainterne Bearbeitung des Bilds in etwa genauso lange wie die Belichtung, denn die EOS 5DS [R] nimmt anschließend ein sogenanntes Dunkelbild (Darkframe) auf, das nur das Rauschen des Sensors abbildet. Dieses wird verwendet, um die Bildstörungen aus dem eigentlichen Foto herauszurechnen. Die Kamera ist daher weniger schnell wieder aufnahmebereit. Für die meisten Situationen empfiehlt sich die Einstellung *Automatisch*. Bei Feuerwerk oder Gewittern empfehlen wir hingegen die Einstellung *Deaktivieren*, da es sonst einfach zu lange dauert, bis nach dem ersten Foto das nächste aufgenommen werden kann.

▲ Als Standard empfiehlt sich die Einstellung *Automatisch*

▼ Die Belichtungszeit war lang und wir hatten genügend Zeit für die Aufnahme, daher konnte die Rauschreduzierung bei Langzeitbelichtung ruhig eingeschaltet bleiben.
4 Sek. | f/8 | ISO 100 | 24 mm | Stativ

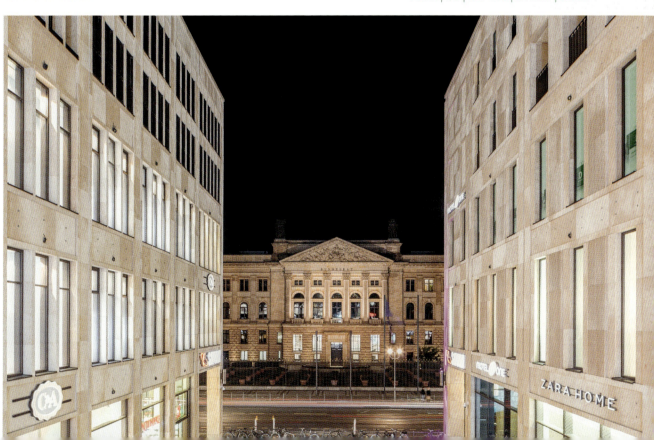

Die ISO-Automatik optimal nutzen

Wenn Sie uns nach der absolut besten Strategie für rauscharme Fotos bei wenig Licht fragen, geht eigentlich nichts über ISO 50–200 in Kombination mit einem Stativ. Es gibt aber zwei Gründe, die dafür sprechen, auch nach der optimalen Strategie für Freihandaufnahmen zu suchen: Erstens, Sie haben kein Stativ dabei oder können keines aufstellen, und zweitens, das Motiv bewegt sich und erfordert entsprechend kürzere Belichtungszeiten. Die EOS 5DS [R] gibt Ihnen zum Glück viele Möglichkeiten zur ISO-Kontrolle. Lassen Sie die ISO-Automatik alles übernehmen oder legen Sie selbst Hand an.

Mit der ISO-Automatik können Sie die Wahl der Lichtempfindlichkeit getrost Ihrer 5DS [R] überlassen, denn die macht das wirklich gut. Zum Aktivieren der automatischen

▼ Die ISO-Automatik und Mindestverschlusszeit ermöglichten eine verwacklungsfreie Aufnahme des Fischereihafens vom schwankenden Boot aus im schwächer werdenden Licht der Abendsonne.
1/320 Sek. | f/5,6 | ISO 500 | 50 mm

ISO-Steuerung drücken Sie die Taste ⚡·ISO und wählen die Vorgabe *AUTO* bzw. *A* im LCD-Panel mit dem Hauptwahlrad aus.

Wählen Sie anschließend im Aufnahmemenü 2 bei *ISO-Empfindl. Einstellungen* den gewünschten *Auto ISO-Bereich*, der sich maximal von ISO 100 bis ISO 6400 erstrecken kann. Für gängige Fotosituationen empfehlen wir Ihnen folgende Werte:

- ISO 100–1600: Außenaufnahmen bei heller Umgebung bis hin zu Sonnenuntergängen oder hell beleuchteten Innenräumen, wie zum Beispiel einer Kirche mit sonnendurchfluteten Fenstern. Auch bei trübem Wetter oder wenn gerade eine Wolke vor die Sonne zieht.

- ISO 100–3200: Aufnahmen bei indirekter Beleuchtung oder trübem Wetter, Aufnahmen in schwächer beleuchteten Innenräumen oder Bilder bei Dämmerung.

- ISO 100–6400: Nachtaufnahmen, Aufnahmen in dunklen Räumen, Konzertaufnahmen, Hallensport oder andere bewegte Motive bei wenig Licht.

▲ *Festlegen des Auto ISO-Bereichs*

Um bei Freihandaufnahmen die Belichtungszeit mithilfe der ISO-Automatik auf Werte zu bringen, bei denen möglichst sicher verwacklungsfreie Bilder entstehen, passen Sie zudem die *Mindestverschlusszeit* an. Es entstehen dann zwar häufiger Aufnahmen mit erhöhten ISO-Werten, aber das ist allemal besser, als verwackelte Bilder zu produzieren. Markieren Sie dazu den Eintrag *Auto* und verschieben Sie den unten eingeblendeten Regler mit dem Hauptwahlrad.

▲ *Auswählen der Mindestverschlusszeit*

Wenn der Regler mittig steht, richtet die 5DS [R] die Belichtungszeit an der Brennweite aus. Bei einem 50-mm-Objektiv kommt etwa 1/40 Sek. dabei heraus. Diese Einstellung ist aufgrund der hohen Sensorauflösung aber nicht optimal (siehe dazu auch den Abschnitt zur Belichtungszeit am Anfang dieses Kapitels). Besser sind die Einstellungen *Auto(1)* oder *Auto(2)* und bei eher zittrigen Händen sogar

> **ISO-Automatik im Modus M**
>
> Die ISO-Automatik ist auch im manuellen Modus **M** verfügbar. In dem Fall stellt die 5DS [R] die Bildhelligkeit so ein, dass die Standardbelichtung (Markierung mittig) erreicht wird. Das kann bei actionreichen Szenen mit sich ändernden Lichtverhältnissen vorteilhaft sein.

Auto(3). Die Belichtungszeit wird hierbei jeweils um eine Stufe verkürzt. Unter identischen Lichtbedingungen wählt die 5DS [R] bei 50 mm dann 1/80 Sek. bei *Auto(1)*, 1/160 Sek. bei *Auto(2)* und 1/320 Sek. bei *Auto(3)* und kompensiert die kürzeren Zeiten mit erhöhten ISO-Zahlen.

Allerdings ist die Mindestverschlusszeit nur in den Modi *P* und *Av* auch nur so lange aktiv, bis der ISO-Wert an der Obergrenze des ISO-Auto-Bereichs angekommen ist. Bei extrem wenig Licht wird die Belichtungszeit daher trotzdem länger und die Verwacklungsgefahr steigt.

Als zweite Option können Sie im Bereich *Mind. Verschl.zeit* bei *Manuell* bestimmte Belichtungszeiten vorgeben, etwa 1/250 Sek. oder 1/500 Sek. In den Modi *P* und *Av* wird die 5DS [R] versuchen, diese Zeit so lange wie möglich zu halten.

Diese Einstellung kann beispielsweise bei Gruppenfotos praktisch sein. Dann können Sie bei *Av* die Blende erhöhen und trotzdem mit kurzen Belichtungszeiten arbeiten.

▲ *Manuelles Anpassen der Mindestverschlusszeit*

3.5 Vier Belichtungsoptionen für alle Fälle

Ob ein Gruppenbild mit Blitz auf einer Abendveranstaltung, ein Porträt im Schatten oder ein grandioser Sonnenuntergang, der eingebaute Belichtungsmesser der 5DS [R] sorgt in den meisten Situationen für eine gute Belichtung. Und wenn doch einmal Korrekturen notwendig werden, können Sie zwischen vier verschiedenen Messmethoden wählen.

Intelligente Belichtung mit der Mehrfeldmessung

Bei der *Mehrfeldmessung* [◉], die die 5DS [R] standardmäßig verwendet, wird nahezu das gesamte Bildfeld ausgemes-

1/320 Sek. | f/6,3 | ISO 400 | 100 mm

▲ *Die meisten Situationen werden mit der Mehrfeldmessung richtig belichtet.*

sen. Sage und schreibe 252 Messbereiche für Sucheraufnahmen und 315 Messzonen für Livebild-Aufnahmen kommen hierbei zum Einsatz.

Zudem werden die Bildareale, die scharf gestellt werden, etwas stärker gewichtet, sodass die Belichtung möglichst optimal auf Ihr Hauptmotiv abgestimmt wird. Dies erklärt auch die hohe Flexibilität und Zuverlässigkeit dieser Methode.

Wenn Sie möchten, können Sie das gleich einmal praktisch nachvollziehen. Richten Sie die 5DS [R] im Modus *Av* mit festem ISO-Wert auf ein kontrastreiches Motiv. Fokussieren Sie dann mit dem Einzelfeld-AF auf einen hellen Bildbereich und schauen Sie sich die Belichtungszeit an.

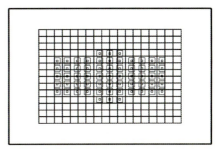

▲ *Schema der Mehrfeldmessung für Sucheraufnahmen*

1/320 Sek. | f/6,3 | ISO 200 | 35 mm
▶ AF-Messfeld auf hellem Motivbereich

Wählen Sie dann ein anderes AF-Feld aus, das auf einem dunklen Bildbereich liegt, ohne den Bildausschnitt zu verändern (Taste ⊞ drücken und mit dem Multi-Controller auswählen). Die Belichtungszeit ändert sich, obwohl der Bildausschnitt der gleiche ist. Ähnliches passiert auch, wenn sich der Bildausschnitt ändert.

Auch wenn das Livebild der EOS 5DS [R] aktiviert ist, wird die Belichtung bei der Mehrfeldmessung durch den Bildinhalt im jeweiligen AF-Rahmen beeinflusst.

1/125 Sek. | f/6,3 | ISO 200 | 35 mm
▲ AF-Feld auf einem dunklen Areal

Damit ist die Mehrfeldmessung unserer Erfahrung nach ungeeignet für reproduzierbar helle Bilder bei Freihandaufnahmen, beispielsweise wenn eine Bewegungssequenz über eine weite Strecke hinweg ohne Helligkeitsschwankungen aufgezeichnet werden soll. Für solche Situationen empfehlen wir Ihnen die mittenbetonte Integralmessung [ ]. Hier übt das AF-Feld keinen gesonderten Einfluss auf die Bildhelligkeit aus.

Um dies zu tun, drücken Sie einfach die Taste WB·☉ und wählen mit dem Hauptwahlrad 🎛 die Option direkt aus. Möglich ist das in den Modi *P* bis *C3*.

 Belichtungskorrektur statt Messmethodenwechsel

Wer sich nicht ständig damit beschäftigen möchte, die Messmethode an die Situation anzupassen, kann die Bildhelligkeit auch ganz einfach mit einer Belichtungskorrektur auf Vordermann bringen. Das geht häufig schneller und intuitiver von der Hand.

Wie der Belichtungsmesser arbeitet

Zur Messung der Belichtung analysiert die 5DS [R] die Motivhelligkeit und vergleicht diese mit ihrem internen Standard, der Helligkeit von 18-prozentigem Grau.

Die Belichtung wird dann so justiert, dass die Helligkeit des Bilds dieser Standardhelligkeit ähnelt. Die Messmethoden Mehrfeld, Mittenbetont integral, Selektiv und Spot grenzen den für die Belichtungsmessung herangezogenen Bildbereich unterschiedlich stark ein.

Bei der Mehrfeldmessung kommt noch die sogenannte intelligente Motivanalyse hinzu (*EOS iSA-System*, **i**ntelligent **S**ystem **A**nalysis).

Diese erweitert den Messbereich, indem mehrere Zonen auf dem fokussierten Objekt und der Umgebung gemeinsam gemessen werden.

Durch die Flächenmessung erhöht sich die Zuverlässigkeit. Es werden hierbei sogar Gesichter erkannt, um die Belichtung darauf optimal einzustellen.

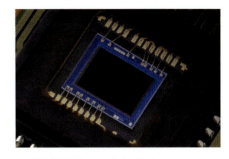

▲ *Die Belichtung wird mit einem ca. 150.000-Pixel-RGB+IR-Messsensor gemessen, der im Sucherkasten verbaut ist (Bild: Canon).*

Wann die mittenbetonte Integralmessung sinnvoll ist

Die Messmethode *Mittenbetont* [ ] ist als Alternative zur Mehrfeldmessung für Porträts von Mensch und Tier geeignet. Denn oberstes Credo hierbei ist, dass die Person oder das Tier optimal in Szene gesetzt wird. Der Hintergrund kann ruhig etwas zu hell oder zu dunkel werden, solange das Gesicht, das sich ja meistens etwa in der Bildmitte befindet, richtig belichtet wird.

Denken Sie beispielsweise auch bei einer dunklen Statue vor einer hellen Mauer oder einem lichtdurchfluteten Kirchenfenster an diese Messmethode.

1/320 Sek. | f/5 | ISO 100 | 140 mm

▲ Bei Aufnahmeserien, hier ein Bild aus einer Reihe von 12 Fotos, verwenden wir gerne die Integralmessung, um alle Bilder möglichst identisch belichtet zu bekommen.

Des Weiteren verwenden wir die mittenbetonte Messung gerne bei Serienaufnahmen, die ohne starke Helligkeitsschwankungen aufgenommen werden sollen, wie zum Beispiel bei einem fliegenden Vogel vor blauem Himmel oder im Sportbereich bei einem herannahenden Läufer. Aber auch in Situationen mit hohem Kontrast oder bei Straßenumzügen mit ständig wechselnden Lichtverhältnissen liefert diese Methode sehr gute Resultate.

Wichtig zu wissen ist aber auch, dass des Öfteren Belichtungskorrekturen vorgenommen werden müssen, da vor allem bei starkem Gegenlicht die Bilder schnell zu dunkel werden. Die mittenbetonte Messung [ ], häufig auch als Integralmessung bezeichnet, misst die Belichtung vorwiegend in der Bildmitte und senkt die Gewichtung zum Rand hin ab.

▲ Schema der mittenbetonten Messung

Sie liefert in der Regel ähnliche Ergebnisse wie die Mehrfeldmessung [◉]. Der Vorteil liegt allerdings darin, dass sie sich von der Helligkeit des Bildrands und von der Position des Fokusbereichs nicht so leicht ablenken lässt.

Selektiv- und Spotmessung bei Gegenlicht und hohem Kontrast

Die *Selektivmessung* [◉] und die *Spotmessung* [•] sind die genauesten Messmethoden der 5DS [R]. Sie nutzen nur einen kleinen Bildkreis in der Mitte für die Belichtungsmessung. Die Umgebung bleibt komplett außen vor. Daher wirkt sich auch die Position des gewählten AF-Messfeldes nicht auf die Belichtung aus.

▲ *Für die Selektivmessung nutzt die 5DS [R] eine Kreisfläche von 6,1 % der Sucherfläche und verwendet 6,4 % der Bildfläche bei Livebild-Aufnahmen.*

Die Messfläche wird Ihnen im Sucher leider nur bei der Spotmessung anhand einer Kreismarkierung angezeigt. Im Livebild werden hingegen bei beiden Methoden unterschiedlich große Kreise eingeblendet, sodass Sie die Messfläche damit noch besser im Auge behalten können.

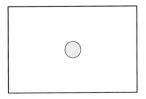

▲ *Die Spotmessung bezieht bei Sucheraufnahmen lediglich 1,3 % der Bildfläche und bei Livebild-Aufnahmen nur 2,8 % der Sensorfläche in die Messung ein.*

Einerseits bieten beide Methoden eine hohe Präzision. Andererseits kann es aber durchaus zu deutlichen Fehlbelichtungen kommen. Insofern erfordern beide Messmethoden ein gewisses Mitdenken des Fotografen, um im Fall der Fälle die richtigen Maßnahmen zur Korrektur zu ergreifen.

Wird mit dem Messkreis ein sehr helles Motiv gemessen, wie der gezeigte weiße Leuchtturm, empfiehlt es sich, die Belichtung auf jeden Fall um $+^2/_3$ bis +2 Stufen überzubelichten.

Würden Sie dies nicht tun, erhielten Sie eine hellgraue Abbildung der hellen Farbtöne. Analog ist es bei dunklen Messbereichen notwendig, etwa um $-^2/_3$ bis $-1^1/_3$ Stufen unterzubelichten und damit eine verwaschen mittelgraue Variante des Motivs zu vermeiden.

1/6400 Sek. | f/2,8 | ISO 100 | 165 mm

▲ Ohne Belichtungskorrektur wurde der helle Turm zu dunkel abgebildet, wenn die Selektivmessung beim Speichern der Belichtung auf dem weißen Turm lag.

1/200 Sek. | f/2,8 | ISO 400 | 130 mm

▶ Hier haben wir den weißen Turm mit der Selektivmessung gemessen, die Belichtung gespeichert, um 1⅓ Stufen überbelichtet und dann ausgelöst. Ein ähnliches Resultat hätte die Speicherung der Messwerte des sonnenbeschienen Grashangs ohne anschließende Belichtungskorrektur ergeben.

Als Anwendungsbereiche empfehlen wir Ihnen die beiden Messmethoden vor allem für Motive, bei denen die Belichtung ganz exakt auf einen bestimmten Bildbereich abgestimmt werden soll, wie zum Beispiel Sonnenuntergänge mit der Sonne im Bild oder ein Porträt im Gegenlicht.

Möglich ist es aber auch, mit dem Messkreis eine ins Bild gehaltene Graukarte zu messen, die Belichtungswerte mit der Sterntaste zu speichern oder sie in den manuellen Modus zu übertragen und das eigentliche Bild dann damit aufzunehmen.

Anstatt einer Graukarte können Sie auch die Handfläche, graues Straßenpflaster, eine Grasfläche oder den blauen Himmel verwenden, da diese ähnlich hell sind wie 18 % Neutralgrau. Dies erfordert aber ein wenig Übung, weil die Resultate nicht so gut vorhersagbar sind.

Möglich ist es auch, den Kontrastumfang einer Szene auszumessen, um die Belichtung anhand der ermittelten Werte anschließend im Modus *M* festzulegen. Das ist beispielsweise sinnvoll, um eine ganze Bilderserie mit gleichbleibender Belichtung im Studio zu produzieren.

Bei Motiven, die stark in Bewegung sind, liefern sowohl die Selektiv- als auch die Spotmessung instabile Resultate, da mal helle, mal dunkle Motivbereiche in die kleinen Messkreise fallen. Wenn die Mehrfeldmessung bei Ihrem Motiv auch nicht die gewünschten Resultate liefern sollte, schalten Sie die mittenbetonte Messung ein.

> **Die Belichtung zwischenspeichern**
>
> Liegt der Motivbereich, den Sie mit der Selektiv- oder der Spotmessung richtig belichten möchten, nicht in der Bildmitte, können Sie die Belichtung dieses Areals messen, indem Sie den Auslöser halb herunterdrücken. Speichern Sie die Werte dann mit der Sterntaste . Danach können Sie den gewünschten Bildausschnitt einrichten und mit der gespeicherten Belichtung fotografieren, wobei Sie hierfür 4 Sekunden Zeit haben. Danach wird die Speicherung wieder aufgehoben.

3.6 Belichtungskontrolle mit dem Histogramm

Auch wenn der Monitor der EOS 5DS [R] mit seinen 1,04 Millionen Bildpunkten eine sehr gute Wiedergabequalität hat, ist es nicht immer möglich, die Belichtung des gerade aufgenommenen Fotos am Bildschirm optimal zu beurteilen. In solchen Situationen schlägt die Stunde des Histogramms, das viel besser zur Kontrolle etwaiger Über- oder Unterbelichtungen geeignet ist.

▲ *Histogramm in der Wiedergabeansicht*

▲ *Histogramm im Livebild*

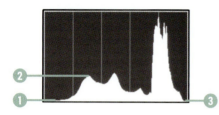

▲ *Das Histogramm listet alle Bildpixel nach ihrer Helligkeit auf.*

Um die Histogrammanzeige aufzurufen, gibt es zwei Möglichkeiten. Entweder Sie aktivieren das Livebild oder Sie gehen mit der Wiedergabetaste in die Bildbetrachtungsansicht. Drücken Sie in beiden Fällen die *INFO.*-Taste so oft, bis das Histogramm des jeweiligen Fotos im oder neben dem Bild zu sehen ist.

Was das Histogramm aussagt

Das Histogramm sortiert alle Bildpixel nach ihrer Helligkeit. Links werden die dunklen ❶ und rechts die hellen Pixel ❸ aufgelistet. Die Höhe jeder Helligkeitsstufe ❷ zeigt an, ob viele oder wenige Pixel mit dem entsprechenden Helligkeitswert vorliegen. Bei einer korrekten Belichtung sammeln sich rechts und links an den Grenzen keine oder nur niedrige Werte. Ein einziger Berg in der Mitte deutet auf viele mittelhelle Farbtöne hin, zwei oder mehr getrennte Hügel zeugen von einer kontrastreicheren Szene.

▲ *Unterbelichtung, fast alle Bildpixel befinden sich auf der linken Histogrammseite.*

Bei einer deutlich unterbelichteten Aufnahme verschieben sich die Histogrammberge nach links in Richtung der dunklen Helligkeitswerte. Mit dem Verlust an Zeichnung ist zu rechnen, wenn der Pixelberg links abgeschnitten wird.

Vermeiden Sie solche Histogramme nach Möglichkeit. Korrigieren Sie die Belichtung lieber nach oben und nehmen Sie das Bild erneut auf. Denn wenn zu dunkle Bereiche nachträglich aufgehellt werden müssen, steigt das Bilrauschen enorm an, einmal abgesehen davon, dass sich die Strukturen auch nicht zuverlässig retten lassen.

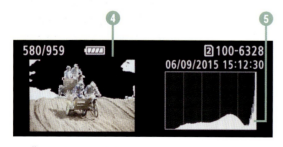

▲ *Überbelichtetes Bild mit Anzeige überstrahlter Bereiche*

Verlagert sich der Pixelberg im Histogramm dagegen nach rechts außen ❺, vielleicht sogar über die Begrenzung des Diagramms hinaus, enthält Ihr Foto stark überbelichtete Bereiche. Diese werden in der

Wiedergabeansicht von der *Überbelichtungswarnung* der 5DS [R] durch schwarz blinkende Areale ❹ besonders hervorgehoben.

Leider funktioniert die Überbelichtungswarnung im Livebild nicht, das wäre gerade für JPEG-Fotografen eine wünschenswerte Funktionserweiterung. Somit können Sie immer erst nach der Aufnahme sehen, ob und wie großflächig Überstrahlungen vorliegen.

Dynamikumfang: Ist mein Bild korrekt belichtet?

In der Praxis ist es besonders wichtig, anhand des Histogramms abschätzen zu können, wie viele Reserven die Dateien aus der 5DS [R] für nachträgliche Korrekturen bieten.

Grundsätzlich können Sie davon ausgehen, dass sich bei JPEG-Bildern in großflächig unter- oder überbelichtete Stellen selbst mit der besten Bildbearbeitung keine Strukturen mehr hineinzaubern lassen.

Achten Sie daher bei kontrastreichen Motiven nicht nur aufs Histogramm, sondern halten Sie auch die kleineren Spitzlichter ❻ in Schach, die Ihnen die Überbelichtungswarnung anzeigt.

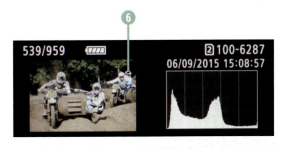

▲ *Aufnahme mit nur punktuell überbelichteten Stellen*

Im Fall von RAW-Dateien ist der Spielraum etwas größer. Fehlbelichtungen von etwa ±1²⁄₃ Lichtwertstufen (EV) lassen sich im RAW-Konverter noch ordentlich zurückfahren. Allerdings können Sie das leider nicht am Histogramm erkennen, denn für die Histogrammanzeige wird nicht die RAW-Datei selbst verwendet, sondern ein mitgespeichertes JPEG-Vorschaubild.

Es gibt somit keine Anzeige des RAW-Histogramms, was die Interpretation der RAW-Belichtung etwas erschwert.

 Überbelichtungswarnung deaktivieren

Falls Sie die Überbelichtungswarnung stört, was zum Beispiel beim Präsentieren einer Diaschau der Fall ist, können Sie sie im Wiedergabemenü 3 bei *Überbelicht. warn.* deaktivieren.

1/800 Sek. | f/2,8 | ISO 100 | 173 mm | ±1⅔ EV
Das Bild wurde absichtlich etwas überbelichtet, um die dunklen Schattenpartien gut durchzeichnet aufzunehmen. Mittels RAW-Entwicklung konnte die Überbelichtung gut zurückgenommen werden.

▲ Das Histogramm stößt am rechten Rand deutlich an, aber die RAW-Datei besitzt genügend Reserven. Ein vergleichbares JPEG wäre nicht zu retten.

Allerdings empfehlen wir Ihnen, auch im RAW-Format keine so starken Fehlbelichtungen zuzulassen, wie auf Seite 90 gezeigt. Das Histogramm sollte bestenfalls rechts gerade so anstoßen und darf links ruhig eine Lücke aufweisen. Unterbelichtungen können per Konverter zwar auch gerettet werden, aber das Bildrauschen steigt hierbei überproportional an. Also nehmen Sie das RAW-Bild lieber ein wenig zu hell als zu dunkel auf, dann bleibt die Qualität gewahrt.

Bildkontrolle mit dem RGB-Histogramm

Mit dem Helligkeitshistogramm sind die Möglichkeiten der 5DS [R] noch nicht erschöpft. Denn auch die Helligkeitsverteilung der roten, grünen und blauen Bildpixel, aus denen sich Digitalbilder zusammensetzen, kann, zumindest bei der Wiedergabeansicht, als getrennte Histogramme angezeigt werden. Navigieren Sie mit dem Multi-Controller in der Histogrammansicht dazu nach unten.

Das Farbhistogramm ist eine gute Hilfe, um Farbstiche in den Bildern zu erkennen. Diese werden in einem reinen Helligkeitshistogramm nämlich nicht deutlich. Farbverschiebungen äußern sich darin, dass die Histogrammhügel des roten und blauen Kanals mehr oder weniger stark gegeneinander verschoben sind oder deutlich mehr oder weniger Pixel aufweisen.

Der grüne Kanal bildet hingegen die Helligkeitsverteilung ab, in etwa so wie das weiße Helligkeitshistogramm. Daher können Sie diesen Kanal für die Interpretation von Farbstichen vernachlässigen. Konzentrieren Sie sich nur auf die roten und blauen Histogrammkurven.

An den hier gezeigten Bildern können Sie sehen, dass das erste Bild, das wir mit dem Weißabgleich *Schatten* aufnahmen, einen Gelbstich hat. Der rote Kanal ist gegenüber dem blauen nach rechts verschoben.

Nach einem Wechsel zum Weißabgleich *Tageslicht* konnte das Motiv ohne Farbstich abgebildet werden. Die rote und die blaue Histogrammkurve erstrecken sich nun über einen vergleichbaren Helligkeitsbereich, auch wenn sich die Höhe der Hügel unterscheidet. Im Foto ist an der weißen Wolke gut zu erkennen, dass der Gelbstich verschwunden ist.

Hilfreich kann das RGB-Histogramm auch dann sein, wenn Sie Motive mit leuchtenden Farben aufnehmen, da hierbei einzelne Farben überstrahlen können, ohne dass dies im Helligkeitshistogramm zu erkennen ist. Beim späteren Druck können die zu kräftigen Farben dann beispielsweise Probleme bereiten, indem sie zeichnungslos und übertrieben intensiv wirken.

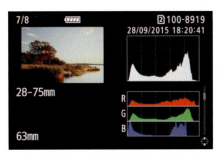

▲ *Der Weißabgleich Schatten erzeugte einen im Farbhistogramm erkennbaren Gelbstich.*

▲ *Durch Umstellen auf den Weißabgleich Tageslicht wurde der Farbstich entfernt. Am Helligkeitshistogramm der beiden Bilder ist der Unterschied nicht zu erkennen gewesen.*

 RGB-Histogramm als Standard

Sollten Sie zur Belichtungskontrolle generell das RGB-Histogramm vorziehen, können Sie die standardmäßige Histogrammanzeige von der Vorgabe *Helligkeit* auf *RGB* umstellen. Dazu rufen Sie im Wiedergabemenü 3 die Rubrik *Histogramm* auf.

3.7 Typische Situationen für Belichtungskorrekturen

1/100 Sek. | f/8 | ISO 200 | 100 mm

▲ *Mit der Mehrfeldmessung wurden die weiß gestrichenen Holzbalken zu knapp belichtet und sehen eher mittelgrau aus.*

1/320 Sek. | f/8 | ISO 250 | 165 mm | +1⅓ EV

▲ *Durch die Überbelichtung ließ sich der weiße Pavillon hell in Szene setzen.*

Die 5DS [R] liefert zwar in vielen Fällen eine adäquate Bildhelligkeit. Wenn jedoch mit der Spot- oder Selektivmessung sehr helle oder dunkle Bildbereiche gemessen werden, können schnell falsch belichtete Bilder entstehen. Gleiches gilt für Motive, die großflächig sehr hell oder dunkel sind, wie die Uhr am weiß gestrichenen Holzpavillon. Dann liegt auch die Mehrfeldmessung oftmals daneben.

Ohne Eingriff in die Belichtung wird zum Beispiel auch ein weißes Gebäude, ein Brautkleid, eine Marmorstatue oder eine Schneefläche nicht weiß, sondern grau aussehen. Dabei können Sie sich generell merken: Helle Motive müssen überbelichtet werden, dunkle Motive erfordern eine Unterbelichtung.

Da die 5DS [R] generell etwas zur Unterbelichtung neigt, fotografieren wir häufiger mit positiven Korrekturwerten von +⅓ bis etwa +1⅓ EV als mit negativen, achten aber stets auf das Histogramm und die Überbelichtungswarnung.

Wenn das Motiv kontrastreich ist, also sowohl sehr helle als auch sehr dunkle Bereiche enthält, empfehlen wir Ihnen, bei der Belichtung den hellen Stellen mehr Aufmerksamkeit zu schenken als den dunklen und eventuell notwendige Belichtungskorrekturen so anzuwenden, dass keine großen überstrahlten Flächen entstehen. Mehr zum Umgang mit kontrastreichen Situationen erfahren Sie auch ab Seite 316.

 Der Belichtungsmesser ist schuld

Die Notwendigkeit von Belichtungskorrekturen liegt in der Arbeitsweise des Belichtungsmessers der 5DS [R] begründet. Dieser vergleicht den gemessenen Bildbereich, zum Beispiel den Spotmesskreis, intern mit dem Standardwert von 18 % Neutralgrau. Für die meisten Tonwerte kommt eine passende Belichtung dabei heraus. Logisch ist aber auch, dass ein weißer Motivbereich hellgrau abgebildet wird und ein fast schwarzer Messbereich ebenfalls hellgrau erscheint. Die 5DS [R] kann ja nicht wissen, dass sie Weiß wie Weiß und Schwarz wie Schwarz darstellen soll.

Die Belichtung anpassen

Die Bildhelligkeit lässt sich bei der 5DS [R] in den Modi *P* bis *C3* sehr unkompliziert anpassen. Dazu tippen Sie einmal kurz den Auslöser an, damit die Belichtungsmessung aktiviert wird. Drehen Sie anschließend das Schnellwahlrad ○ nach links (Unterbelichten) oder nach rechts (Überbelichten).

Mit dieser Methode sind Helligkeitsänderungen in ⅓ Stufen von insgesamt ±5 Stufen möglich, ablesbar an der Belichtungsstufenanzeige ❶.

Im Modus *M* wird die Belichtungskorrektur hingegen über eine manuelle Anpassung der Belichtungszeit, des Blendenwertes und/oder des ISO-Wertes durchgeführt und kann daher auch mehr als ±5 EV betragen.

Alternativ finden Sie die Funktion zur Belichtungskorrektur auch im Aufnahmemenü 2 bei *Beli.korr./AEB*. Die Bildhelligkeit wird darin ebenfalls per Schnellwahlrad ○ angepasst. Mit dem Hauptwahlrad ⚙ lässt sich die automatische Belichtungsreihe *AEB* aktivieren, auf die wir ab Seite 331 noch näher eingehen.

▲ *Belichtungskorrektur von +1⅓ EV*

▲ *Korrektur über das Aufnahmemenü*

3.8 Doppel- und Mehrfachbelichtungen

Eine sehr spannende und vielseitige Funktion der EOS 5DS [R] stellt die *Mehrfachbelichtung* ▣ dar. Mit ihr können Sie beispielsweise zwei Bilder mit unterschiedlichen Motiven fotografieren und die EOS 5DS [R] dazu bringen, diese zu einem Bild zu fusionieren. Mit der Mehrfachbelichtung kann man so richtig schön kreativ zu Werke gehen. Und das Tolle daran ist, dass die 5DS [R] das Bildergebnis auch im RAW-Format ausspuckt, eine vernünftige Nachbearbeitung ist also gegeben.

1/4 Sek. | f/2,8 | ISO 100 | 145 mm | Stativ

▲ Aufnahme der bunten Lichter, manuell unscharf fokussiert

5 Sek. | f/5 | ISO 100 | 70 mm | Stativ

▲ Das parallel gespeicherte Bild des Fernsehturms ohne Überlagerung der Lichtpunkte

▲ Für diese Doppelbelichtung nahmen wir zuerst die Lampen von Ampeln, Autos und Straßenlaternen unscharf auf und erzeugten damit ein buntes Bokeh. Dann wurde die EOS 5DS auf den Fernsehturm ausgerichtet und es fand eine zweite Belichtung des Bilds statt.

Falls Sie ganz sichergehen möchten, können Sie die einzelnen Bilder sogar parallel mitspeichern, um die Fotos später manuell miteinander zu fusionieren. Da schlagen unsere Fotografenherzen doch gleich viel höher und wir hoffen, dass es Ihnen nach der Lektüre dieses Abschnitts auch so geht.

Wozu eignet sich die Mehrfachbelichtung aber noch? Nun, da fällt uns so einiges ein: So könnten Sie eine Person oder einen Gegenstand im Studio mit nur einem Blitz entfesselt von unterschiedlichen Seiten beleuchten und per Mehrfachbelichtung eine harmonische Gesamtausleuchtung erzielen.

Oder Sie fusionieren scharfe und unscharfe Aufnahmen des gleichen Motivs miteinander, um einen verträumten Unschärfeglanz ins Bild zu bringen.

Auch können Sie ein Architekturmotiv mit Graffiti oder ein Porträt mit einem total unscharfen Motiv für einen romantischen Look überlagern. Möglich ist es auch, Lichtspuren oder Feuerwerk miteinander zu fusionieren, sodass sich insgesamt mehr Lichtspuren im Bild sammeln, als es mit einem Einzelfoto möglich wäre.

Oder denken Sie an einen Baum im Wandel der Jahreszeiten oder die Dokumentation der Stadtentwicklung. Die Mehrfachbelichtung könnten Sie hierfür zweckentfremden und nur zum Einrichten des Bildausschnitts verwenden.

Überlappt das alte Foto auf der Speicherkarte perfekt mit dem realen Motiv vor Ihrer Kamera, können Sie die Mehrfachbelichtung abbrechen und das neue Foto perspektivisch identisch aufnehmen. Denken Sie sich was aus, kreative Möglichkeiten gibt es viele ...

Um die Mehrfachbelichtung einzusetzen, wählen Sie eines der Programme *P* bis *C3* aus und drücken dann die Taste. Bestätigen Sie die Option *Mehrfachbelichtg.* mit der *SET*-Taste.

▲ *Aufrufen der Mehrfachbelichtung*

Aktivieren Sie nun als Erstes bei *Mehrfachbelichtg.* eine der zwei Vorgehensweisen. Mit *Ein:Fkt/Strg* zeigt Ihnen die 5DS [R] bei eingeschaltetem Livebild das Zwischenergebnis der Bildüberlagerung an. Das bedeutet, dass Sie die Komposition und den Bildausschnitt ganz genau überprüfen können. Die 5DS [R] lagert die Motive optisch übereinander. Diese Methode empfehlen wir Ihnen ganz klar als Standard, weil Ihnen hier auch alle Mehrfachbelichtungsfunktionen zur Verfügung stehen.

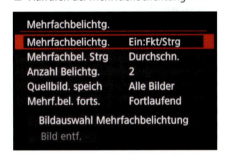

▲ *Menü der Mehrfachbelichtung mit empfehlenswerten Basiseinstellungen*

Wenn Sie *Ein:Reih.aufn* wählen, liegt die Priorität auf der Schnelligkeit, daher sind die Funktionen insgesamt etwas eingeschränkt. Die 5DS [R] versucht, nach der ersten Aufnahme möglichst schnell für die nächste bereit zu sein. Das bedeutet, dass Sie die Komposition nicht per Livebild verfolgen können. Auch können Sie die Einzelbilder nicht parallel mitspeichern. Die Vorgehensweise eignet sich aber, wenn Sie einen Bewegungsablauf per Mehrfachbelichtung einfangen möchten.

15 Sek. | f/11 | ISO 100 | 24 mm | Stativ

▲ Mit der Methode *Aufhellen* können Sie prima Lichtspuren vermehren. Hier haben wir drei Aufnahmen fotografiert und per Mehrfachbelichtung fusioniert.

Entscheiden Sie sich danach, mit welcher Methode (*Mehrfachbel. Strg*) die Bilder fusioniert werden sollen. Wenn sich die Gesamtbelichtung gegenüber dem Ausgangsbild nicht ändern soll, wählen Sie *Durchschn.* So bleibt zum Beispiel der Hintergrund bei Nachtaufnahmen dunkel.

Die Aufnahme vom Fernsehturm ist auch mit dieser Methode entstanden. Bei *Additiv* wird die Helligkeit der einzelnen Aufnahmen addiert, das Ergebnis ist daher nicht immer so gut abzuschätzen.

Wenn Sie *Additiv* nutzen, aber keine Erhöhung der Gesamtbelichtung wünschen, fotografieren Sie die Einzelbilder mit einer Unterbelichtung, bei zwei Aufnahmen mit −1 EV, bei vier Bildern mit −2 EV und bei acht mit −4 EV. Die Methode *Aufhellen* ist dagegen prima geeignet, um helle Objekte vor dunklem Hintergrund zu fusionieren, wie wir es bei dem Bild mit den Lichtspuren angewandt haben. Umgekehrt ist *Abdunkeln* für die Kombination dunkler Gegenstände vor hellem Hintergrund gedacht.

Wählen Sie bei *Anzahl Belichtg.* die Zahl der Bilder aus, maximal neun sind möglich. Um die einzelnen Bilder parallel zum Fusionsergebnis mitzuspeichern, wählen Sie bei *Quellbild. speich* die Option *Alle Bilder*. Soll im Anschluss an die erste eine weitere Mehrfachbelichtung gestartet werden, stellen Sie bei *Mehrf.bel. forts.* die Vorgabe *Fortlaufend* ein.

Nachdem alle Einstellungen sitzen, nehmen Sie die Bilder wie gewohnt auf. Hierbei können Sie von Bild zu Bild nach Herzenslust die Aufnahmeprogramme und die Belichtung wechseln, so als würden Sie ohne Mehrfachbelichtung agieren. Allerdings empfehlen wir Ihnen, möglichst niedrige ISO-Werte zu verwenden, da sich das Bildrauschen verstärken kann, insbesondere wenn mehr als zwei Aufnahmen fusioniert werden sollen.

Zwischen den Fotos haben Sie mehr als 10 Minuten Zeit für die Auswahl des nächsten Motivs, länger haben wir zumindest nicht damit gewartet. Die Mehrfachbelichtungsanzeige blinkt während dieser Zeit.

Natürlich ist es auch möglich, eine laufende Mehrfachbelichtung abzubrechen. Dazu drücken Sie die Wiedergabetaste und danach die Löschtaste.

Wählen Sie nun aus dem Menü aus, was geschehen soll: Mit *Letztes Bild rückgängig machen* können Sie das vorherige Bild aus der Komposition entfernen und danach mit der Mehrfachbelichtung fortfahren. Das funktioniert aber nur bei der anfangs gewählten Vorgehensweise *Ein:Fkt/Strg*. Mit *Speichern und beenden* wird das halb fertige Fusionsergebnis gespeichert, und mit *Beenden ohne Speichern* können Sie die Mehrfachbelichtung ergebnislos abbrechen.

> **Basisfoto von der Speicherkarte**
>
> Mit der Option *Bildauswahl Mehrfachbelichtung* können Sie sich ein vorhandenes Foto von der Speicherkarte aussuchen und dieses als Basis für die Mehrfachbelichtung verwenden. So könnten Sie beispielsweise ein interessantes Muster auf der Karte speichern und dieses bei passender Gelegenheit mit einem Porträt oder Architekturmotiv mischen.

▲ *Letztes Bild entfernen oder Mehrfachbelichtung abbrechen*

Mehrfach belichten mit Digital Photo Professional

Die Canon-Software Digital Photo Professional stellt ein Compositing-Werkzeug zur Verfügung. Es lässt sich über *Extras | Compositing-Werkzeug starten* aufrufen. Damit können Sie beliebig viele RAW- oder JPEG-Fotos nach Art der Mehrfachbelichtung miteinander fusionieren.

Zu den bekannten Fusionsmethoden *Hinzufügen* (Additiv), *Durchschnitt*, *Aufhellen* (Hell) und *Abdunkeln* (Dunkel) aus der 5DS [R] gesellt sich im Drop-down-Menü *Composite-Verfahren* noch die Methode *Gewichten* hinzu. Damit lässt sich das Verhältnis der Deckkraft der Bilder zueinander variieren. Mit Digital Photo Professional können Sie auch Bilder aus verschiedenen Canon-Kameramodellen miteinander fusionieren.

▼ *Fusion zweier Bilder mit dem Composite-Verfahren Abdunkeln aus Digital Photo Professional*

Grenzen der Mehrfachbelichtung

Die Mehrfachbelichtung erzeugt unabhängig von der Fusionsmethode eine über das gesamte Bild gleichmäßige Mischung aus den Einzelbildern. Das ist so ähnlich, als würden Sie zwei Fotos in Photoshop, Photoshop Elements oder Gimp übereinanderlegen und dem oberen die Deckkraft 50 % geben.

Mit der Mehrfachbelichtung ist es somit nicht möglich, einen Bewegungsablauf in einem Bild festzuhalten, bei dem das bewegte Motiv an allen Positionen mit 100-prozentiger Deckkraft zu sehen ist. Vielmehr erscheint alles, was vom Ausgangsbild strukturell abweicht, wie eine Art Geisterbild. Die Bilder des Motocross-Fahrers machen dies deutlich.

▲ *Mit der Mehrfachbelichtung sehen die überblendeten Motocrosser wie Geisterfahrer aus.*

Ein wenig anders verhalten sich die Methoden Hell und Dunkel. Bei Hell werden alle hellen Bildstellen vor schwarzem Hintergrund 100-prozentig sichtbar und bei Dunkel alle dunklen Gegenstände vor weißem Hintergrund. Das trifft aber nicht auf die Stellen zu, an denen sich die Gegenstände überlappen. Da findet wieder eine gemischte Überlagerung statt. Diese Methoden entsprechen daher den Füllmethoden *Aufhellen* und *Abdunkeln* von Photoshop oder Photoshop Elements.

▲ *Hier haben wir die beiden Fotos mit Photoshop fusioniert und den hinteren Fahrer mit einer Ebenenmaske sichtbar gemacht.*

Den Autofokus gekonnt einsetzen

Bilder mit gestochener Schärfe oder auch mal romantische Aufnahmen mit etwas Unschärfe im Bild? Egal ob manuell oder mit dem Autofokus, um den Fokus an die richtigen Stellen zu lotsen ist es sinnvoll, die verschiedenen Fokusmöglichkeiten der EOS 5DS [R] sicher im Griff zu haben. Und das sind wahrlich eine Menge. Alles, was Sie auf dem Weg zum optimal fokussierten Bild wissen sollten, erfahren Sie in diesem Kapitel.

4.1 Schärfe und Schärfentiefe

Vom Scharfstellen oder Fokussieren hängt es ab, welcher Bildbereich im fertigen Foto auf jeden Fall detailliert zu sehen sein wird. Ihr Foto wird genau an der fokussierten Stelle die höchste Detailschärfe aufweisen.

Bei Porträts von Mensch und Tier sollte die Schärfe beispielsweise möglichst exakt auf den Augen liegen, weil darüber der größte Teil der Kommunikation zwischen Betrachter und Motiv abläuft. Im Fall des Pferdeporträts haben wir daher auf das linke Auge fokussiert, das folglich genau auf der sogenannten Schärfeebene liegt.

▼ Hier liegt die Schärfeebene genau auf den Augen des Pferds. Die Schärfentiefe reicht aber nicht aus, um auch die Brust und die Nüstern scharf abzubilden.
1/250 Sek. | f/7,1 | ISO 400 | 200 mm

Die Schärfeebene können Sie sich wie eine unsichtbare, flache Platte vorstellen, die parallel zur Sensorebene vor der 5DS [R] schwebt.

Beim Scharfstellen wird diese Platte quasi auf das Motiv gelegt, hier auf das linke Pferdeauge. Alle Motivbereiche, die in gleicher Entfernung zum Sensor liegen, werden ebenfalls scharf abgebildet, wie hier das rechte Auge des Pferds.

Dagegen sehen alle Motivebenen, die in Richtung Kamera oder in Richtung Hintergrund vor oder hinter der Schärfeebene liegen, unschärfer aus, wie die Brust oder die Nüstern. Wie ausgeprägt diese Unschärfe ist, hängt von der verfügbaren Schärfentiefe ab.

Bei flächigen Motiven, etwa einer Hausfassade, erhöht sich der Anteil an scharfen Bildpunkten, selbst wenn mit niedrigen Blendenwerten und entsprechend geringer Schärfentiefe fotografiert wird. Die Schärfeebene trifft in dem Fall an vielen Stellen parallel auf das Motiv.

1/3200 Sek. | f/3,2 | ISO 100 | 115 mm

▲ Obwohl mit offener Blende fotografiert wurde, ließen sich die Schiffsplanken nahezu durchgehend scharf abbilden.

4.2 Performance des 61-Punkte-Weitbereich-AF

Der 61-Punkte-Weitbereich-AF der EOS 5DS [R] kann für die Scharfstellung insgesamt 61 Fokuspunkte einsetzen. Diese decken vorwiegend den mittleren Bildbereich ab, da die meisten Motive irgendwo innerhalb dieses Areals positioniert werden.

Jedoch verhalten sich die Fokuspunkte nicht alle gleich, denn sie setzen sich aus unterschiedlichen Autofokus-Sensortypen zusammen. Die AF-Sensoren sitzen übrigens in einem vom Sensor getrennt positionierten AF-Modul im Bodenbereich der Kamera unterhalb des Spiegelkastens. Wichtig für das Verständnis des Autofokus ist, dass die Schärfemessung immer bei größtmöglicher, offener Blende erfolgt, egal welchen Blendenwert Sie eingestellt haben. Damit bestimmt die Lichtstärke des Objektivs, wie viel Licht den Sensoren für die Messung der Motivkanten zur Verfügung steht. Die Objektive beeinflussen den Autofokus teils erheblich.

Zum Aufbau der Autofokussensoren: Unter den 61 AF-Sensoren besitzt die 5DS [R] in der Mitte fünf *Dualkreuzsensoren* ❶. Diese können waagerechte, senkrechte und diagonale Motivkanten erkennen und sind daher äußerst sensibel.

Die Diagonalkanten werden aber nur gemessen, wenn das Objektiv eine Lichtstärke von f/1 bis f/2,8 aufweist.

Wenn Sie also beispielsweise das Canon EF 16-35mm f/4L IS USM verwenden, erkennen diese Sensoren nur waagerechte und senkrechte Linien. Diese werden aber auch noch erfasst, wenn die Lichtstärke nur f/5,6 beträgt.

▲ Anordnung der Dualkreuz-, Kreuz- und Liniensensoren; rot umrandet sind die Sensoren, die bis Lichtstärke f/8 arbeiten.

Um die Dualkreuzsensoren kreisförmig angeordnet befinden sich 16 *Kreuzsensoren* ❷. Sie erfassen nur waagerechte und senkrechte Linien, arbeiten aber auch mit Objektiven bis Lichtstärke f/5,6 zusammen.

Außerdem gibt es 20 weitere Kreuzsensoren ❸, die senkrechte Linien bis Lichtstärke f/5,6 und waagerechte Linien bis Lichtstärke f/4 erkennen. Wenn also ein Objektiv mit Lichtstärke f/5,6 verwendet wird, arbeiten nur noch die senkrechten Sensoren.

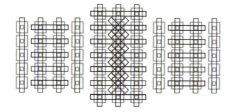

▲ Schema der Sensorarchitektur mit den waagerechten, senkrechten und diagonalen Linien (Bild: Canon)

Die am wenigsten sensiblen AF-Punkte bestehen aus 20 *Liniensensoren* ❹. Diese sind senkrecht angeordnet und können daher nur waagerechte Linien erfassen. Sie arbeiten mit Objektiven bis Lichtstärke f/5,6 zusammen.

Zu guter Letzt können der mittlere und die acht ihn umgebenden AF-Punkte ❺ auch dann noch kreuzfokussieren, wenn die Lichtstärke des Objektivs nur noch f/8 beträgt. Das ist beispielsweise der Fall, wenn Sie an ein Objektiv mit Lichtstärke f/4 einen 2-fachen Telekonverter anschließen.

Objektivabhängigkeit der nutzbaren AF-Messfelder

Nicht alle Objektive unterstützen die 61 AF-Messfelder Ihrer 5DS [R] so, wie sie von Grund auf ausgelegt sind. Daher hat Canon die Systemobjektive in die Gruppen A bis I mit absteigender Kompatibilität eingeteilt. An den hier gezeigten Schemata können Sie ablesen, wie die AF-Sensoren der jeweiligen Kategorie funktionieren, als Dualkreuz-, Kreuz- oder Liniensensor.

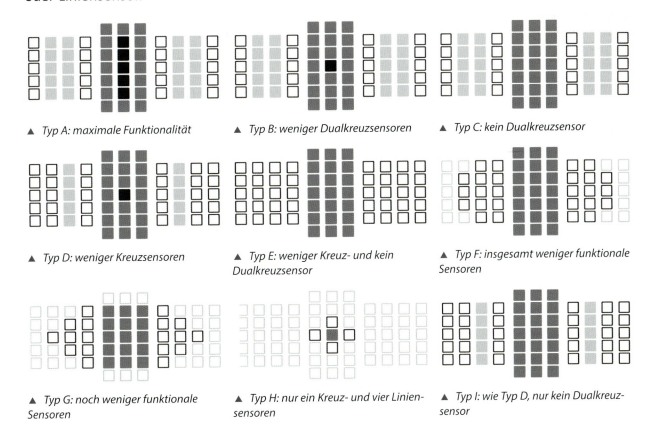

▲ Typ A: maximale Funktionalität

▲ Typ B: weniger Dualkreuzsensoren

▲ Typ C: kein Dualkreuzsensor

▲ Typ D: weniger Kreuzsensoren

▲ Typ E: weniger Kreuz- und kein Dualkreuzsensor

▲ Typ F: insgesamt weniger funktionale Sensoren

▲ Typ G: noch weniger funktionale Sensoren

▲ Typ H: nur ein Kreuz- und vier Liniensensoren

▲ Typ I: wie Typ D, nur kein Dualkreuzsensor

Die seitenlange Objektivliste möchten wir Ihnen an dieser Stelle aber nicht zumuten und verweisen daher auf den Abschnitt „Objektive und nutzbare AF-Messfelder" in der Canon-Betriebsanleitung, die Sie auf der beigefügten CD-ROM finden.

Bei den empfohlenen Objektiven ab Seite 373 in diesem Buch finden Sie die Kategoriebuchstaben aber jeweils hinter dem Objektivnamen vermerkt.

Solange die Objekive den Gruppen A, B oder C angehören, machen sich die Unterschiede in der AF-Performance unter normalen Umständen kaum bemerkbar. Sobald in den höheren Gruppen mehr Kreuzsensoren verloren gehen oder die Anzahl funktionaler Sensoren sinkt, lässt die Treffsicherheit aber merklich nach.

Präzision der AF-Felder

Dass es sinnvoll ist zu wissen, wie die Kreuz- und Liniensensoren in etwa arbeiten, ist uns wieder einmal bewusst geworden, als wir zunächst vergeblich versuchten, eine Häuserfassade scharf zu stellen.

Der Autofokus pumpte hin und her und fand einfach keinen Schärfepunkt, obwohl wir mit einem lichtstarken f/2,8er-Objektiv fotografierten ❶.

Dann wurde aber schnell klar, dass wir ausgerechnet einen Liniensensor als AF-Punkt ausgewählt hatten. Dieser lag genau auf einer senkrechten Motivkante.

Da die Liniensensoren aber selbst senkrecht angeordnet sind, können sie nur waagerechte Linien erfassen, daher der Fehlfokus. Wenn wir auf ein Feld weiter unten einstellten, war das Problem behoben, denn dort wies das Motiv eine waagerechte Kante auf ❷. Denken Sie an diese Möglichkeit, wenn der Autofokus irgendwie nicht so funktioniert wie erwartet.

◄ Links: Fokussieren nicht möglich, wenn der Liniensensor auf senkrechte Motivkanten tifft.
Rechts: Scharfstellung erfolgreich, hier traf der Liniensensor auf waagerechte Türkanten.

4.3 Automatisch fokussieren mit der EOS 5DS [R]

Bei der Scharfstellung können Sie sich in den meisten Fällen auf den leistungsstarken Autofokus der EOS 5DS [R] verlassen. Das Kameraauge fokussiert automatisch, sobald der Auslöser bis zum ersten Druckpunkt heruntergedrückt wird.

Hierbei gibt Ihnen die 5DS [R] verschiedene Hilfestellungen, anhand derer Sie sehen können, ob das Fotomotiv auch tatsächlich korrekt scharf gestellt ist. Dazu zählt der Piepton, der zu hören ist, sobald eines oder mehrere der 61 AF-Messfelder ❶ die Scharfstellung erfolgreich abgeschlossen haben.

Außerdem erscheint unten rechts im Sucher ein grüner, durchgehend leuchtender Punkt, der *Schärfenindikator* ●❷.

▲ Signale für erfolgreiches Scharfstellen

Wenn Sie den kontinuierlichen Autofokus AI Servo AF verwenden, taucht der Schärfenindikater jedoch nicht auf. Dafür sehen Sie anhand des Symbols ◣ ◢ unterhalb des Schärfenindikators, ob der Autofokus gerade aktiv ist.

Falls Sie keinen Signalton hören, der Autofokus permanent hin und her fährt und der Schärfenindikator im Sucher blinkt, sind Sie entweder zu nah am Objekt oder das Objekt ist zu kontrastarm (zum Beispiel eine einfarbige Fläche wie blauer Himmel).

Im ersten Fall erhöhen Sie den Abstand zum Motiv. Im zweiten Fall ändern Sie den Bildausschnitt ein wenig, um einen stärker strukturierten Motivbereich ins Bild zu bekommen. Danach sollte das Scharfstellen wieder funktionieren.

> **Den Piepton deaktivieren**
>
> Wenn Sie zu den Fotografen zählen, die das Piepen beim Scharfstellen eher nervt, schalten Sie die Option *Piep-Ton* im Aufnahmemenü 1 einfach aus. Jedoch sind dann auch die Signale beim Ablaufen der Selbstauslöser-Vorlaufzeit ausgeschaltet. Halten Sie die Sache mit den Signaltönen einfach so, wie es Ihnen gefällt.

4.4 AF-Bereiche und Messfelder wählen

Für die perfekte Bildschärfe in jeder fotografischen Lebenslage hat Ihre 5DS [R] drei AF-Betriebsmodi an Bord: den *One-Shot AF* für statische Motive sowie den *AI Servo AF* und den *AI Focus AF* zum Verfolgen bewegter Objekte. Dazu aber später mehr.

Damit die Kamera auch weiß, an welcher Stelle sie das Motiv fokussieren soll, stehen Ihnen sieben *AF-Bereiche* zur Verfügung. Diese steuern die Position und die Anzahl der aktiven *AF-Messfelder*, die wiederum die eigentlichen Fokuspunkte darstellen.

Für das Bild der Katze mit ihrer Mäusebeute, die sie, dem Blick nach zu urteilen, keinesfalls hergeben würde, haben wir beispielsweise den AF-Betrieb *One-Shot* mit dem AF-Bereich *Spot-AF* ▣ kombiniert. Das AF-Messfeld wurde so positioniert, dass genau die Augenpartie scharf gestellt werden konnte.

1/160 Sek. | f/4 | ISO 160 | 100 mm

▲ *Mit dem Spot-AF lässt sich die Schärfe punktgenau auf die Augen von Mensch oder Tier legen.*

AF-Bereiche und Messfelder auswählen

Für die Auswahl des AF-Bereichs drücken Sie erst die Taste ⊞ und betätigen anschließend die Taste *M-Fn*. Auf diese Weise gelangen Sie von Modus zu Modus ❶, bis Sie wieder bei der ersten Einstellung angekommen sind.

Bei allen AF-Bereichen außer bei der automatischen Wahl können Sie anschließend das AF-Messfeld oder die AF-Zone ❷ mit dem Multi-Controller bestimmen.

Wundern Sie sich nicht über das Blinken einiger AF-Felder. Damit weist die 5DS [R] auf die weniger sensiblen Liniensensoren hin.

Wenn Sie den Multi-Controller mittig herunterdrücken, springt die Auswahl zurück in die Bildmitte.

▲ *AF-Bereich und AF Messfeld einstellen*

Kapitel 4 Den Autofokus gekonnt einsetzen

▲ Links: Direktauswahl AF-Feld
Mitte: Direktauswahl AF-Feld mit dem Hauptwahlrad
Rechts: Deaktivieren nicht benötigter AF-Bereiche

Bedienung anpassen

Noch schneller lassen sich AF-Bereich und AF-Feld bzw. AF-Zone im laufenden Fotobetrieb umstellen, wenn Sie im Individualmenü 3 bei *Custom-Steuerung* Folgendes einstellen: Belegen Sie den Multi-Controller mit der Option *Direktauswahl AF-Feld*.

Das AF-Feld bzw. der AF-Bereich können jetzt durch Wippen des Multi-Controllers aus der Fotosituation heraus sofort eingestellt werden. Einzige Voraussetzung: Der Auslöser muss vorher kurz angetippt werden, damit die Kamera aktiviert ist, erkennbar an den grünen Informationen im Sucher. Prädikat: sehr empfehlenswert.

Außerdem können Sie das Bedienelement zur Auswahl des AF-Bereichs im AF-Menü 4 bei *Wahlmethode AF-Bereich* von der M-Fn-Taste auf das Hauptwahlrad übertragen. Der AF-Bereich wird dann aktiviert, indem die Taste ⊞ gedrückt und anschließend am Hauptwahlrad gedreht wird. Gehen Sie hier so vor, wie es Ihnen besser zusagt.

AF-Bereiche deaktivieren

Es braucht sicherlich ein bisschen Zeit, um alle AF-Messfeldmodi in der Praxis auszuprobieren. Wenn Ihnen dabei auffällt, dass Sie bestimmte Modi gar nicht nutzen, können Sie diese im AF-Menü 4 bei *Wahlmodus AF-Bereich wählen* deaktivieren. Die verbleibenden AF-Bereiche lassen sich dann schneller umschalten. Bei uns sind beispielsweise die Positionen ⸬ und (⌒) ausgeschaltet.

Szenarien für die automatische Messfeldwahl

Wenn Sie die EOS 5DS [R] in der Standardkonfiguration verwenden, ist die *Automatische Wahl* ( ) aktiviert. Diese ist immer dann passend, wenn Sie statische, flächige Motive wie Landschaften oder Gebäude vor sich haben. Aber auch bei Actionsequenzen, die vor einem einheitlichen und wenig strukturierten Hintergrund ablaufen, erzielen Sie damit hohe Trefferquoten.

Beim Blick durch den Sucher sind zunächst keine AF-Messfelder zu sehen. Erst wenn Sie den Auslöser halb herunterdrücken, zeigt Ihnen die 5DS [R] an, welche Fokuspunkte sie zur Scharfstellung verwenden wird. Zum besseren Erkennen leuchten diese bei Dunkelheit kurz rot auf. Wichtig zu wissen ist, dass der Fokus in der Regel auf das Motivteil eingestellt wird, das vom Abstand her zur Kamera am nächsten liegt.

▲ *Automatische AF-Messfeldwahl*

▼ *Feuersteine, durch ausgewaschenes Eisenoxid rot gefärbt und scharf gestellt mit der automatischen AF-Messfeldwahl*
1/30 Sek. | f/8 | ISO 100 | 24 mm | Stativ

Daher kann es leicht passieren, dass die Schärfe bei einem Porträt auf der Nase liegt und nicht auf den Augen.

Wenn es um die Gestaltung eines Bilds mit wenig Schärfentiefe geht, sind solche Fehlfokussierungen gut sichtbar. Nehmen Sie dann lieber den später vorgestellten Einzelfeld-AF oder Spot-AF.

Bei der Wiedergabe in der 5DS [R] können Sie sich übrigens anzeigen lassen, welche AF-Felder verwendet wurden. Dazu aktivieren Sie im Wiedergabemenü 3 die Option *AF-Feldanzeige*. Dies ist natürlich auch bei den anderen sechs AF-Bereichsmodi möglich.

▲ Anzeige der verwendeten AF-Felder bei der Bildwiedergabe

Auch im mitgelieferten Programm Digital Photo Professional gibt es die Möglichkeit, sich die AF-Felder anzeigen zu lassen. Dazu wählen Sie *Vorschau/AF-Felder* (Alt+J).

AF-Messfeldwahl in Zone

Bei dem AF-Bereich *Zone* können Sie die aktiven Fokusfelder auf einen bestimmten Teilbereich beschränken. Innerhalb der Zone wählt die 5DS [R] die Schärfepunkte dann selbstständig aus. Es stehen hierbei je nach Positionierung der Zone 12 AF-Felder an den Seiten oder 9 AF-Felder in der Mitte zur Verfügung.

▲ Beschränken der aktiven AF-Felder auf den linken Bildbereich

Unser Tipp: Nutzen Sie die Zone bei Action- und Sportaufnahmen von Objekten, die größer sind als einzelne Personen.

Die Zone bietet den Vorteil, dass Sie Ihr Motiv zur besseren Bildgestaltung außerhalb der Bildmitte positionieren können und gleichzeitig innerhalb der gewählten Zone eine hohe Trefferquote erzielen. Eines der Messfelder greift mit Sicherheit.

Wenn Sie beispielsweise einen Motocross-Fahrer, der in der Kurve sehr plötzlich im Bildausschnitt auftauchen wird, links

1/640 Sek. | f/3,2 | ISO 1250 | 150 mm

▲ Scharfstellung mit der AF-Zone im linken Bildbereich

positionieren möchten, begrenzen Sie die Fokusaktivitäten mit der Zone ⸬ auf den linken Bildbereich. Die Schärfe wird somit irgendwo zwischen Helm und Motorrad landen. Nachteilig kann die Zonenwahl sein, wenn Ihr Motiv nur einen sehr kleinen Bildbereich einnimmt, zum Beispiel ein Läufer, und sich dicht daneben Motivstrukturen befinden, die den Fokus ablenken können. Aber für solche Situationen gibt es ja die AF-Bereiche *Umgebung* ⸬ und *Erweiterung* ⸭.

 EOS iTR AF

Wenn Sie die AF-Bereiche Automatische Wahl oder Zone aktivieren, schaltet Ihre 5DS [R] eine intelligente Motivverfolgung ein, den sogenannten *EOS iTR AF*. Damit kann sie Farben oder Gesichter beim Scharfstellen über den Sucher noch genauer identifizieren und, wenn der kontinuierliche Autofokus Servo AF eingeschaltet ist, auch verfolgen. Daher empfiehlt es sich, die Funktion *Auto-AF-Pktw.: EOS iTR AF* im AF-Menü 4 eingeschaltet zu lassen.

Kapitel 4 Den Autofokus gekonnt einsetzen 115

Wann die erweiterten AF-Bereiche sinnvoll sind

Die Modi AF-Bereich-Umgebung und AF-Bereich-Erweiterung eignen sich sehr gut für Bilder einzelner Sportler, eines spielenden Kindes oder eines Tiers in Bewegung.

Hierbei können Sie sich aus den 61 verfügbaren AF-Feldern eines aussuchen und Ihr Motiv damit gezielter fokussieren. Der Schärfepunkt geht aber nicht so schnell verloren, da die umgrenzenden vier oder sechs Fokuspunkte zu Hilfe kommen, wenn sich die Person oder das Tier aus dem gewählten Feld entfernt.

Orientieren Sie sich bei der Wahl des AF-Bereichs einfach an der Größe des Objekts und an dessen Aktionsradius. Wenn die Bewegung zur Seite und nach oben und unten erfolgt, wie bei einem Tennisaufschlag, ist die AF-Bereich-Umge-

▲ AF-Bereich-Umgebung mit dem gewählten AF-Messfeld und acht Assistenzfeldern

▼ Einzelne Akteure in Bewegung können gut mit den erweiterten AF-Bereichen fokussiert werden.
1/2500 Sek. | f/2,8 | ISO 125 | 200 mm

bung ⁙ treffsicherer. Läuft die Bewegung eher linear ab, wie bei dem gezeigten Polospieler, und können Sie die Person oder das Tier beim Mitziehen mit der 5DS [R] gut auf dem gewählten AF-Messfeld halten, liefert die AF-Bereich-Erweiterung ⋄ die etwas genauere Fokussierung.

AF-Felder einschränken

Bei bewegten Objekten kann es zu lange dauern, das AF-Feld über die vielen Stationen hinweg mit dem Multi-Controller ✥ an die gewünschte Stelle zu bugsieren. In dem Fall ist es sinnvoll, die verfügbaren AF-Felder von 61 auf 15 oder nur 9 Felder zu reduzieren. Dies können Sie im AF-Menü 4 bei *Wählbares AF-Feld* erledigen.

Möglich ist es auch, nur die AF-Felder mit Kreuzfokussierung zu verwenden, was beispielsweise bei Sportaufnahmen in der Halle, also bei schlechter Beleuchtung, sinnvoll sein kann.

▲ *Begrenzen der wählbaren AF-Felder*

Motive für Einzelfeld- und Spot-AF

Das Tolle am Einzelfeld-AF ☐ und am Spot-AF ▣ ist, dass Sie mit der Auswahl einzelner Fokuspunkte die Schärfe schnell und gezielt auf ganz bestimmte Bildstellen lenken können. Der Fokus kann auch nicht davon abschweifen, weil die 5DS [R] hier keine Assistenz-Messfelder zuschaltet. So können Sie beispielsweise bei Porträts von Mensch und Tier mit dem Spot-AF ▣ ganz exakt auf eines der beiden Augen fokussieren.

Wichtig ist jedoch, dass der gewählte Bereich keine einfarbige Fläche ist oder sehr strukturarm aussieht. Dann bekommen selbst die Kreuzsensoren ihre Schwierigkeiten. Sollte der Spot-AF das Auge nicht fokussieren, versuchen Sie es mit dem etwas größeren Einzelfeld-AF, und wenn das nicht funktioniert, mit der AF-Feld-Erweiterung oder dem manuellen Fokus.

1/1000 Sek. | f/2,8 |
ISO 100 | 130 mm | +1 EV

▶ *Scharfstellung mit dem Spot-AF auf das Auge des Poloponys. Am Auswahlbildschirm sehen Sie, mit welchem Spot-AF-Feld wir das Porträt fokussiert haben.*

AF-Feld registrieren und kontinuierliches AF-Wahlmuster

Wer häufig die Fokuspunkte an den äußeren Ecken ansteuert, kann sich das Umspringen vom linken zum rechten AF-Feld erleichtern. Dazu stellen Sie im AF-Menü 5 bei *Manuelles AF-Feld Wahlmuster* die Option *Kontinuierlich* ein.

Jetzt reicht ein Schritt nach rechts aus, um vom Feld ganz rechts auf den Fokuspunkt ganz links zu springen oder umgekehrt.

Das ist zum Beispiel bei Porträts von Mensch und Tier praktisch, wenn der Kopf hin und her gedreht wird oder sich das Tier umdreht und Sie den Fokus mal auf das rechte, mal auf das linke Bilddrittel legen müssen.

Das schnelle Umspringen zwischen zwei bestimmten AF-Feldern lässt sich bei der 5DS [R] aber auch noch schneller bewerkstelligen, denn Sie können ein AF-Feld registrieren und anschließend per Knopfdruck aufrufen.

▲ *Kontinuierliches AF-Messfeld-Wahlmuster*

Beide Bilder: 1/1250 Sek. | f/4 | ISO 100 | 500 mm | +1/3 EV | Stativ

▲ *Das schnelle Umstellen zwischen einem gespeicherten und dem aktuell gewählten AF-Feld hilft, um schnell auf sich bewegende Motive reagieren zu können.*

▲ *Gespeichertes und aktuelles AF-Feld*

Um dies zu tun, stellen Sie einen der AF-Bereiche ▣, ☐, ⊹ oder ⁞⁞⁞ ein. Wählen Sie nun beispielsweise einen Fokuspunkt links ❶ aus. Anschließend drücken Sie die Taste ⊞ und ☼ gleichzeitig. Es ertönt ein leises Piepen, sofern die Tonsignale nicht ausgeschaltet wurden. Wählen Sie nun beispielsweise ein AF-Feld weiter rechts ❷ aus. Das AF-Feld links befindet sich im Speicher, es blinkt, und das rechte ist Ihr aktuell gewähltes Feld. Um das registrierte AF-Feld zukünftig per Tastendruck aufrufen zu können, erweitern Sie die Funktionalität der AF-ON-Taste (die Taste ✶ wäre auch möglich). Dazu wählen Sie im Individualmenü 3 bei *Custom-Steuerung* die AF-ON-Taste aus.

▲ *AF-ON-Taste auswählen*

◀ *AF-Startpunkt ändern*

Ändern Sie im nächsten Menüfenster nichts, sondern drücken Sie nur die *INFO.*-Taste. Wählen Sie anschließend bei *AF-Startpunkt* den Eintrag *Gespeichertes AF-Messfeld* aus und bestätigen Sie dies mit der *SET*-Taste.

◀ *Gespeichertes AF-Messfeld*

Nachdem Sie das Menü verlassen haben, können Sie durch Halten der AF-ON-Taste das gespeicherte AF-Feld aufrufen und mit dem jeweils aktuellen AF-Feld scharf stellen, wenn Sie die Taste wieder loslassen.

Unterschiedliche Voreinstellungen fürs Hoch- und Querformat

Ein Drehen der 5DS [R] vom Quer- ins Hochformat führt meist dazu, dass das zuvor gewählte AF-Feld nicht mehr auf der richtigen Motivstelle liegt. Dies können Sie über die Funktion *AF-Messfeld Ausrichtung* im AF-Menü 4 beheben. Wählen Sie *Separ. AF-Feld: nur Feld*, um die AF-Felder unterschiedlich zu positionieren.

Mit der Option *Separ.AF-Fld:Bereich+Feld* können Sie sowohl die Position des AF-Feldes als auch die Art des AF-Bereichs für jedes Format getrennt einstellen. In beiden Fällen merkt sich die Kamera drei Orientierungen: Querformat, Hochformat nach links gedreht und Hochformat nach rechts gedreht.

Beim Fotografieren auf Veranstaltungen kommt uns diese Möglichkeit oft sehr zupass, denn man muss stets auf der Hut sein und schnell auf sich ändernde Situationen reagieren können. Hier haben wir beispielsweise den kurzen Moment eingefangen, in dem ein Polopony nach dem Spiel mit Spritzwasser abgekühlt wurde. Wir hatten nur wenig Zeit für die Bilder und das Pferd wirbelte recht wild mit dem

▲ *Separate AF-Messfelder oder -Bereiche für Hoch- und Querformat*

▼ *Links: AF-Zone im Querformat*
Rechts: AF-Erweiterung im Hochformat
Links: 1/1600 Sek. | f/2,8 | ISO 125 | 200 mm
Rechts:1/1600 Sek. | f/3,2 | ISO 160 | 200 mm | +1/3 EV

Kopf hin und her. Dank der zuvor gewählten unterschiedlichen AF-Feld-Positionen fürs Hoch- und Querformat landeten aber viele Bilder mit der Schärfe an der richtigen Stelle auf der Speicherkarte.

Übrigens, die Funktion zum Speichern eines bestimmten AF-Messfeldes aus dem vorigen Abschnitt kann sich auch die unterschiedlichen Messfeldeinstellungen der Quer- und der beiden Hochformatpositionen (Kamera nach links oder nach rechts gedreht) merken.

Anzeige der AF-Messfelder anpassen

Vielleicht geht es Ihnen auch so: Wir finden es insgesamt angenehmer, die verfügbaren 61 AF-Felder stets im Sucherblick zu haben. Das erleichtert die Auswahl einzelner AF-Felder und das gezielte Fokussieren auf bewegte Objekte. Zum Glück hält die 5DS [R] entsprechende Steueroptionen bereit, die Sie im AF-Menü 5 bei *AF-Feld Anzeige währ. Fokus* finden.

Bei uns ist der Eintrag *Alle (ständig)* aktiviert, Sie können aber auch folgende Optionen nutzen:

▲ *Anzeigeoptionen für die AF-Felder vor und während des Fokusvorgangs*

- *Ausgewählte (ständig)*: Es werden nur die ausgewählten AF-Felder oder die Zonenbegrenzung eingeblendet. Welche Felder tatsächlich genutzt werden, sehen Sie beim Scharfstellen.

- *Alle (ständig)*: Alle AF-Felder werden permanent mit kleinen Quadraten verdeutlicht. Die gewählten Felder erscheinen als größere Rechtecke.

- *Ausgew.(vor AF, fokuss.)*: Nur die gewählten AF-Felder sind sichtbar. Sobald Sie den Auslöser zur Scharfstellung betätigen, werden sie aber wieder ausgeblendet.

- *Ausgewählte (fokussiert)*: Kein AF-Feld wird angezeigt. Die aktiven AF-Felder blinken beim Scharfstellen nur kurz auf.

- *Anzeige deaktivieren*: Weder die AF-Felder noch die Zonenbegrenzungen werden vor, während oder nach dem Fokusvorgang sichtbar. Hier tappt man hinsichtlich der Fokuspunkte völlig im Dunkeln.

Wird die Funktion *Beleuchtung Sucheranzeigen* im AF-Menü 5 auf *ON* gesetzt, blinken die aktiven AF-Felder immer kurz rot auf, sobald die Schärfe sitzt. Das ist eine ganz praktische optische Hilfe.

Vom Aktivieren der Option *AF-Feld bei AI Servo AF* (hierzu die Taste [Q] drücken) raten wir hingegen ab, da die Sucheranzeige beim Nachführautofokus sonst permanent rot blinkt.

▲ *Beleuchtung Sucheranzeigen*

4.5 Einer für (fast) alles: der One-Shot-Autofokus

Statische Motive wie Landschaften, Gebäude, Personen, die fürs Porträt still halten, Pflanzen oder Verkaufsgegenstände gehören wohl zu den häufigsten Motiven, die einem vor die Linse geraten.

Bei all diesen Situationen ist es eigentlich lediglich notwendig, schnell einen passenden Schärfepunkt zu finden und diesen so lange zu fixieren, bis der Auslöser heruntergedrückt wird.

Genau dafür hat die EOS 5DS [R] den AF-Betrieb *One-Shot* an Bord – eine wirklich gute Allroundeinstellung, die in unserem fotografischen Alltag vermutlich zu 90 % genutzt wird.

Mit dem *One-Shot AF* stellt die 5DS [R] scharf, sobald Sie den Auslöser bis zum ersten Druckpunkt herunterdrücken, und behält diesen Schärfepunkt bei, solange Sie den Auslöser auf dieser Position halten. Daher eignet er sich auch prima zum Zwischenspeichern der Schärfe.

1/125 Sek. | f/6,3 | ISO 100 | 24 mm | +1 EV

▲ *Statische Motive sind die Domäne des One-Shot AF.*

Unser Tipp: Kombinieren Sie den One-Shot AF mit dem Einzelfeld-AF ☐ oder dem Spot-AF ◨. Dann können Sie über die 61 Fokuspunkte der 5DS [R] sehr präzise bestimmte Motivkomponenten scharf stellen. Sollte der Fokusbereich kontrastarm sein, können Sie auch die AF-Feld-Erweiterungen ⊹ oder ⁛ verwenden, damit das gewählte Messfeld Unterstützung von den umgebenden Feldern erhält.

 Fokussieren/Schwenken oder AF-Feld wählen?

Bei Kameras mit wenigen AF-Feldern verwenden wir meist nur das mittlere AF-Feld, um den bildwichtigen Teil damit schnell scharf zu stellen. Anschließend wird der Auslöser zur Schärfespeicherung halb heruntergedrückt, der Bildausschnitt eingerichtet und ausgelöst. Bei der 5DS [R] mit ihren 61 AF-Feldern ist es aber sinnvoller, erst den Bildausschnitt zu wählen, dann das Messfeld zu aktivieren, zu fokussieren und direkt auszulösen. Die Schärfe sitzt dann exakt an der gewünschten Stelle und die Belichtung wird exakt auf den gewählten Bildausschnitt ausgerichtet.

Schärfepriorität deaktivieren

Der One-Shot AF setzt auf *Fokuspriorität*. Das bedeutet, dass Sie erst auslösen können, wenn das oder die AF-Felder einen Bildbereich zum Scharfstellen gefunden haben.

Da der Autofokus der 5DS [R] sehr schnell und sensibel agiert, fällt dies in der Praxis meist erst auf, wenn bei wenig Licht kein Bild ausgelöst werden kann, weil die Motivstrukturen zu wenig Kontrast aufweisen, oder wenn einer der Liniensensoren auf einer senkrechten Motivkante liegt und den Bereich nicht scharf stellen kann.

▲ *Umschalten zwischen Fokus- und Auslösepriorität*

Im AF-Menü 3 bei *One-Shot AF Prior.Auslösung* könnten Sie die Fokuspriorisierung aufheben und auf *Priorität Auslösung* ☐ umstellen.

Die 5DS [R] nimmt nun auch Bilder auf, wenn die Schärfe noch nicht perfekt eingestellt ist. Empfehlen können wir dies nicht, denn das Risiko unscharfer Bilder steigt enorm an.

Sollte sich die Scharfstellung schwierig gestalten, wechseln Sie lieber den AF-Messfeldtyp oder stellen manuell scharf oder nutzen das manuelle Nachfokussieren des nächsten Abschnitts.

Manuell nachfokussieren

Bei schwierig scharf zu stellenden Motiven, beispielsweise einem filigranen Insekt, kann es vorkommen, dass selbst der Spot-AF das Ziel nicht zufriedenstellend fokussiert. Nun könnten Sie auf den manuellen Fokus umschwenken oder es etwas flinker mit dem manuellen Nachfokussieren versuchen.

Hierbei drehen Sie nach der automatischen Scharfstellung im Betrieb *One-Shot AF* bei weiterhin halb heruntergedrücktem Auslöser am Fokusring des Objektivs. Am besten funktioniert das bei Stativaufnahmen.

Aber Vorsicht, nicht jedes Objektiv verträgt eine derartige Aktion. Bei Canon sind es beispielsweise nur die Objektive mit einem Ring-USM-Motor, die jederzeit manuelles Fokussieren zulassen. Der Fokusring ist entsprechend leichtgängig.

Die meisten Objektive mit Micro-USM-Motor dürfen hingegen nicht manuell fokussiert werden, solange der Fokusschalter noch auf AF steht. Entsprechend schwergängig ist der Fokusring.

Schauen Sie am besten in der Bedienungsanleitung Ihres jeweiligen Objektivs nach, ob ein Vermerk zum jederzeitigen manuellen Fokussieren vorhanden ist.

▼ *Autofokus auf die Mitte der Filzklettenknospe und manuelle Nachfokussierung auf die äußeren Blattränder*
1/100 Sek. | f/11 | ISO 400 | 100 mm | Makroringblitz YN-MR14EX | Stativ

(STM-)Objektive mit elektronischem Entfernungsring

Mit den STM-Objektiven von Canon, wie dem EF 50 mm f/1,8 STM, oder anderen Modellen mit elektronischem Entfernungsring, wie dem Porträtobjektiv EF 85 mm f/1,2 USM (II), läuft das manuelle Nachfokussieren etwas anders ab.

Erst wird im One-Shot-Betrieb per Auslöser fokussiert und dann wird bei weiterhin halb heruntergedrücktem Auslöser mit dem Entfernungsring manuell nachfokussiert. Im AF-Menü 3 bei *Objektiv Electronic AF* muss zudem die Option *Aktiv. nach One-Shot AF* eingestellt sein.

4.6 AI Servo und AI Focus für packende Actionfotos

Mit dem AF-Betrieb *AI Servo AF* gibt Ihnen die EOS 5DS [R] einen vielseitigen Modus zum Aufnehmen bewegter Motive an die Hand, bestens geeignet für Actionaufnahmen aller Art. Auswählen können Sie diesen AF-Betrieb in den Modi *P* bis *C3*, indem Sie die Taste DRIVE·AF drücken und danach am Hauptwahlrad drehen. Alternativ können Sie aber auch den Weg über das Schnellmenü gehen.

Mit dem AI Servo AF können Sie Ihre Motive konstant im Fokus halten, solange Sie den Auslöser halb herunterdrücken.

Das können Sie gleich einmal nachvollziehen. Stellen Sie auf ein nahe gelegenes Objekt scharf, halten Sie den Auslöser auf dem ersten Druckpunkt und zielen Sie dann auf ein weiter entferntes Objekt und wieder zurück. Die 5DS [R] wird die Schärfe mit einer kurzen Verzögerung auf die jeweilige Entfernung einstellen.

Denken Sie vor allem bei Sportaufnahmen, beispielsweise einem Läufer, einem rasanten Surfer oder Skifahrer, oder bei spielenden Kindern oder actionreichen Tieraufnahmen an

▲ *Einschalten des AI Servo AF*

Bei AI Focus entscheidet die Kamera

Der *AI Focus AF* stellt einen Mix aus One-Shot und AI Servo dar. Er erkennt, ob sich das Objekt bewegt oder nicht, und fokussiert dementsprechend flexibel. Daher wird der AI Focus AF auch von der Automatischen Motiverkennung eingesetzt. Es kann jedoch vorkommen, dass die Nachführung bei Bewegungsantritt verzögert startet und das Motiv nicht zuverlässig scharf gestellt wird. Daher ist es besser, sich klar für eine der beiden Fokusarten, One-Shot oder AI Servo, zu entscheiden.

den Bewegungsmeister *AI Servo AF*. Nehmen Sie Ihr Motiv in solchen Fällen am besten schon in den Fokus, wenn es noch nicht formatfüllend im Bildausschnitt erscheint, und verfolgen Sie es bei halb heruntergedrücktem Auslöser.

Lösen Sie im passenden Moment ein einzelnes Bild oder besser noch eine ganze Bilderserie aus. Wenn Sie den Auslöser nach der Aufnahme nicht ganz loslassen, sondern weiterhin auf halber Stufe halten, können Sie Ihr Motiv nahtlos weiterverfolgen.

Der AI Servo AF verbraucht allerdings mehr Strom, daher geht die Akkukapazität schneller zur Neige. Nehmen Sie am besten einen Ersatzakku mit, wenn Sie vorhaben, diesen AF-Betrieb häufiger einzusetzen.

▼ *Der AI Servo AF bietet eine zuverlässige Fokusnachführung, die obendrein individuell angepasst werden kann.*
1/500 Sek. | f/6,3 | ISO 250 | 145 mm

Den AI Servo AF situationsbedingt anpassen

So vielseitig die Bewegungsarten im Sport oder in der Natur sein können, so flexibel lässt sich auch der AI Servo AF auf unterschiedliche Situationen einstellen.

Dazu bietet die 5DS [R] im AF-Menü 1 unter *Case 1* bis *Case 6* einige Voreinstellungen an. Diese orientieren sich an bekannten Situationen im Sport, lassen sich aber auch gut auf Tieraufnahmen oder andere Actionmotive übertragen.

Wenn Sie einen Case aufrufen und die *INFO.*-Taste drücken, finden Sie unterhalb der Erläuterung einige Beispielsportarten.

▲ AI-Servo-Voreinstellungen, bezogen auf bekannte Sportarten

Die Standardeinstellung *Case 1* liefert in den allermeisten Situationen sehr gute Resultate. Aber vielleicht möchten Sie ja doch erfahren, aus welchen Elementen sich die AI-Servo-Steuerung zusammensetzt, dann lesen Sie weiter.

Die Steuerung des AI Servo AF ist wie eine Art Baukasten aufgebaut, aus dessen Fundus sich die voreingestellten Cases oder Sie selbst die passenden Bausteine aussuchen können.

AI Servo Reaktion

Mit der *AI Servo Reaktion* wird die Schnelligkeit angepasst, mit der sich der Autofokus auf sich ändernde Motiventfernungen umstellt. Kommt ein Marathonläufer auf Sie zugelaufen, ist eine schnelle AI Servo Reaktion vorteilhaft

1/1000 Sek. | f/8 | ISO 400 | 200 mm

▶ Mit einer schnellen AI-Servo-AF-Reaktion (Case 3) können Motive, die auf die Kamera zulaufen, gut im Fokus gehalten werden.

(*Case 3*). Läuft er in gleichbleibendem Abstand an Ihnen vorbei und wird zwischenzeitlich von anderen Zuschauern verdeckt, ist eine langsame Reaktion besser (*Case 2*), sonst springt der Fokus zu schnell auf die Zuschauer um.

Nachführ Beschl/Verzög

Mit einer erhöhten *Nachführ Beschl/Verzög* (*Case 4*) kann der AI Servo AF schneller auf Situationen reagieren, in denen das Motiv plötzlich stoppt oder plötzlich startet. Denken Sie an einen Weitspringer, einen tobenden Hund oder den Start eines Motocross-Rennens. Vor allem bei entgegenkommenden Objekten wird vermieden, dass der Fokus zu lange auf dem Hintergrund verbleibt oder bei stoppenden Akteuren zu lange den Vordergrund scharf stellt. Allerdings kann es passieren, dass Unschärfe auftritt, weil der Autofokus sehr sensibel reagiert.

▼ *Der Start eines Rennens, frontal fotografiert, erfordert eine schnelle Nachführbeschleunigung des AI Servo AF wie zum Beispiel in Case 4.*
1/2000 Sek. | f/2,8 | ISO 160 | 200 mm

AF-Feld-Nachführung

Die *AF-Feld-Nachführung* beeinflusst die Stringenz, mit der die AF-Messfelder am Motiv „kleben" bleiben. Mit erhöhten Werten steigt die Chance, ein sich unstet bewegendes Motiv, etwa einen Turner oder einen Polospieler, der die Richtung wechselt, im Fokus zu halten und mal links, mal rechts im Bildfeld scharf zu stellen (*Case 5*).

Allerdings sollte das Objekt dafür etwa ein Viertel des Bilds füllen und der Hintergrund nicht allzu strukturiert sein. Auch greift die AF-Feld-Nachführung nur dann merklich ein, wenn Sie mit den AF-Bereichen Automatische Wahl oder Zone fotografieren; bei der AF-Bereich-Umgebung oder -Erweiterung konnten wir keine Unterschiede feststellen. Beim Einzelfeld-AF und Spot-AF greift die Funktion erwartungsgemäß nicht, da in den Modi keine automatische Messfeldwahl stattfindet.

Priorität 1. Bild/2. Bild

Mit dem AI Servo AF können Sie auch auslösen, obwohl die 5DS [R] vielleicht noch nicht ganz optimal fokussiert hat, sie steht auf Auslösepriorität. Das kann aber dazu führen, dass gleich das erste Bild einer Nachführsequenz noch nicht ganz scharf ist.

Mit der Einstellung *AI Servo Priorität 1. Bild* im AF-Menü 2 können Sie den AI Servo AF jedoch mehr in Richtung Schärfepriorität zwingen, indem Sie den Regler auf *Fokus* setzen.

▲ *Unsere Standardeinstellung der AI Servo Priorität für das 1. Bild liegt auf Fokus.*

Da der Autofokus der 5DS [R] unter normal hellen Bedingungen äußerst schnell agiert, haben wir die Option standardmäßig auf *Fokus* stehen. In dunkler Umgebung, beispielsweise bei Hallensport in einer nur mäßig beleuchteten Sporthalle, kann es jedoch einen Tick länger dauern, bis Sie tatsächlich auslösen können.

In solchen Situationen empfiehlt sich die mittige Reglerposition oder sogar die Einstellung auf *Auslösung*. Rechnen

▲ *Bei gerichteten, nicht zu schnellen Bewegungen setzen wir die Priorität des 2. Bilds ebenfalls auf Fokus.*

1/2500 Sek. | f/3,5 | ISO 100 | 200 mm

▲ Mit der AI Servo Priorität 1. Bild auf Fokus und 2. Bild auf Geschwindigkeit lassen sich lokal begrenzte schnelle Bewegungen prima einfangen, wie hier der fliegende Pferdewechsel im laufenden Polospiel.

Sie dann aber tendenziell öfter mit – zumindest am Anfang einer Nachführsequenz – noch nicht ganz optimal fokussierten Fotos. Es gilt also, sich zu entscheiden, was wichtiger ist: das Bild im Kasten, egal ob 100-prozentig scharf oder nicht ganz fokussiert, oder perfekte Schärfe von Beginn an, verbunden mit dem Risiko, eine entscheidende Bewegung zu verpassen.

Was für das erste Bild gilt, trifft auch für das zweite Foto und die Folgebilder einer Reihenaufnahme zu. Mit *AI Servo Priorität 2. Bild* können Sie daher eine möglichst schnelle *Geschwindigk.* favorisieren oder den Schwerpunkt auf den *Fokus* legen.

Wenn die Bewegung sehr lokal abläuft, beispielsweise ein Golfspieler beim Abschlag oder ein Vogel, der ab und zu ruft oder mit den Flügeln schlägt, ist die Kombination aus 1. Bild: *Fokus* und 2. Bild: *Geschwindigk.* passend.

Die Fokusebene ändert sich in solchen Situationen kaum und Sie können die Folgebilder mit höchster Reihenaufnahmegeschwindigkeit aufnehmen, ohne Unschärfe zu riskieren.

Läuft die Bewegung hingegen gerichtet ab, aber nicht extrem schnell, zum Beispiel bei einem langsam gleitenden Storch oder Flugzeug am Himmel, können beide Werte problemlos auf *Fokus* stehen, ohne wertvolle Momente zu verpassen.

Überlegen Sie sich also stets, wie die zu fotografierende Bewegung hinsichtlich örtlicher Änderung, Schnelligkeit und Wichtigkeit zu bewerten ist. Entscheiden Sie sich danach für die Prioritätenkombination. Wobei zu erwähnen ist, dass die meisten Situationen bereits in der Standardeinstellung (Mitte) sehr gute Ergebnisse liefern.

> **Cases anpassen**
>
> Wenn Sie eine AI-Servo-Voreinstellung ändern möchten, wählen Sie einen Case aus, drücken die *RATE*-Taste und wählen einen der drei Parameter mit dem Schnellwahlrad oder dem Multi-Controller aus. Drücken Sie dann die *SET*-Taste und ändern Sie die Einstellung mit dem Hauptwahlrad oder Multi-Controller. Mit *SET* bestätigen Sie die Anpassung. Danach können Sie gleich den Auslöser antippen und losfotografieren.

4.7 Für Könner: manuell Scharfstellen

Die manuelle Fokussierung ist zwar nicht die schnellste Methode, dafür ist sie äußerst präzise und unabhängig von den Beschaffenheiten des Motivs. Sie wird daher immer dann zum Mittel der Wahl, wenn der Autofokus einfach keine oder nicht die gewünschte Schärfeebene finden kann.

Es gibt zum Glück nicht viele Situationen, in denen der Autofokus überfordert ist:

- Motive bei sehr schwacher Beleuchtung und wenig Kontrast können den Autofokus aushebeln.

- Regelmäßige Muster ❷, sich wiederholende Strukturen oder Spiegelungen auf Fenstern oder Lack können Autofokusprobleme hervorrufen.
- Strukturen im Vordergrund ❸ wie Gräser, Äste oder Zoogitter können den Autofokus ablenken.
- Bei der Makrofotografie ❹ ist es besonders wichtig, den richtigen Bildbereich scharf zu stellen. Das geht mit dem manuellen Fokus oft am besten.

Die Aktivierung des manuellen Fokus erfolgt über den Fokussierschalter am Objektiv. Anschließend wird die Schärfe mit dem Fokussierring eingestellt, wobei Sie die Anpassung entweder im Sucher oder im Livebild verfolgen können.

Wenn Sie hierbei den Auslöser auf halber Stufe halten, ist die 5DS [R] beim Finden der Schärfe dennoch behilflich. Das gilt sogar dann, wenn Sie mit einem nur manuell fokussierbaren Objektiv arbeiten, etwa dem Tilt-Shift-Objektiv TS-E 24mm f/3,5L II.

Sobald eines der aktiven AF-Messfelder eine optimale Scharfstellung erkennt, leuchtet es kurz rot auf, der Schärfenindikator 🟢 im Sucher erscheint und der Piepton ist zu hören.

▲ *AF/MF-Umschalter am Objektiv*

Daher kann es vorteilhaft sein, trotz manueller Fokussierung einen Fokuspunkt oder einen AF-Bereich auszuwählen, der den bildwichtigen Motivbereich abdeckt, und diesen als Schärfeunterstützung zu nutzen.

Wenn die Fokussierung passend erscheint, lösen Sie aus. Aber Achtung, die 5DS [R] löst immer aus, egal ob der Fokus optimal sitzt oder nicht (Auslösepriorität).

1/320 Sek. | f/10 | ISO 100 | 32 mm

▲ Mit dem Livebild konnten wir trotz des niedrigen Aufnahmestandpunkts gezielt auf die Reiter fokussieren. Die Kamera lag hierbei auf dem Gras.

4.8 Scharfstellen über den LCD-Monitor

Der Livebild-Autofokus ist geeignet, um in Situationen scharf zu stellen, in denen es schwer wird, verrenkungsfrei durch den Sucher zu blicken. Die EOS 5DS [R] bietet hierfür zwei Möglichkeiten: *FlexiZone Single* für Einzelfeld-Fokussierungen und die *Gesichtsverfolgung* zum gezielten Scharfstellen erkannter Gesichter im Bildausschnitt.

Um die AF-Methode aufzurufen, schalten Sie das Livebild mit der Taste START/STOP ein. Drücken Sie anschließend die Schnelleinstellungstaste und navigieren Sie zum ersten Menüpunkt in der linken Menüleiste.

Mit dem Haupt- oder Schnellwahlrad oder per Multi-Controller können Sie nun den gewünschten Autofokusmodus aktivieren. Alternativ finden Sie die *AF-Methode* aber auch im Aufnahmemenü 5 (bzw. 3 bei A⁺).

▲ Auswahl der AF-Methode im Livebild-Modus

Kapitel 4 Den Autofokus gekonnt einsetzen 135

Beim Scharfstellen über das Livebild hinkt die 5DS [R] aus uns nicht ganz nachvollziehbaren Gründen allerdings dem Stand der Technik hinterher, denn die Scharfstellung erfolgt ausschließlich über den älteren Kontrastautofokus.

Dieser benötigt teilweise mehrere Sekunden, bis der Fokus sitzt. Grund ist, dass mehrere Messvorgänge vor und hinter der angepeilten Fokusebene durchgeführt werden müssen, bis die Objektivlinsen so eingestellt sind, dass am Fokuspunkt der höchste lokale Kontrast und damit die höchste Schärfe vorliegt.

Wer den Dual-Pixel-CMOS-Autofokus aus der EOS 70D oder 7D Mark II bereits kennt, wird das schnellere Scharfstellen mit dem Livebild-Phasenautofokus daher sicher schmerzlich vermissen. Der Livebild-Autofokus der 5DS [R] ist daher nur zu empfehlen, wenn genügend Zeit ist und einem die Motive nicht aus dem Bild rennen, bevor der Fokus sitzt.

Aufnahmeinformationen ein- und ausblenden

Mit der *INFO.*-Taste können Sie auch im Livebild einstellen, ob die Belichtungs- und weitere Aufnahmeinformationen eingeblendet werden sollen oder nicht. Wir bevorzugen meist die Ansichtsform, bei der keine Informationen das Bild verdecken, die Belichtungseinstellungen am unteren Monitorrand aber zu sehen sind.

Mit FlexiZone Single gezielt ein Motiv scharf stellen

Mit dem eingeblendeten rechteckigen Fokusrahmen können Sie die Schärfe bei *FlexiZone Single* frei auf einer bestimmten Bildstelle platzieren, abgesehen von den äußersten Randbereichen. Diese AF-Methode eignet sich vor allem für statische Motive – eine Landschafts-, Architektur- oder Makroaufnahme und natürlich noch vieles mehr.

Der Spiegel bleibt während der ganzen Aktion hochgeklappt, daher ist die Fokussierung relativ leise. Die Livevorschau wird auch nicht unterbrochen und der Spiegelschlag kann keine Verwacklungen hervorrufen.

Den Fokusrahmen können Sie mit dem Multi-Controller in fein abgestuften Schritten in alle vier Himmelsrichtungen verschieben. Ein Druck auf die Löschtaste 🗑 befördert ihn wieder in die Bildmitte. Zum Scharfstellen drücken Sie den

▲ *Scharfstellen mit der AF-Methode FlexiZone Single*

Auslöser bis zum ersten Druckpunkt herunter und warten, bis das Rechteck grün leuchtet. Jetzt muss der Auslöser nur noch durchgedrückt werden und fertig ist das Bild. Wenn Sie die Taste mehrmals drücken, lässt sich der AF-Bereich auch in verschiedenen Stufen vergrößern. Auch aus dieser *Lupenfunktion* heraus kann scharf gestellt und ausgelöst werden (siehe auch Seite 312).

Unser Tipp: Verwenden Sie FlexiZone Single in den Programmen *P* bis *C3* in Kombination mit dem 2-Sek.-Selbstauslöser, um unbewegte Motive wie Stadtansichten zur blauen Stunde oder Makroaufnahmen von Blüten absolut verwacklungsfrei vom Stativ aus zu fotografieren. Eine externe Fernsteuerung ist dafür nicht notwendig.

Kontinuierlicher AF

Wenn Sie im Aufnahmemenü 5 (bzw. 3 bei [A⁺]) die Option *Kontinuierlicher AF* aktivieren, wird der Fokus permanent sich ändernden Motivabständen angepasst.

Beim Wechsel von nahen zu fernen Objekten oder umgekehrt kann die Scharfstellung insgesamt etwas schneller werden, aber im Gegenzug verbraucht die 5DS [R] mehr Strom.

Wir persönlich deaktivieren die Funktion daher meistens – und spätestens dann, wenn der Akku einen Strich weniger Ladung anzeigt.

▼ *Die Gesichtserkennung kann helfen, den Fokus gezielter auf Personen zu lenken.*
1/400 Sek. | f/8 | ISO 100 | 35 mm

Automatische Gesichtserkennung und Verfolgung

Mit der *Gesichtsverfolgung* wird es möglich, den Livebild-Autofokus gezielt auf Gesichter zu lenken. Dazu springt das quadratische AF-Messfeld [ ] automatisch auf das erkannte Gesicht. Jetzt muss nur scharf gestellt und mit dem dann grün leuchtenden Rahmen ausgelöst werden.

▲ Scharfstellen mit Gesichtserkennung

Erkennt die 5DS [R] mehrere Personen, legt sie den Hauptrahmen mit den zwei Pfeilen ◄[ ]► ❶ in der Regel auf das Gesicht, das der Kamera am nächsten ist. Fokussieren Sie nun gleich oder lenken Sie den Hauptrahmen mit dem Multi-Controller auf ein anderes Gesicht um.

Falls die 5DS [R] das Gesicht nicht erkennen kann, weil es zu klein ist, nur seitlich zu sehen ist, im Gegenlicht stark abgeschattet wird oder die Person eine Sonnenbrille trägt, können Sie durch mittiges Herunterdrücken des Multi-Controllers ✥ einen doppelten Rahmen ⌈ ⌉ ❷ aufrufen und diesen mit dem Controller auf dem Gesichtsbereich oder auch anderen Bildstellen, wie hier dem Pokal, platzieren.

▲ Fokussieren mit einem individuellen Verfolgungsrahmen

Der doppelte Rahmen kann in engen Grenzen dem gewählten Motivausschnitt folgen, und das nicht nur bei Gesichtern.

Wenn der Kontrast ausreichend hoch ist, die Kamera nicht zu schnell bewegt wird und der Hintergrund wenig ablenkende Strukturen aufweist, funktioniert das sogar erstaunlich gut.

Schalten Sie in dem Fall den *Kontinuierlichen AF* ein (Aufnahmemenü 5 bzw. 3 bei [A⁺]), damit nicht nur der Rahmen dem Motiv folgt, sondern auch die Schärfe mitgeführt wird, solange der Auslöser nicht betätigt wird. Wenn sich eine schöne Situation ergibt, stellen Sie mit dem Auslöser scharf und lösen gleich aus.

4.9 Die Autofokus-Feinabstimmung

Beim Fokussieren kommt es stets auf eine optimale mechanische und elektronische Abstimmung zwischen der EOS 5DS [R] und dem jeweiligen Objektiv an. Die Linsen innerhalb des Objektivs müssen in Sekundenbruchteilen so verstellt werden, dass an gewünschter Stelle im Bildausschnitt eine optimale Scharfstellung des Motivs gewährleistet wird.

Ist die Zusammenarbeit zwischen Kamera und Objektiv nicht ganz perfekt, kann es vorkommen, dass der Fokus nicht an der gewünschten Stelle liegt, sondern etwas weiter vorn (Frontfokus) oder etwas weiter hinten (Backfokus). Noch vor nicht allzu langer Zeit mussten die Kamera-Objektiv-Kombinationen zur nachträglichen Feinjustierung in die Canon-Werkstatt geschickt werden, wenn ein Fehlfokus mit hoher Regelmäßigkeit auftrat. Heutzutage ist das nicht mehr notwendig, denn die 5DS [R] besitzt eine eingebaute AF-Feineinstellungsfunktion. Diese finden Sie im AF-Menü 5 bei *AF Feinabstimmung*.

Mit der AF Feinabstimmung können Sie Ihre 5DS [R] dazu zwingen, den Fokus generell etwas nach vorn oder nach hinten zu verschieben. Dies ist für alle angesetzten Objektive gleichermaßen ❶ oder individuell für bis zu 40 registrierbare Canon-Objektive ❷ möglich.

Menüoptionen zur *AF Feinabstimmung*

In der Regel ist es sinnvoll, die zweite Variante zu wählen, denn erstens kommt es äußerst selten vor, dass eine Kamera permanent falsch fokussiert, und zweitens ist die AF-Feinjustierung meist nur bei Objektiven notwendig, die eine sehr hohe Lichtstärke haben, also beispielsweise Porträtobjektive mit Lichtstärke f/1,2 – f/2 oder Teleobjektive ab 200 mm mit Lichtstärke f/2 – f/4.

Bei Objektiven, die den Standardbereich von etwa 18 bis 200 mm abdecken und Lichtstärken von f/3,5–f/6,3 besitzen, ist die Schärfentiefe meist hoch genug, um eventuelle minimale Fokusverschiebungen auszugleichen.

Da kann es schnell vorkommen, dass Änderungen in der AF Feinabstimmung mehr Fehlfokussierungen verursachen, als dass sie nützlich sind. Daher seien Sie generell sehr vorsichtig damit.

Dennoch, wer es gerne wagen möchte und den dringenden Verdacht hat, dass das eigene verwendete Objektiv permanent falsch fokussiert, kann sich des nachfolgenden Workshops bedienen, um eine eventuelle Fehlfokussierung aufzudecken und dagegen anzusteuern.

Stellen Sie sich zunächst eine passende Testumgebung zusammen. Diese ist entscheidend für das Resultat. Wer absolut sichergehen möchte, besorgt sich am besten ein professionelles Testgerät wie den SpyderLENSCAL (Datacolor) oder die Autofokus-Testtafel (Enjoyyourcamera). Stellen Sie das Testgerät genau wie in der jeweiligen Anleitung beschrieben auf und sorgen Sie für eine schattenfreie und helle Ausleuchtung des Testaufbaus.

▲ *Testaufbau, hier mit dem Spyder-LENSCAL und einer Blitzschuh-Wasserwaage auf der 5DS [R]*

Stellen Sie nun alle wichtigen Parameter an der EOS 5DS [R] ein:

- Wählen Sie den Modus *Av* und stellen Sie den Blendenwert auf die niedrigste Stufe. Das garantiert eine geringe Schärfentiefe und gute Fokusbeurteilung.
- Verwenden Sie die Bildqualität *L-FINE*.
- Aktivieren Sie die Spiegelverriegelung ohne Vorlaufzeit und den 2-Sek.-Selbstauslöser, damit die Auslösung absolut erschütterungsfrei ablaufen kann.
- Stellen Sie den AF-Betrieb One-Shot ein, wählen Sie den Einzelfeld-AF und das mittlere AF-Messfeld zur Scharfstellung aus.

▲ *Kameraeinstellungen für die AF Feinabstimmung*

- Mit der Wahl des Bildstils *Monochrom*, können eventuelle Moiré-Effekte oder chromatische Aberrationen die Schärfebeurteilung weniger stören.

Richten Sie die 5DS [R] auf einem Stativ absolut gerade aus und zudem so, dass die Sensorebene zur Testtafel parallel liegt. Dazu können Sie mit der *INFO.*-Taste die elektronische Wasserwaage einblenden oder, besser noch, eine Blitzschuh-Wasserwaage verwenden.

Die Aufnahmehöhe stellen Sie so ein, dass das mittlere AF-Feld genau den Fokus-Zielbereich ❶ der Testtafel trifft. Als Testabstand eignet sich etwa die 30-fache Objektivbrennweite, also etwa 2,10 m bei 70 mm Brennweite und 6 m bei 200 mm Brennweite.

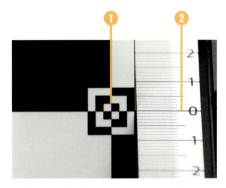
▲ *Referenzbild*

Stellen Sie das Objektiv auf den manuellen Fokus um, aktivieren Sie das Livebild, vergrößern Sie die Vorschau und stellen Sie die Schärfe manuell auf das Fokusziel ein. Lösen Sie das erste Bild aus. Es zeigt die Referenzschärfe, die Sie anschließend auch per Autofokus erreichen sollten. Die Schärfe liegt perfekt auf dem Motiv und an der Skala sollte der Teilstrich ❷, der die Testtafel schneidet, in der Fokusebene liegen.

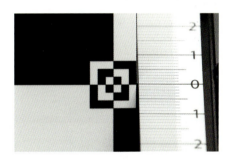
▲ *Autofokus optimal*

Drehen Sie den Fokussierring auf die Unendlich-Einstellung. Aktivieren Sie dann den Autofokus, stellen Sie scharf und lösen Sie aus.

Wiederholen Sie dies fünfmal. Betrachten Sie die Bilder anschließend in der vergrößerten Wiedergabeansicht der 5DS [R] oder, besser noch, in der 100 %-Ansicht am Computer.

Stimmt die Schärfe? Wenn ja, sollte sowohl das Fokusziel scharf zu sehen sein als auch die schärfeste Linie auf der Skala mit der schärfsten Linie des Referenzbilds übereinstimmen.

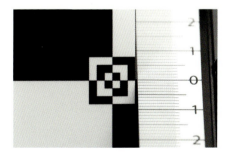
▲ *Frontfokus*

▲ Unser Testobjektiv wurde von der 5DS [R] erkannt.

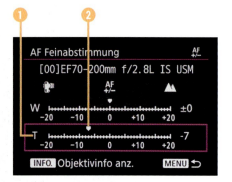

▲ AF Feinabstimmung für die Telebrennweite, hier verschoben auf den Wert –7

Sollte der Fokus zu weit vor oder hinter der Referenzlinie liegen, geht es an die AF Feinabstimmung: Dazu öffnen Sie im AF-Menü 5 bei *AF Feinabstimmung* den Eintrag *Abst. pro Objektiv*. Die 5DS [R] zeigt daraufhin das erkannte Objektiv an.

Sollte das verwendete Canon-Objektiv nicht angezeigt werden, führen Sie ein Update der kamerainternen Objektivbibliothek durch, wie auf Seite 253 beschrieben. Drücken Sie anschließend die *INFO.*-Taste und wählen Sie entsprechend der am Objektiv eingestellten Brennweite den Bereich Weitwinkel (*W*) oder Tele (*T*) ❶ aus.

Die AF Feinabstimmung für ein Zoomobjektiv ist dann ideal, wenn Sie beide Endbrennweiten testen. Zwischenwerte müssen nicht geprüft werden. Die EOS 5DS [R] passt die Fokusabstimmung selbstständig an die gewählte Brennweite an. Auch wenn Sie einen Telekonverter ansetzen, wird dies mitberücksichtigt.

Drücken Sie die *SET*-Taste und verschieben Sie den Fokus anschließend mit negativen Werten zur Kamera hin ❷ oder mit positiven Werten von der Kamera weg. Am besten beginnen Sie mit dem größten Abstand und prüfen das Ergebnis durch Wiederholung der Testaufnahmen. Tasten Sie sich dann Schritt für Schritt an die optimale Einstellung heran und wiederholen Sie diese mehrfach, um die Stabilität der Ergebnisse zu prüfen.

Die AF Feinabstimmung ist sicherlich ein sehr aufwendiger und gegenüber Fehlmessungen anfälliger Prozess. Daher führen Sie Änderungen nur durch, wenn wirklich grobe Fehlfokussierungen bestimmter Objektive vorliegen. Unser Test ergab, dass das von uns verwendete Objektiv einwandfrei fokussierte, es bestand somit kein Änderungsbedarf.

1/160 Sek. | f/2,8 | ISO 2000 | 200 mm

Professionelle Programme für jede Situation

Während der Einfluss auf die Bildgestaltung bei den Automatikprogrammen stärker eingeschränkt ist, steht genau das Gegenteil bei den Modi *P* bis *C3* im Vordergrund. Erfahren Sie im Folgenden alles Wissenswerte zum kreativen Umgang mit den Halbautomatiken und den manuellen Programmen, die Sie befähigen, das Optimum und noch ein Quäntchen mehr aus Ihren Motiven herauszukitzeln.

1/40 Sek. | f/8 | ISO 400 | 50 mm | Polfilter

▲ Als das Kaltblutpferd plötzlich in Richtung Wassertrog (hinter dem wir standen) losgaloppierte, blieb keine Zeit für Kameraeinstellungen. Mit der Programmautomatik konnten wir die Szene trotzdem gut einfangen.

5.1 Mit der Programmautomatik spontan reagieren

Die Programmautomatik *P* ist prima für Schnappschüsse geeignet, da in diesem Modus alle Belichtungseinstellungen automatisch gesetzt werden. Gegenüber der Automatischen Motiverkennung besteht jedoch der große Vorteil, dass Sie den ISO-Wert, die AF-Messfelder, den Weißabgleich oder den Bildstil und vieles mehr selbst bestimmen können.

Die Programmautomatik bietet sich somit an, wenn Sie gerne spontan fotografieren, die Rahmenbedingungen aber selbst festlegen möchten.

Programmverschiebung

Außerdem haben Sie die Möglichkeit, die Kombination aus Belichtungszeit und Blendenwert im Rahmen der *Programmverschiebung* an Ihr Motiv anzupassen.

Tippen Sie zunächst den Auslöser kurz an, damit die 5DS [R] die Belichtungszeit und den Blendenwert ermitteln kann. Jetzt können Sie am Hauptwahlrad drehen und die Zeit-Blende-Kombination verändern.

1/160 Sek. | f/2,8 | ISO 1250 | 100 mm | −⅓ EV

◄ Ohne Programmverschiebung waren die Eicheln zu unscharf, weil die Blende in der schattigen Umgebung vom Modus *P* ganz geöffnet wurde.

1/20 Sek. | f/8 | ISO 1250 | 100 mm | −⅓ EV

◄ Mit der Programmverschiebung hin zum höheren Blendenwert konnten wir die Eicheln schärfer abbilden. Dank Bildstabilisator ließ sich das Bild aus der Hand gestochen scharf aufnehmen.

Belichtungswarnung bei P

Wenn das vorhandene Licht für die gewählte Einstellung zu schwach oder zu stark ist, fangen die Zeit-Blende-Werte an zu blinken. Um Unterbelichtungen zu vermeiden, erhöhen Sie den ISO-Wert oder hellen Ihr Motiv mit dem Blitz auf. Bei aktivem Blitz ist eine Programmverschiebung allerdings nicht mehr möglich. Umgekehrt senken Sie bei starker Helligkeit den ISO-Wert oder bringen einen lichtschluckenden Grau- oder Polfilter am Objektiv an.

Nach rechts gedreht verkürzt sich die Belichtungszeit und der Blendenwert sinkt. Auf diese Weise setzen Sie die Schärfentiefe herab, was einer schönen Motivfreistellung vor diffusem Hintergrund zugutekommt. Die verkürzte Zeit kann aber auch nützlich sein, um bewegte Motive scharf auf den Sensor zu bekommen.

Im Gegenzug können Sie die Schärfentiefe mit dem Drehen des Hauptwahlrads nach links erhöhen, indem Sie den Blendenwert anheben.

Bei den Eicheln haben wir diese Option genutzt, um die Baumfrüchte schärfer abbilden zu können. Die gleichzeitig verlängerte Belichtungszeit kann aber auch für spannende Wischeffekte im Bild sorgen, denken Sie an verwischtes fließendes Wasser.

Die Programmverschiebung hat allerdings nur für eine Aufnahme Bestand. Sie wird zudem verworfen, wenn der Messtimer die Belichtungsmessung beendet, die Kamera ausgeschaltet oder der Aufnahmemodus geändert wird. Für mehrere Bilder mit der gleichen Einstellung verwenden Sie daher lieber eines der Programme *Tv*, *Av* oder *M*.

5.2 Mit Tv die Geschwindigkeit kontrollieren

Die Bezeichnung der Blendenautomatik *Tv* steht für **T**ime **V**alue (= Zeitwert) und bedeutet, dass Sie in diesem Programm die Belichtungszeit selbst wählen und die 5DS [R] automatisch eine dazu passende Blendeneinstellung vornimmt.

Die längste Belichtungszeit liegt bei 30 Sek. und die kürzeste bei 1/8000 Sek. Damit haben Sie die Möglichkeit, nur einen ganz kurzen Augenblick festzuhalten oder den Aufnahmemoment zu verlängern.

Belichtungswarnung bei Tv

Wenn die Belichtung bei der gewählten Zeit problematisch wird, fängt der Blendenwert im Modus Tv an zu blinken. Steht die Blende hierbei auf dem niedrigsten Wert, erhöhen Sie den ISO-Wert oder setzen Sie Blitzlicht ein, um die Unterbelichtung zu kompensieren. Blinkt der höchste Blendenwert, den Ihr Objektiv liefern kann, riskieren Sie eine Überbelichtung. In dem Fall verkürzen Sie die Belichtungszeit, verringern den ISO-Wert oder bringen einen lichtschluckenden Grau- oder Polfilter am Objektiv an, um der Überbelichtung entgegenzusteuern.

1/800 Sek. | f/3,2 | ISO 200 | 200 mm

▲ *Mit der kurzen Belichtungszeit wurde jegliche Bewegung scharf eingefroren.*

Beides hat vor allem bei bewegten Motiven seinen Reiz. So eignet sich die Blendenautomatik sehr gut für Sportaufnahmen, Bilder von rennenden Menschen oder fliegenden Tieren oder zum Einfrieren spritzenden Wassers – also alles Motive, bei denen Momentaufnahmen schneller Bewegungsabläufe im Vordergrund stehen.

Möglich ist es aber auch, kreative Wischeffekte zu erzeugen, Bilder also, in denen alle Bewegungen durch Unschärfe verdeutlicht werden. Fließendes Wasser, mit den Flügeln schlagende Vögel oder Autos und U-Bahnen lassen sich auf diese Weise sehr kreativ und dynamisch in Szene setzen.

Die Auswahl der Belichtungszeit lässt sich flink über das Hauptwahlrad vornehmen. Hierbei verlängern Sie die Belich-

1,3 Sek. | f/16 | ISO 50 | 24 mm

▲ *Durch die lange Belichtungszeit wird das Meerwasser verwischt abgebildet.*

tungszeit durch Drehen des Rads nach links und verkürzen sie mit einem Rechtsdreh.

Wird die Belichtungszeit um eine ganze Belichtungsstufe verlängert, hier von 1/160 Sek. ❶ auf 1/80 Sek. ❸, erhöht sich der Blendenwert ❷ um eine ganze Stufe ❹ und umgekehrt. So wird eine vergleichbare Bildhelligkeit garantiert.

▶ *Anpassen der Belichtungszeit im Modus Tv*

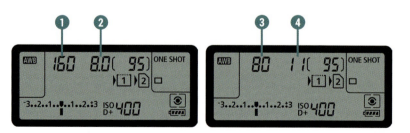

In welcher Rasterung sich die Belichtungszeit einstellen lässt, können Sie im Individualmenü 1 bei *Einstellstufen* festlegen. Die gröbere Rasterung *1/2* wäre geeignet, um schneller von kurzen auf lange Belichtungszeiten umzuspringen. Sie wirkt sich aber auch auf die verfügbaren Blendenwerte aus, die Sie in den Modi *Av* und *M* wählen können. Als Standard empfehlen wir Ihnen daher, die Einstellung *1/3* beizubehalten, um sowohl die Belichtungszeit als auch die Schärfentiefe möglichst fein abgestuft zu justieren.

▲ *Einstellstufen festlegen*

5.3 Die Schärfentiefe mit Av regulieren

Die Zeitautomatik *Av* ist das geeignete Belichtungsprogramm, mit dem Sie die Schärfentiefe Ihres Bilds perfekt steuern können. Die Bezeichnung leitet sich von **A**perture **V**alue (Blendenwert) ab. Demnach wählen Sie in diesem Modus die Blendenöffnung über den Blendenwert selbst aus, die passende Belichtungszeit bestimmt die 5DS [R] daraufhin automatisch.

Ein hoher Blendenwert von f/8 oder mehr (geschlossene Blende) liefert eine hohe Schärfentiefe, bestens einsetzbar bei Landschaften und Architekturbildern, die mit durchgehender Detailgenauigkeit abgebildet werden sollen.

 Achtung Beugung

Ab einem bestimmten Blendenwert nimmt die Bildschärfe durch Beugung ab. Blenden Sie an der EOS 5DS [R] daher am besten nur bis f/11 ab (siehe Seite 308).

Für Porträts von Menschen und Tieren oder für Sportaufnahmen eignen sich geringe Blendenwerte von f/1,2 bis f/5,6. Durch die geringe Schärfentiefe wird der Blick des Betrachters auf das Hauptmotiv geführt und nicht von unwichtigeren Details aus dem Hintergrund abgelenkt. Außerdem werden Reflexionslichter, wie das Glitzern der untergehenden Sonne auf der Ostsee, groß und nahezu rund abgebildet. Der Vollformatsensor der 5DS [R] lädt aufgrund seiner geringen Schärfentiefe regelrecht dazu ein, mit einem solchen Bokeh zu spielen.

1/100 Sek. | f/11 | ISO 200 | 35 mm | Polfilter
Hohe Schärfentiefe von der Bank bis zum Leuchtturm

Bokeh oder die Qualität der Unschärfe

Das Bokeh ist an sich kein lückenlos messbarer Begriff. Vielmehr wird die subjektiv empfundene Qualität der Unschärfe beschrieben.

Ein schönes Bokeh zeichnet sich dadurch aus, dass die unscharfen Lichtpunkte im Hintergrund nahezu kreisrund und gleichmäßig hell aussehen. Dazu wird mit offener Blende bei erhöhter Brennweite fotografiert und der Hintergrund sollte möglichst weit entfernt sein.

Das Bokeh hängt aber auch von der Blende selbst ab. Wichtig ist, dass diese eine kreisrunde Öffnung erzeugt, was durch eine hohe Anzahl an Blendenlamellen von neun oder mehr ermöglicht wird. Porträt- und Makroobjektive um die 100 mm erzeugen meist ein angenehmes Bokeh.

▼ *Durch den geringen Blendenwert liegt die Schärfe nur auf den Steinen und die Reflexionen der untergehenden Sonne auf dem Wasser erzeugen ein schönes Bokeh.*
1/1000 Sek. | f/2,8 | ISO 100 | 200 mm | –⅓ EV | Speedlite 600EX-RT | Blitzkorrektur –3

Belichtungswarnung bei Av

Die 5DS [R] warnt mit einer blinkenden Belichtungszeit vor einer Unterbelichtung (Zeit steht auf 30 Sek.) oder einer Überbelichtung (Zeit steht auf 1/4000 Sek.). Um die Belichtung zu korrigieren, ändern Sie die Blendeneinstellung, bis die Zeitangabe wieder durchgehend leuchtet. Oder legen Sie alternativ, wenn nicht die ISO-Automatik gewählt ist, einen anderen ISO-Wert fest. Gegen eine Überbelichtung können Sie auch einen lichtschluckenden Grau- oder Polfilter am Objektiv befestigen. Gegen Unterbelichtungen können Sie mit Blitzlicht angehen.

Schärfentiefe anpassen

Um die Schärfentiefe zu beeinflussen, tippen Sie zuerst den Auslöser kurz an, damit die Belichtungsmessung aktiviert wird. Danach drehen Sie das Hauptwahlrad nach links, um den Blendenwert zu verringern, oder nach rechts, um ihn zu erhöhen.

Wird der Blendenwert ❷ um eine ganze Stufe erhöht ❹, hier von f/2,8 auf f/4, verlängert sich die Belichtungszeit ❶ ebenfalls um eine ganze Stufe ❸, damit Bilder mit gleicher Helligkeit entstehen.

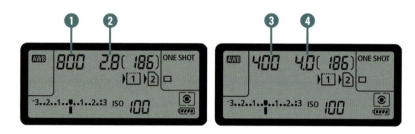

▶ *Festlegen des Blendenwertes im Modus Av*

5.4 Mehr Sicherheit dank Safety Shift

Die EOS 5DS [R] besitzt eine automatische Korrektursteuerung, die Fehlbelichtungen verhindert. Die Funktion kann im Individualmenü 1 über *Safety Shift* aktiviert werden. Wenn Sie die Vorgabe *Verschlusszeit/Blende Tv/Av* wählen, wird im Modus *Tv* die Belichtungszeit und bei *Av* der Blendenwert verändert, falls der von Ihnen gewählte Wert zu einer Fehlbelichtung führen würde. Für weniger geübte Fotografen oder in Situationen, in denen schnell und spontan gehandelt werden muss, ist das eine tolle Hilfe. Hierbei kann die Belichtungszeit aber sehr lang werden und das Bild eventuell verwackeln.

▲ *Die Funktion Safety Shift ist bei schwankenden Lichtbedingungen hilfreich.*

Werfen Sie daher stets einen kurzen Blick auf die Belichtungszeit oder verwenden Sie die Vorgabe *ISO-Empfindlich-*

keit. In diesem Modus geben Sie Ihrer Kamera die Freiheit, eine von Ihnen eventuell nicht optimal gewählte Belichtung durch eine automatische ISO-Anpassung zu korrigieren. Das ist in den Modi *P*, *Tv* und *Av* möglich und empfiehlt sich in Situationen, in denen Sie mit festem ISO-Wert fotografieren möchten, die Beleuchtung zwischenzeitlich aber schwankt, weil Wolken die Sonne verdecken oder Ähnliches. Die 5DS [R] wählt den ISO-Wert dann innerhalb des von Ihnen eingestellten Auto-ISO-Bereichs.

5.5 Manuelle Belichtungskontrolle

Bei der manuellen Belichtung *M* mit der 5DS [R] haben Sie in jeder Hinsicht freie Hand, denn sämtliche Belichtungseinstellungen können Sie hier selbst und unabhängig voneinander wählen.

Das hat beispielsweise Vorteile bei Nachtaufnahmen, wenn es darum geht, mit hoher Schärfentiefe und geringem ISO-Wert qualitativ hochwertige Bilder anzufertigen. Oder denken Sie an das Verschmelzen von Einzelbildern zu einem Panorama. Dabei ist es notwendig, dass jedes Bild mit exakt den gleichen Einstellungen aufgenommen wird. Und auch beim Fotografieren mit Blitzlicht im kleineren oder größeren Fotostudio hat die manuelle Belichtung einige Vorteile, wie Sie ab Seite 234 noch erfahren werden.

Um mit der manuellen Belichtung zu fotografieren, richten Sie als Erstes den geplanten Bildausschnitt ein. Entscheiden Sie sich anschließend, welcher Parameter

1/6 Sek. | f/4 | ISO 1250 | 500 mm

▲ *Um die verschiedenen Phasen der totalen Mondfinsternis vom 28.09.2015 im Bild festzuhalten, wurden die Aufnahmen im manuellen Modus identisch belichtet und anschließend mit Photoshop fusioniert.*

für die Aufnahme am wichtigsten ist. Wenn die Belichtungszeit bei statischen Motiven keine Rolle spielt, fangen Sie mit einem geringen ISO-Wert und einer Blende Ihrer Wahl an.

▲ *Belichtungseinstellung im Modus M*

Bei den Mondaufnahmen mussten wir hingegen mit der Belichtungszeit beginnen, um mit einer relativ kurzen Zeit die Bewegungsunschärfe auszuschließen, die durch die Mondbewegung entstünde. Mit dem Hauptwahlrad stellten wir die Zeit daher auf 1/6 Sek. ❶ ein. Die Blende wurde anschließend mit dem Schnellwahlrad ganz geöffnet und auf f/4 ❷ gesetzt. Zum Schluss mussten wir die Lichtempfindlichkeit auf ISO 1250 ❸ erhöhen, um den verdunkelten Mond hell genug abzubilden.

An der Belichtungsstufenanzeige ❹ im LCD-Panel oder im Sucher können Sie übrigens stets ablesen, ob Ihre Einstellungen mit der automatisch von der 5DS [R] ermittelten Belichtung übereinstimmen (Markierung mittig) oder ob Unter- bzw. Überbelichtungen vorliegen.

 Mehr Belichtungssicherheit beim Zoomen

Einige Zoomobjektive haben keine durchgehende Lichtstärke. Wenn Sie zum Beispiel mit dem Objektiv EF 24-105 mm f/3,5-5,6 IS STM bei 24 mm mit f/3,5 und festgelegten Zeit-ISO-Werten fotografieren und dann auf 105 mm zoomen, wird das Bild unterbelichtet. Das Objektiv bietet im Telebereich nur f/5,6. Daher kommt weniger Licht beim Sensor an. Im Individualmenü 1 können Sie mit *Selbe Belicht.f.neue Blende* aber bestimmen, dass die Lichtempfindlichkeit (*ISO*) oder die Belichtungszeit (*Tv*) in solchen Fällen automatisch angepasst werden darf.

◀ *Unsere 5DS und 5DS R dürfen den ISO-Wert anpassen, wenn eine Fehlbelichtung durch Zoomen droht.*

5.6 Langzeitbelichtung steuern mit dem Modus B

Das Belichtungsprogramm *B* (**B**ulb) der EOS 5DS [R] ist eigentlich genauso aufgebaut wie der manuelle Modus, nur dass Sie hier die Zeit nicht nach Vorgabe wählen. Das Bild wird nämlich schlichtweg so lange belichtet, wie Sie möchten. Das können mehrere Sekunden bis hin zu Minuten sein.

Bulb ist somit nur mit Fernbedienung wirklich gut zu betreiben, denn wer kann schon sekundenlang den Auslöser drücken, ohne dabei zu wackeln. Selbst mit Stativ schleicht sich da schnell Unschärfe ins Bild.

Der Modus *B* ist vor allem für Aufnahmen von Feuerwerk und Gewittern die richtige Wahl, denn dann können Sie so lange belichten, bis die gewünschte Raketenzahl hochge-

▼ *Die Belichtung wurde intuitiv per Fernbedienung gestartet und beendet.*
2,6 Sek. | f/11 | ISO 200 | 37 mm

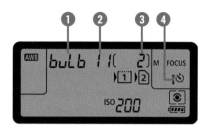

▲ *Hier sind nach dem Belichtungsstart bereits 2 Sek. verstrichen.*

gangen ist oder ein oder mehrere Blitze im Bildausschnitt eingefangen wurden.

Befestigen Sie die EOS 5DS [R] dazu auf einem Stativ und schalten Sie den Bildstabilisator des Objektivs aus. Stellen Sie die Bulb-Belichtung ❶ und die gewünschte Blende ❷ ein. Aktivieren Sie zudem die Betriebsart ❹, wenn Sie mit einer Infrarot-Fernbedienung fotografieren, wie der RC-6 von Canon oder vergleichbaren Geräten.

Starten Sie die Belichtung per Fernbedienungstaste. Die Aufnahmedauer in Sekunden ❸ lässt sich in der LCD-Anzeige verfolgen. Beenden Sie die Belichtung mit einem erneuten Druck auf die Fernbedienungstaste. Bei Kabelfernauslösern halten Sie die Taste über die gesamte Aufnahmezeit gedrückt.

Zeitvorwahl mit dem Langzeitbelichtungs-Timer

Bei Nachtaufnahmen in sehr dunkler Umgebung kann es vorkommen, dass die maximal mögliche Belichtungszeit von 30 Sek., die im Modus *M* einstellbar sind, nicht ausreicht, um das Motiv hell genug auf den Sensor zu bekommen.

Für den Sonnenuntergang mit der Insel Hiddensee und dem Leuchtturm im Hintergrund benötigten wir beispielsweise eine sehr lange Belichtungszeit. Das kurz aufflackernde Leuchtfeuer konnte dadurch sieben Mal eingefangen und im Foto hell und gut erkennbar abgebildet werden.

▲ *Aktivieren des Langzeitbelichtungs-Timers*

▲ *Einstellen der Belichtungsdauer*

Sehr praktisch ist in solchen Situationen der Langzeitbelichtungs-Timer. Dieser macht es möglich, die Belichtungszeit im Modus *B* exakt vorzugeben.

Dazu rufen Sie die Funktion *Langzeitb.-Timer* im Aufnahmemenü 4 auf und markieren die Schaltfläche *Aktiv*. Dann drücken Sie die INFO.-Taste und stellen die gewünschte Belichtungszeit in Stunden, Minuten und Sekunden ein.

75 Sek. | f/16 | ISO 100 | 110 mm

▲ *Um das Leuchtfeuer mehrfach im Bild einzufangen, damit es hell genug wird, wurde eine sehr lange Belichtungszeit benötigt.*

Danach können Sie die Belichtung mit der Fernbedienung starten oder die Spiegelverriegelung mit 2 Sek. Vorlaufzeit einsetzen oder aus dem Livebild heraus mit dem 2-Sek.-Selbstauslöser belichten.

Dadurch, dass die Belichtungszeit fix vorgegeben ist, bleibt der Verschluss nach dem Aufnahmestart so lange offen, bis die Zeit abgelaufen ist. Es ist also nicht notwendig, den Auslöser die ganze Zeit über herunterzudrücken oder die Kabelfernbedienungstaste gedrückt zu halten. Die verstreichende Aufnahmezeit ❶ wird in der LCD-Anzeige angezeigt.

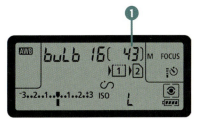

▲ *Langzeitbelichtungs-Timer aktiv, 43 Sek. sind bereits verstrichen.*

Wenn Sie die laufende Belichtung abbrechen möchten, drücken Sie den Auslöser einmal ganz nach unten. Um den Langzeitbelichtungs-Timer ganz außer Gefecht zu setzen, schalten Sie die 5DS [R] aus und wieder ein oder wechseln den Aufnahmemodus oder aktivieren den Movie-Modus.

1/125 Sek. | f/6,3 | ISO 100 | 180 mm | –⅓ EV

▲ Mit unserem programmierten Modus C2 für Mitzieher konnten wir schnell auf gute Fotochancen reagieren, um Bilder mit starker Dynamikwirkung zu gestalten.

5.7 C1 bis C3: die Individual-Aufnahmemodi

Vielleicht sind Sie des Öfteren bei Sportveranstaltungen unterwegs oder Sie haben sich ein spezielles Setting für Studioaufnahmen erarbeitet, das Sie einiges an Einstellungsarbeit gekostet hat.

Dann ist spätestens jetzt die Programmierung eines individuellen Belichtungsprogramms angesagt. Hierfür stehen drei freie Plätze auf dem Modus-Wahlrad Ihrer EOS 5DS [R] bereit.

1. Wählen Sie mit dem Modus-Wahlrad eines der Programme *P*, *Tv*, *Av*, *M* oder *B* aus. Nehmen Sie alle Einstellungen vor, die Sie gerne speichern möchten. Dazu zählen die Optionen, die Ihnen im Schnellmenü zur Verfügung stehen, und die meisten Funktionen aus den Menüs für Aufnahme, AF, Wiedergabe, Einstellung und Individualfunktionen. Die My-Menu-Einstellungen sind jedoch ausgenommen.

2. Navigieren Sie zum Einstellungsmenü 4 und öffnen Sie die Rubrik *Indiv. Aufnahmemodus (C1-C3)*.

3. Wählen Sie den Eintrag *Einstellungen registrieren* und bestätigen Sie dies mit der SET-Taste.

4. Markieren Sie anschließend eine der drei Optionen *Individual-Aufnahmemodus: C1*, *C2* oder *C3*. Bestätigen Sie dies und anschließend auch die eingeblendete *OK*-Schaltfläche mit der SET-Taste.

5. Wenn Sie das Modus-Wahlrad jetzt auf die Position *C1*, *C2* oder *C3* stellen, werden im Monitor und in der LCD-Anzeige alle Einstellungen aufgerufen, die Sie zuvor gespeichert haben. Diese bleiben auch aktiv, wenn Sie die 5DS [R] aus- und wieder einschalten.

6. Möchten Sie die Einstellung ändern, wiederholen Sie die Schritte 1–3. Soll das Programm gelöscht werden, wählen Sie in Schritt 3 die Option *Einstellungen löschen*.

7. Wenn Sie die Option *Auto-Aktualisier.* aktivieren, werden die Änderungen, die Sie beim Fotografieren im Modus *C1*, *C2* oder *C3* durchführen, direkt im jeweiligen Individual-Aufnahmeprogramm gespeichert. Soll dies nicht stattfinden, sodass Sie beim Aufrufen der Modi *C1*–*C3* stets den ursprünglichen Speicherzustand verfügbar haben, deaktivieren Sie die Funktion. Dann müssen Sie Änderungswünsche, wie in den Schritten 1–3 beschrieben, manuell neu registrieren.

▲ *Unser Preset für Mitzieher bei Sportaufnahmen*

Im Folgenden haben wir Ihnen ein paar Settings zusammengestellt, die sich für bestimmte Motivarten oder Fotosituationen eignen. Wenn Sie möchten, können Sie diese genauso in Ihrer 5DS [R] einstellen und dann auf einem der Speicherplätze registrieren.

C1: Preset für Porträtaufnahmen

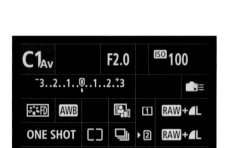

Porträtbilder wirken durch gezieltes Scharfstellen der Augen und eine gute Freistellung mit möglichst viel Unschärfe im Hintergrund. Daher ist der Modus *Av* mit den gezeigten Einstellungen eine gute Basis.

- Modus *Av* mit niedrigstem Blendenwert
- Auto ISO-Bereich 100–3200
- Min. Verschl.zeit *Auto(2)*
- Bildstil Feindetails
- Mittenbetonte Messung
- Reihenaufnahme langsam
- Bildqualität RAW + ◢L
- Spot-AF
- One-Shot-Autofokus
- EOS iTR AF aktiviert
- AF-Methode (Livebild): Gesicht/Verfolgung

C2: schnelle Serien rasanter Bewegungsabläufe

Um Bewegungen gestochen scharf einzufangen, sind kurze Belichtungszeiten essenziell, die sich bestens im Modus *Tv* vorgeben lassen. Wenn die Umgebung sehr hell ist, können Sie auch gut noch kürzere Belichtungszeiten wählen als die angegebene.

- Modus *Tv* mit 1/1250 Sek.
- Auto ISO-Bereich 100–6400
- Min. Verschl.zeit 1/500 Sek.

- Bildstil Automatisch
- Matrixmessung
- Reihenaufnahme schnell
- AI Servo Autofokus mit *Case 1*
- Bildqualität RAW (12 Bilder in Folge) oder ◢L (24 Bilder in Folge)
- AF-Messfeldwahl in Zone
- EOS iTR AF aktiviert

C3: kontrastreiche Situationen oder HDR-Ausgangsbilder

Bei Motiven im Gegenlicht oder solchen, die kräftig von der Sonne angestrahlt werden und daher Reflexionsstellen oder dunkle Schatten besitzen, können Sie die Belichtungsreihe verwenden, um sich das am besten belichtete Ergebnis auszusuchen. Aus den Fotos lässt sich aber auch manuell eine HDR-Fotografie gestalten.

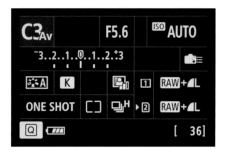

- Modus *Av* mit f/5,6
- Automatische Belichtungsreihe (AEB) mit 5 Stufen
- Auto ISO-Bereich 100–6400
- Min. Verschl.zeit *Auto(2)*
- Bildstil Automatisch
- Mittenbetonte Messung
- Reihenaufnahme schnell
- Bildqualität RAW + ◢L
- Einzelfeld-AF
- One-Shot-Autofokus
- Livebild AF: FlexiZone Single
- Weißabgleich K mit 5.500 Kelvin

Farbkontrolle mit Weißabgleich und Bildstil

Viele Motive wirken durch ansprechende Farben erst richtig beeindruckend. Im professionellen Umfeld kommt hinzu, dass die Farben von Stoffen oder Produkten farbverbindlich abgebildet werden müssen. Erfahren Sie daher in diesem Kapitel, welche Möglichkeiten die EOS 5DS [R] für das professionelle Farbmanagement bereithält und wie Sie die Farben mit Bildstilen individuell gestalten können.

6.1 Farbkontrolle per Weißabgleich

Die beste Weißabgleichfunktion ist diejenige, um die man sich gar nicht kümmern muss. Gut daher, dass die 5DS [R] eine wirklich verlässliche Automatik besitzt, die Sie in den allermeisten Situationen nicht im Stich lässt.

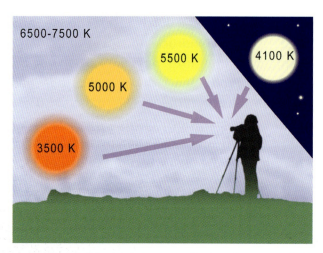

▲ *Das Tageslicht verändert seine Farbtemperatur von 3.500 K der Morgensonne bis hin zu etwa 6.000 K eines bedeckten Himmels. Mondlicht liegt bei 4.100 K.*

Farbtemperaturen und der Weißabgleich

Sonnenlicht oder künstliche Lichtquellen lösen aufgrund ihrer unterschiedlichen Lichtfarben Stimmungen in uns aus. So empfinden wir das Licht der Dämmerung als angenehm warm. Da die EOS 5DS [R] dieses Farbgefühl nicht hat, muss ihr der Lichtcharakter mitgeteilt werden. An dieser Stelle kommen die *Farbtemperatur* und der *Weißabgleich* ins Spiel. Mit der Farbtemperatur werden die Farbeigenschaften einer Lichtquelle beschrieben, ausgedrückt als Kelvin-Wert. Die Mittagssonne liegt beispielsweise bei etwa 5.500 K, während die Farbtemperatur bei bedecktem Himmel bis auf etwa 6.500–7.000 K und höher ansteigt.

Die Farbtemperatur künstlicher Lichtquellen hängt von dem Material ab, das zur Lichterzeugung eingesetzt wird. Feuer erscheint gelbrot, Glühbirnen eher gelblich, Neonröhren haben häufig eine grünliche Farbe, und Blitzlicht kommt dem Tageslicht schon fast nahe. Künstliche Lichtquellen besitzen etwa die in der Tabelle aufgelisteten Kelvin-Werte.

Über die Kelvin-Werte des Weißabgleichs erfährt die EOS 5DS [R] nun, welche Lichtart

Künstliche Lichtquellen	Farbtemperatur
Kerze	1.500–2.000 K
Glühbirne 40 W	2.680 K
Glühbirne 100 W	2.800 K
Energiesparlampe Extra Warmweiß	2.700 K
Energiesparlampe Warmweiß	2.700–3.300 K
Energiesparlampe Neutralweiß	3.300–5.300 K
Energiesparlampe Tageslichtweiß	5.300–6.500 K
Halogenlampe	3.200 K
Leuchtstoffröhre (kaltweiß)	4.000 K
Blitzlicht	5.500–6.000 K

▲ *Farbtemperatur künstlicher Lichtquellen*

sie vor sich hat. Dies übernehmen entweder die kameraeigenen Weißabgleichvorgaben oder Sie selbst. Der Weißabgleich sorgt dafür, dass neutrale Farben wie Weiß oder Grau unter der jeweiligen Lichtquelle auch im Bild neutral wiedergegeben und unschöne Farbstiche vermieden werden.

Der automatische Weißabgleich

Der automatische Weißabgleich AWB (**A**uto **W**hite **B**alance) der EOS 5DS [R] arbeitet in den meisten Fällen sehr zuverlässig. Vor allem bei Außenaufnahmen unter natürlicher Beleuchtung wird die Zusammensetzung des Lichts richtig interpretiert, sodass die Fotos und Videos vom Vormittag bis in die farbenfrohe Beleuchtung zur Dämmerungszeit hinein oder kurz nach Sonnenuntergang (blaue Stunde) und in der Nacht mit adäquater Farbgebung auf dem Sensor landen.

▼ *Bei Tageslicht von morgens bis abends trifft die EOS 5DS [R] die Farbstimmung meist richtig.*
1/200 Sek. | f/4 | ISO 100 | 100 mm | +⅓ EV

Wenn Sie zum Fotografieren im Heimstudio spezielle Tageslichtlampen benutzen oder das Objekt nur mit Blitzlicht ausleuchten, wird Sie der automatische Weißabgleich ebenfalls selten im Stich lassen.

Für eine farbverbindliche Wiedergabe empfiehlt sich in solchen Fällen jedoch, eigens auf die 5DS [R] abgestimmte Farbprofile zu verwenden, wie ab Seite 177 gezeigt.

Wann der AWB in Schwierigkeiten gerät

Probleme bekommt der automatische Weißabgleich erfahrungsgemäß bei Aufnahmen im Schatten. Hier wirken die Farben häufig etwas zu bläulich, wie dies auf dem Bild mit den Eicheln ganz gut zu sehen ist.

Aber auch in Mischlichtsituationen, wenn verschiedene künstliche Lichtquellen das Motiv beleuchten, trifft die Automatik nicht immer den richtigen Farbton. Problematisch kann es außerdem auch bei Aufnahmen werden, die nur durch Blitzlicht aufgehellt werden. Als Lösung bietet sich die Weißabgleichvorgabe *Wolkig* an. *Schatten* empfehlen wir nicht unbedingt, da die Bilder häufig zu gelb-

Beide Bilder: 2 Sek. | f/2,8 | ISO 100 | 100 mm

▶ *Links: Der AWB hat die Eicheln mit einem Blaustich wiedergegeben. Rechts: Nach Übertragung der Weißabgleichwerte (Temperatur 14.000, Farbton +30) stimmt die Farbe wieder.*

stichig werden. Oder Sie greifen gleich zum manuellen Weißabgleich mit einer Graukarte. In diesem Fall haben wir den ColorChecker Passport von x-Rite verwendet, der eine Reihe verschiedener Grautöne zum Farbabgleich von Naturaufnahmen anbietet. Die Karte haben wir einfach dicht übers Motiv gehalten und fotografiert. Alternativ können Sie in einer solchen Situation auch einen manuellen Weißabgleich durchführen, wie später noch gezeigt. Hier wollten wir das Prozedere aber zeitlich kurz halten und haben uns fürs Mitfotografieren der Karte entschieden.

Später öffnen Sie zuerst das Foto mit der Weißabgleichkarte im RAW-Konverter, zum Beispiel in dem mitgelieferten Digital Photo Professional oder in Adobe Lightroom. Klicken Sie nun mit der Weißabgleich-Pipette ❷ auf eines der kleinen grauen Felder ❶ oder auf die große graue Fläche einer einfachen Graukarte.

▼ Den ColorChecker Passport haben wir vor das Motiv gehalten und fotografiert. In Adobe Lightroom wird auf den gewünschten Grauton geklickt und die Werte werden auf das Foto übertragen.

Kapitel 6 Farbkontrolle mit Weißabgleich und Bildstil 169

Kopieren Sie die Zahlen von Temperatur und Farbton mit der Funktion *Einstellungen | Einstellungen kopieren* (Strg/cmd+⇧+C) und fügen Sie sie auf das eigentliche Bild und alle anderen Fotos, die Sie unter identischer Beleuchtung aufgenommen haben, mit *Einstellungen/Einstellungen einfügen* (Strg/cmd+⇧+V) ein. Jetzt sollte die Farbstimmung aller Bilder korrekt sein.

Neu: AWB für Kunstlicht

Speziell für Situationen, in denen weiße Objekte unter Kunstlichtbeleuchtung farbneutral wiedergegeben werden sollen, hat die EOS 5DS [R] den neuen automatischen Weißabgleich *Auto: Priorität Weiß* im Programm.

Links: 1/30 Sek. | f/3,2 | ISO 3200 | 19 mm | +1⅓ EV
Rechts: 1/30 Sek. | f/3,2 | ISO 3200 | 19 mm | +1⅓ EV

▲ Links: Mit dem Weißabgleich *Auto: Priorität Umgebung* ist ein deutlicher Gelborange-Farbstich vorhanden. Rechts: Mit dem Weißabgleich *Auto: Priorität Weiß* wird der Teller im Licht der Restaurantbeleuchtung neutral weiß abgebildet.

Dieser sorgt dafür, dass Weiß im Bild auch tatsächlich weiß aussieht. Vergleichen Sie dazu einmal die beiden Food-Aufnahmen. Mit dem Weißabgleich *Auto: Priorität Weiß* wird der Teller neutral abgebildet und der Farbstich verschwindet, es geht aber auch etwas von der Restaurantatmosphäre verloren.

Mit der Vorgabe *Auto: Priorität Umgebung* wird der Teller mit einer Gelborangefärbung dargestellt. Überlegen Sie sich, wie Ihre Aufnahme wirken soll: eher etwas neutraler, dafür aber auch von den Weißtönen her frischer oder atmosphärischer und dafür mit einem mehr oder weniger starken Farbstich.

Wenn Sie den automatischen Weißabgleich mit der Priorität auf Weiß einsetzen möchten, stellen Sie im Schnellmenü oder im Aufnahmemenü 2 bei *Weißabgleich* die Vorgabe *AWB* ein. Drücken Sie anschließend die *INFO.*-Taste und wählen Sie die Vorgabe *Auto: Priorität Weiß* aus.

▲ *Umschalten des automatischen Weißabgleichs auf* Auto: Priorität Weiß

Mit den Weißabgleichvorgaben arbeiten

Wenn die Weißabgleichautomatik versagt, muss es nicht gleich kompliziert werden und der manuelle Weißabgleich oder das Mitfotografieren einer Graukarte durchgeführt werden. Immerhin bietet die 5DS [R] ja ein ganzes Panel voreingestellter Optionen an, die typische Lichtszenarien abdecken. Um eine Vorgabe auszuwählen, stellen Sie einen der Aufnahmemodi *P* bis *C3* ein. Drücken Sie dann die Taste WB·◉ und drehen Sie am Schnellwahlrad, um die Vorgabe direkt zu ändern. Alternativ können Sie auch das Schnellmenü dafür verwenden.

Vorgaben für natürliches Licht

Die Vorgabe *Tageslicht* ☀ eignet sich besonders für Außenaufnahmen bei hellem Licht vom späten Vormittag bis zum frühen Nachmittag. Auch für Sonnenuntergänge und Aufnahmen von Feuerwerk ist diese Funktion ganz brauchbar. Allerdings liefert sie für unser Empfinden häufig etwas zu kühl wirkende Bilder mit hohem Blauanteil, was etwas an das Verhalten von AWB erinnert (siehe voriges Beispiel mit den Eicheln).

▲ *Auswahl der Weißabgleichvorgabe im Schnellmenü*

Für Aufnahmen im Freien bei mittlerer bis starker Bewölkung und Nebel, aber auch bei Dämmerung und Sonnenauf-/-untergang ist die Vorgabe *Wolkig* ☁ gedacht. Hier werden die Gelb-Rot-Anteile moderat verstärkt. Uns persönlich gefallen die Ergebnisse mit dieser Vorgabe meist sehr gut, da sie einen guten Kompromiss aus etwas mehr Gelbanteil und dadurch wärmerer Farbwirkung, aber noch realistischer Motivwiedergabe darstellt.

Alle Bilder: 1/3200 Sek. | f/3,2 | ISO 100 | 200 mm

▲ Links: Weißabgleichvorgabe *Tageslicht* (ca. 5.200 K)
Mitte: Weißabgleichvorgabe *Wolkig* (ca. 6.000 K)
Rechts: Weißabgleichvorgabe *Schatten* (ca. 7.000 K)

Für Außenaufnahmen mit abgeschatteten Bereichen oder Motiven, die sich komplett im Schatten befinden, wird die Vorgabe *Schatten* 🏠 empfohlen. Auch geeignet ist dieser Modus bei Dämmerung und Sonnenauf-/-untergang. Generell betont die EOS 5DS [R] die Gelb-Rot-Anteile hier noch einmal stärker. Da die Bilder unserer Erfahrung nach oftmals etwas zu gelb werden, verwenden wir persönlich auch bei Motiven im Schatten häufiger die Vorgabe *Wolkig*.

Für Motive, die überwiegend durch Blitzlicht aufgehellt werden, hat die 5DS [R] die Vorgabe *Blitz* ⚡ an Bord. Da Blitzlicht farblich dem Sonnenlicht zur Mittagszeit ähnelt, können Sie diese Einstellung alternativ zur Vorgabe *Tageslicht* verwenden. Sie steht beim Filmen allerdings nicht zur Verfügung.

Vorgaben für künstliche Lichtquellen

Die Weißabgleichvorgabe *Kunstlicht* empfiehlt sich bei Motiven, die mit Glühlampen oder mit Leuchtstofflampen einer vergleichbaren Lichtfarbe beleuchtet werden. Für Leuchtstofflampen, die in warmen oder kalten Weißtönen strahlen, können Sie die Vorgabe *Leuchtstoff* verwenden. Letztere ist auch gut für stimmungsvolle Bilder bei Kerzenlicht geeignet.

Wenn sich jedoch, wie bei den gezeigten Bildern, das künstliche Licht der Lampen mit dem natürlichen Sonnenlicht mischt, wie in den folgenden Bildern auf dem Strassenpflaster, entstehen unschöne Farbstiche in Richtung Blau (Vorgabe) oder Rosa (Vorgabe). Diese können Sie aber mit der anschließend vorgestellten Weißabgleichkorrektur entfernen.

> ### ✓ Wasser blau darstellen
> Der *Kunstlicht*-Weißabgleich eignet sich auch für mit Blitzlicht aufgenommene Bilder von „farblosem" Wasser, zum Beispiel bei Bildern eines springenden Wassertropfens. Das Wasser wird unter Tageslichtbeleuchtung intensiv blau wiedergegeben.

Alle Bilder: 1/20 Sek. | f/3,5 | ISO 800 | 22 mm

▲ Oben: Weißabgleich *Kunstlicht*. Der Blaustich auf dem Straßenpflaster kommt durch das restliche Tageslicht zustande. Mitte: Weißabgleich *Leuchtstoff* mit einem Rosastich aufgrund des Tageslichtanteils. Unten: Weißabgleich *Kunstlicht* mit den Korrekturwerten A8/G1.

> ### ✓ RAW-Flexibilität
> Wenn Sie die Bildqualität RAW verwenden, steht es Ihnen frei, den Weißabgleich später flexibel auf Ihr Motiv abzustimmen. Das ist mit allen gängigen RAW-Konvertern möglich, wie Adobe Lightroom, Adobe Photoshop, Photoshop Elements, Gimp oder dem mitgelieferten Digital Photo Professional. Trotz der Flexibilität sollten Sie aber stets versuchen, den Weißabgleich beim Fotografieren schon weitestgehend korrekt einzustellen, damit die Bildqualität nicht in der späteren Farbverschiebung leidet. Es kann nämlich durchaus vorkommen, dass bei extremen Korrekturen das Bildrauschen stark zunimmt.

Den Weißabgleich korrigieren

Farbstichen, die beispielsweise in Mischlichtsituationen entstehen, können Sie in den Modi *P* bis *C3* mit einer Weißabgleichkorrektur ent-

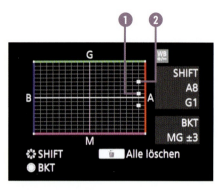

▲ Weißabgleichkorrektur A8/G1, kombiniert mit der automatischen Weißabgleichreihe BKT mit einer Streuung der Farben in Richtung Grün-Magenta.

 **Anzahl Reihenaufnahmen**

Wie viele Reihenaufnahmen die 5DS [R] anfertigt, lässt sich mit der Individualfunktion *Anzahl Belichtungsreihenaufnahmen* einstellen (siehe Seite 332).

gegensteuern. Die entsprechende Funktion *WB-Korr.einst.* finden Sie entweder im Aufnahmemenü 2 oder im Schnellmenü rechts neben der Schaltfläche für den Weißabgleich. Setzen Sie darin den Cursor ❶ mit dem Multi-Controller an die gewünschte Stelle, in unserem Fall weg von **B**lau (B) in Richtung Gelb (A = **A**mber)/**G**rün (G).

Auch können Sie mit dem Schnellwahlrad eine automatische Reihenfunktion aktivieren, das Weißabgleich-Bracketing *BKT* ❷. Nach links gedreht erzielen Sie eine Streuung in Richtung Grün-Magenta, nach rechts gedreht variieren die Aufnahmen im Blau-Gelb-Anteil.

Lösen Sie nur einmal aus. Es werden automatisch drei Bilder mit den unterschiedlichen Farbnuancen gespeichert, und das sowohl im JPEG- als auch im RAW-Format. Denken Sie auch daran, die Korrekturen wieder zu löschen; sie wirken sich sonst weiterhin auf alle Weißabgleichvorgaben aus.

6.2 Professionell arbeiten mit manuellem Weißabgleich

Bilder, die bei Kunstlicht, mit Blitzlicht im Studio oder draußen an einer schattigen Stelle oder bei bedecktem Himmel aufgenommen werden, landen mit dem automatischen Weißabgleich der EOS 5DS [R] farblich nicht immer korrekt auf der Speicherkarte. Es machen sich mehr oder weniger sichtbare Farbstiche bemerkbar.

Manchmal sind es nur Nuancen, in denen sich die Bildergebnisse unterscheiden. Vergleichen Sie dazu einmal die beiden Pilzaufnahmen, die wir mit der 5DS R an einer schattigen Stelle im Wald fotografiert haben. Mit dem automatischen Weißabgleich ist die Farbgebung etwas zu bläulich geraten. Das Ergebnis des manuellen Weißabgleichs kommt der realen Situation wesentlich näher.

Beide Bilder: 8 Sek. | f/11 | ISO 50 | 100 mm

◀ *Links: Automatischer Weißabgleich*
Rechts: Manueller Weißabgleich

Wenn es um die farbgenaue Wiedergabe einer Szene, eines Produkts oder zum Beispiel auch einer Reprofotografie geht, ist es sinnvoll, den manuellen Weißabgleich durchzuführen.

Dazu bietet Ihnen die EOS 5DS [R] zwei Möglichkeiten: Entweder Sie verwenden ein weißes Objekt, ein Blatt Papier oder ein Taschentuch. Allerdings besitzen solche Objekte meist Aufheller, die den Weißabgleich beeinflussen können. Daher setzen Sie besser eine für den Weißabgleich geeignete Graukarte ein. Gehen Sie nun wie folgt vor:

1 Stellen Sie eines der Programme *P* bis *C3* ein und wählen Sie einen anderen Bildstil als *Monochrom*.

2 Richten Sie die 5DS [R] auf das weiße Objekt oder die Graukarte, sodass die Suchermitte vom Weiß bzw. Grau ausgefüllt ist.

Der Bildausschnitt muss nicht exakt der gleiche sein wie für das eigentliche Motiv, aber die Beleuchtung sollte identisch sein. Wenn der Autofokus die Graukarte nicht scharf stellen kann, fotografieren Sie sie einfach mit dem manuellen Fokus.

▲ *Um die Graukarte schattenfrei aufzunehmen, haben wir sie aus etwas mehr Distanz fotografiert und den Weißabgleich dann für alle Fotos, die im gleichen Motivumfeld entstanden sind, verwendet.*

Kapitel 6 Farbkontrolle mit Weißabgleich und Bildstil

▲ Auswahl des Referenzbilds für den manuellen Weißabgleich

3 Prüfen Sie das Bild im Monitor. Es kann unscharf sein, sollte aber weder zu dunkel noch zu hell sein. Möglicherweise müssen Sie die Belichtung korrigieren und das Foto erneut schießen.

Wenn das Foto zu dunkel ist, funktioniert die Einstellung des Weißabgleichs nicht optimal.

4 Navigieren Sie nun ins Aufnahmemenü 2 und öffnen Sie die Rubrik *Custom WB*. Suchen Sie sich das soeben aufgenommene Bild aus und bestätigen Sie die Auswahl mit der *SET*-Taste.

Den anschließenden Dialog bestätigen Sie über die *OK*-Schaltfläche mit *SET*. Danach verlassen Sie das Menü durch Antippen des Auslösers.

5 Wählen Sie nun mit der Taste WB·◉ und dem Schnellwahlrad den manuellen Weißabgleich aus. Wenn Sie das Fotomotiv jetzt erneut fotografieren, sollte die Farbgebung wesentlich realistischer erscheinen, und natürlich werden auch alle anderen Bilder, die Sie in der gleichermaßen beleuchteten Umgebung fotografieren, ohne Farbstich auf dem Sensor landen.

Die Farbtemperatur numerisch einstellen

▲ Einstellen der Farbtemperatur im Schnellmenü

Wenn Sie im RAW-Format fotografieren und nicht ständig zwischen den Weißabgleichvorgaben hin und her wechseln möchten, legen Sie mit der Vorgabe *Farbtemperatur* K einfach einen Wert für alle Situationen fest.

Bei uns hat sich eine Vorgabe von 5.500 K als sehr praktikabel für alle Arten von Tageslicht und auch Mischungen aus Blitz- und Tageslicht erwiesen. Sie gibt den Bildern aus der EOS 5DS [R] eine gute Farbgrundlage mit auf den Weg, die situationsabhängig per RAW-Konverter mit oder ohne Graukarte oder Farbprofil nur noch leicht angepasst werden muss. Die Farbtemperatur lässt sich über das Schnellmenü Q oder das Aufnahmemenü 2 bei *Weißabgleich* einstellen.

1 Sek. | f/8 | ISO 100 | 24 mm

▲ Auch bei dieser Nachtaufnahme hat die Farbtemperatur von 5.500 K ein gutes Resultat geliefert.

Für Profis: individuelle Farbprofile erstellen

Ob bei Naturaufnahmen oder in der professionellen Produkt- und Werbefotografie, wenn Sie großen Wert auf eine farbverbindliche Darstellung legen, reicht die Einstellung des Weißabgleichs oft nicht aus. Denn auch die Kamera, das Objektiv und unterschiedliche Blitzsysteme können leichte Farbverschiebungen in den Bildern hervorrufen. Mit einer Farbkalibrierung lassen sich diese aber aus den Bildern herausfiltern.

Hierzu benötigen Sie allerdings eine Testkarte und die dazugehörige Software, beispielsweise von x-rite (ColorChecker Passport) oder Datacolor (SpyderCHECKR). Im Folgenden zeigen wir Ihnen, wie die Kalibrierung mit dem ColorChecker Passport und Adobe Lightroom abläuft.

▲ Foto der Testkarte

Fotografieren Sie zunächst ein Bild mit der Testkarte, indem Sie die Karte neben Ihr Motiv stellen, hier ein mit Pilzen bewachsener Baumstamm, oder drücken Sie die Karte Ihrem Model in die Hand. Die hellgrauen Kästchen im Bild sollten nicht überstrahlen. Nehmen Sie anschließend Ihre Bilder auf.

Nach der Fotosession importieren Sie das Testkartenfoto und alle nachfolgenden Bilder, die unter identischen Bedingungen entstanden sind, in Adobe Lightroom. Markieren Sie das Testkartenfoto und wählen Sie *Datei/Exportieren* (Strg/cmd+ ⇧+E). Stellen Sie im nächsten Fenster bei *Exportieren auf* die Vorgabe *Festplatte* ❶ ein. Wählen Sie bei *Speicherort für Export* einen Ordner aus, der die Basisdateien für die

▼ Exporteinstellungen in Lightroom für das Testkartenbild

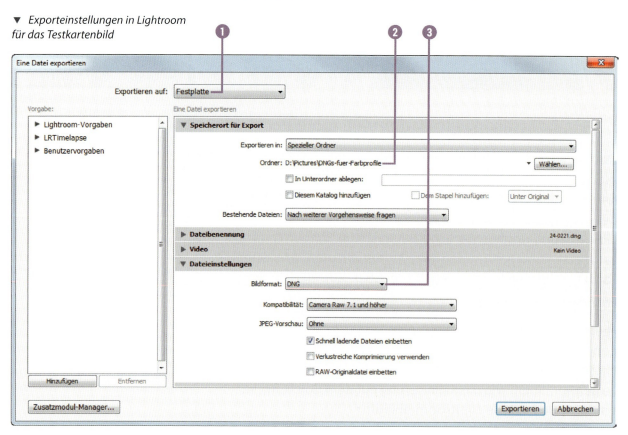

178   Kapitel 6   Farbkontrolle mit Weißabgleich und Bildstil

Profilerstellung enthalten soll, hier *DNGs-fuer-Farbprofile* ❷. Bei *Dateieinstellungen* wählen Sie bei *Bildformat* die Vorgabe *DNG* ❸.

Mit der Schaltfläche *Exportieren* wird der Prozess gestartet. Schließen Sie Adobe Lightroom. Das ist wichtig, damit das anschließend erstellte Profil später auch erkannt wird.

Öffnen Sie nun die Software ColorChecker Passport. Ziehen Sie die exportierte DNG-Datei mit der Maus auf die freie Programmfläche oder wählen Sie *Datei/Bild hinzufügen*. Sollten die Farbfelder nicht automatisch erkannt werden, klicken Sie die vier Ecken der unteren Farbpalette an ❹.

Mit der Maus können Sie die Eckpunkte anfassen und versetzen, bis die grünen Rähmchen mittig auf den Farbfeldern liegen.

◂ *Auswahl der Farbpalette in der Software ColorChecker Passport*

Mit *Profil erstellen* starten Sie die Verarbeitung. Geben Sie dem Profil einen aussagekräftigen Namen, etwa eine Kombination aus Kameramodell, Objektiv (100Makro, 70-200,

24TS-E), Blitztyp (off, 600EX-RT) und Aufnahmesituation (Studio, Bewölkt, Sonnig). Danach können Sie das Programm wieder schließen und Adobe Lightroom öffnen.

▶ *Farbprofil erstellen*

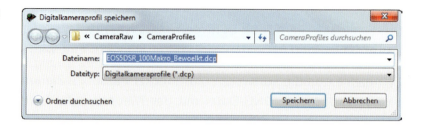

Wechseln Sie bei Lightroom in den Arbeitsbereich *Entwickeln* ❻ und klicken Sie auf die Weißabgleich-Pipette ❼. Damit können Sie anhand der Testkarte nun als Erstes den Weißabgleich einstellen, indem Sie auf eines der hellgrauen Felder innerhalb der oberen Palette des ColorCheckers klicken. Für Porträts ist die Reihe ❺ und für Naturaufnahmen die Reihe darunter gedacht. Damit ist der Weißabgleich schon einmal optimiert.

▶ *Weißabgleich anhand der Testkarte optimieren*

Für das Anwenden des zuvor erstellten Farbprofils wählen Sie unten im Bereich *Kamerakalibrierung* bei *Profil* das hinterlegte Farbprofil aus, hier *EOS5DSR_100Makro_Bewoelkt* ❽. Beobachten Sie die Farbfelder der Testkarte genau. Meist ändern sich die Intensitäten der Blautöne am deutlichsten und der Kontrast wird angepasst.

◀ *Kamerakalibrierung mit dem zuvor erstellten spezifischen Farbprofil*

Um die Werte für den Weißabgleich und das Kameraprofil auf die eigentlichen Bilder zu übertragen, wählen Sie *Einstellungen/Einstellungen kopieren*. Im nächsten Dialogfenster sollten nur die Optionen *Weißabgleich*, *Prozessversion* und *Kalibrierung* mit einem Häkchen versehen sein.

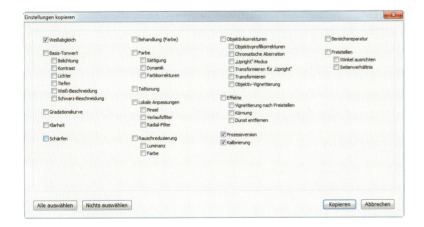

◀ *Kopieren der Werte Weißabgleich, Prozessversion und Kalibrierung*

Danach wählen Sie eines oder mehrere Bilder aus, die Sie mit den gleichen Werten versehen möchten, und wählen *Einstellungen/Einstellungen einfügen*. Anschließend können Sie die Bilder einzeln hinsichtlich Belichtung, Schärfe und Rauschunterdrückung weiterbearbeiten.

▶ *Die Weißabgleich- und Kalibrierungswerte wurden auf das Bild angewandt. Es kann nun weiterverarbeitet werden.*

6.3 Verwendung der Bildstile

Wenn wir ein Motiv vor Augen haben, geht bei uns meistens das Kopfkino schon an, bevor der Auslöser überhaupt gedrückt wird. Wir stellen uns vor, dass die Landschaft vor der Linse besonders eindrucksvoll wirken würde, wenn die Farben kräftig und der Kontrast hoch sind, oder sich die Strukturen und Formen eines Gebäudes in Schwarz-Weiß besonders prägnant darstellen ließen. Mit den *Bildstilen* (Picture Styles) der EOS 5DS [R] lassen sich solche Vorstellungen in die Tat umsetzen. Bildstile beeinflussen die Bildwirkung durch vorgegebene Werte für die *Schärfe*, den *Kontrast*, die *Farbsättigung* und den *Farbton*. Bei der monochromatischen Darstellung können *Filtereffekte* und *Tonungseffekte* gewählt werden. All diese Bildeigenschaften wirken sich auf JPEG-Fotos direkt aus und können bei RAW-Bildern nachträglich angewandt werden.

1/125 Sek. | f/9 | ISO 200 | 27 mm | –⅔ EV
▲ Bildstil **Landschaft**

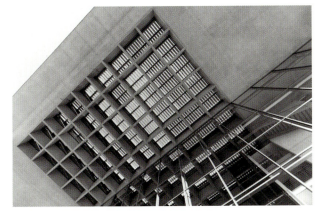

1/200 Sek. | f/2,8 | ISO 100 | 16 mm | +1 EV
▲ Bildstil **Monochrom**

1/800 Sek. | f/4 | ISO 100 | 100 mm
▲ Bildstil **Feindetail**

Der neue Bildstil Feindetail

Besonders interessant bei den Bildstilen ist der Neuzugang *Feindetail*, der von Canon aufgrund der hohen Auflösung der 5DS [R] eingeführt wurde. Die Durchzeichnung und die Schärfe in den Motivdetails werden damit noch besser herausgearbeitet als bei den anderen Bildstilen.

Daher eignet sich dieser Bildstil als Standardeinstellung, wenn Sie direkt verwendbare JPEG-Bilder benötigen und eine RAW-Nachbearbeitung nicht gewünscht oder projektbedingt nicht möglich ist. Aber auch sonst können wir Ihnen diesen Bildstil auf jeden Fall empfehlen.

Vom Erscheinungsbild her ähnelt *Feindetail* der Vorgabe *Standard*. Es findet jedoch eine komplexere Abstimmung der Scharfzeichnung und der Kontraste statt. Vergleichen Sie hierzu einmal die beiden 100 %-Ausschnitte. Das Bild mit dem Bildstil *Feindetail* sieht ein wenig schärfer aus und besitzt eine bessere Durchzeichnung, die sich hier vor allem an den hellen Stellen der Steine bemerkbar macht.

▶ *Oben: 100 %-Ausschnitt Bildstil* **Feindetail**
Unten: 100 %-Ausschnitt Bildstil **Standard**

Bildstile auswählen und anpassen

Um einen bestimmten Bildstil zu verwenden, drücken Sie die Taste und wählen mit dem Multi-Controller die Rubrik *Bildstil* aus. Das ist in allen Aufnahmemodi außer der Automatischen Motiverkennung möglich.

Nach einer Bestätigung mit der *SET*-Taste können Sie sich für eine Bildstilvorgabe entscheiden und dies ebenfalls mit *SET* bestätigen.

Wenn Sie die einzelnen Parameter, die sich hinter jedem Bildstil verbergen, anpassen möchten, drücken Sie nach der Auswahl des Bildstils nicht die *SET*-, sondern die *INFO.*-Taste. Navigieren Sie dann zur gewünschten Option, zum Beispiel *Feinheit* beim Bildstil *Feindetail*, und drücken Sie *SET*.

Stellen Sie den Wert wie gewünscht ein und bestätigen Sie dies mit der *SET*-Taste. Sind alle Detaileinstellungen erledigt, können Sie den Auslöser antippen, um das Menü zu verlassen, und das Bild mit Ihrem individuellen Bildstil aufnehmen.

Stärke, Feinheit, Schwelle

Die neuen Schärferegler *Stärke*, *Feinheit* und *Schwelle* des Bildstils *Feindetail* stehen praktischerweise auch bei allen anderen Bilstilen zum Anpassen zur Verfügung. Mit *Stärke* wird die Scharfzeichnung festgelegt.

Achten Sie darauf, dass an den Motivrändern keine weißen oder schwarzen Säume entstehen, die eine Überschärfung andeuten. Der Wert 4 ist meist als Höchstwert ausreichend. Mit *Feinheit* werden sehr feine Details geschärft.

Bei Landschaften sind Werte bis 4 sinnvoll und bei Porträts Werte bis 2 geeignet, um die Hautstruktur nicht zu stark zu betonen. Mit dem Regler *Schwelle* können Sie glatte Motivflächen von der Scharfzeichnung ausnehmen und die Körnung des Bilds beispielsweise im Himmel oder auf der Haut verringern.

▲ *Aufrufen des Bildstil-Menüs*

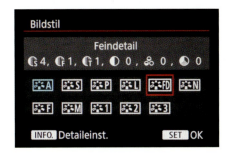

▲ *Auswahl der Vorgabe Feindetail*

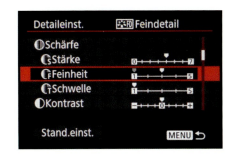

▲ *Bildstil Feindetail mit erhöhter Feinheit*

Bildstile in der Übersicht

Im Folgenden finden Sie Kurzbeschreibungen zu den Eigenschaften der verschiedenen Bildstile:

- *Auto*: Farbe, Kontrast und Schärfe werden an die von der EOS 5DS [R] erkannte Motivart angepasst, sodass die Darstellung bei einem Landschaftsmotiv in etwa dem Bildstil *Landschaft* entspricht und die eines Porträts dem Bildstil *Porträt*.

- *Standard*: Recht kräftige Farben und eine gute Schärfe sorgen bei einem Großteil der Motive für eine ausgewogene Darstellung.

- *Porträt*: Speziell auf Hauttöne abgestimmte Farbgebung und verringerte Schärfe, um Nahaufnahmen von Gesichtern optimal in Szene zu setzen. Über die Anpassung des Farbtons können Sie die Hautfarbe anpassen. Mit nach links verschobenem Regler werden die Rottöne verstärkt, nach rechts verschoben erscheint die Haut gelblicher.

- *Landschaft*: intensiviert die natürlichen Blau- und Grüntöne. Die Bilder wirken wie früher die Dias mit kräftigen Farben (zum Beispiel Landschaften, Blüten). Aber Achtung: An sich kräftige Motivfarben können zu bunt werden, und die Schärfung ist bei kontrastreichen Motivkanten manchmal zu stark. Passen Sie den Bildstil dann entsprechend an.

- *Feindetail*: schärft feine Motivdetails möglichst optimal nach, sodass die Bilder direkt für den Druck geeignet sind. Die lokalen Kontraste werden gut durchzeichnet wiedergegeben. Dieser Bildstil ist als Standardeinstellung empfehlenswert, insbesondere, wenn die JPEG-Bilder nicht weiter nachbearbeitet werden sollen.

- *Neutral*: neutrale, natürlich wirkende Farbgebung, kann zum Beispiel gut als Basis genutzt werden, wenn Bilder oder Filme am Computer weiter optimiert werden sollen.

- *Natürlich*: gedeckte Farbtöne, die aber etwas intensiver sind als beim Bildstil *Neutral*. Dafür erscheint das Bild matter. Der Stil eignet sich ebenfalls für Bilder, die am Computer weiterverarbeitet werden sollen, und insbesondere für Aufnahmen, die mit Weißabgleichwerten unter 5.200 K aufgenommen wurden, wie zum Beispiel mit der Vorgabe *Leuchtstoff* oder *Kunstlicht*.

- *Monochrom*: Schwarz-Weiß-Darstellung, die mit Filtereffekten (Gelb, Orange, Rot, Grün) und Tonungseffekten (Sepia, Blau, Violett, Grün) verschiedentlich aufgepeppt werden kann. Die Filtereffekte wirken wie die Farbfilter aus der analogen Fotografie und können z. B. weiße Wolken plastischer herausarbeiten. Die Tonungseffekte färben das gesamte Schwarz-Weiß-Bild ein.

Eigene Bildstile entwerfen

Es gibt drei freie Plätze für eigene Bildstile. Um den Stil zu ändern, wählen Sie einen der Speicherplätze *Anw. Def.* aus und gehen dann mit der *INFO.*-Taste zu *Detaileinst.* Darin wählen Sie zuerst einen Grundstil aus, zum Beispiel *Monochrom* ❶.

Danach können Sie die zugehörigen Bildeigenschaften anpassen, wobei Ihnen praktischerweise die aufgefächerten Schärferegler *Stärke*, *Feinheit* und *Schwelle* des neuen Bild-

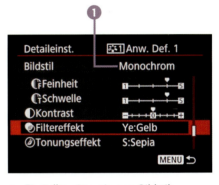

▲ *Einstellen eines eigenen Bildstils*

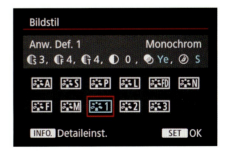

▲ *Farblich markierte Änderungen*

> **Bildstil nachträglich ändern?**
> Der Bildstil lässt sich bei JPEG-Fotos nachträglich nicht mehr ändern. RAW-Dateien können Sie hingegen am Computer mit der Software **D**igital **P**hoto **P**rofessional (DPP) jeden beliebigen Bildstil verpassen. Die zugehörige Auswahlfunktion ist dort unter der Rubrik *Bildart* zu finden. Auch im RAW-Konverter von Photoshop, Photoshop Elements oder Lightroom gibt es Canon-spezifische Bildstile zur Auswahl, außer *Monochrom* und *Feindetail*. Sie finden sie dort jeweils im Bereich *Kamerakalibrierung* bei *Kameraprofil* oder *Profil*. Die Verarbeitung ist aber nicht zu 100 % vergleichbar mit den Bildstilen aus der Kamera oder von DPP.

Kapitel 6 Farbkontrolle mit Weißabgleich und Bildstil

stils *Feindetail* bei allen Grundstilen zur Verfügung stehen. Bei der späteren Auswahl des eigenen Bildstils werden die von Ihnen abgeänderten Werte farblich hervorgehoben.

Bildstile aus dem Internet verwenden

Sollten Sie viel Spaß daran haben, mit den verschiedenen Bildstilen kreative Bildeffekte zu erzielen, muss es nicht bei den Voreinstellungen bleiben. Auf den Internetseiten von Canon gibt es eine ganze Reihe weiterer Bildstile, die Sie sich herunterladen können (*http://web.canon.jp/imaging/picturestyle/index.html*).

▲ *Etwas zu diesige Bildwirkung mit dem Bildstil Feindetail*

1/60 Sek. | f/2,8 | ISO 640 | 73 mm

▶ *Mit dem Bildstil CLEAR konnte der Dunst aus dem Bild entfernt werden.*

Entsprechend den dort angegebenen Anleitungen können Sie diese PF2-Dateien entweder in die Kamerasoftware der 5DS [R] integrieren oder sie mit Digital Photo Professional nutzen.

Um neue Bildstile in die Kamerasoftware zu integrieren, verbinden Sie die EOS 5DS [R] mit dem Computer und starten die Canon-Software EOS Utility (siehe auch ab Seite 408). Wählen Sie den Eintrag *Kamera-Einstellungen* und danach aus der Liste die Option *Bildstildatei registrieren*.

◀ Aufrufen der Bildstilregistrierung

Klicken Sie eine der drei Registerkarten mit freien Bildstilplätzen an und öffnen Sie den Computerordner, in dem Sie die heruntergeladene PF2-Datei gespeichert haben. Wählen Sie einen Bildstil aus, hier *CLEAR*, und bestätigen Sie die Aktion mit *OK*. Danach schließen Sie EOS Utility wieder, schalten die Kamera aus und ziehen das Schnittstellenkabel ab. Den neuen Bildstil können Sie nun über die Taste 📝 oder im Schnellmenü aufrufen. Hier haben wir *CLEAR* auf dem ersten freien Speicherplatz abgelegt.

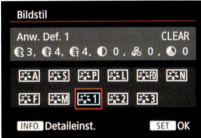

▲ Auswahl des gewünschten Stils Neu in der 5DS [R] registrierter Bildstil *CLEAR*

6.4 Farbraum und Farbmanagement

Ist es Ihnen auch schon einmal passiert, dass die Farben beim Ausdruck des Bilds auf dem eigenen Drucker oder die Bilder, die vom Ausbelichter gekommen sind, irgendwie flau und blass wirken? Wenn ja, dann kann das an einer falschen Einstellung oder einer vergessenen Anpassung des Farbraums gelegen haben. Der Farbraum definiert alle Farbtöne, die theoretisch in einem Bild vorkommen können, auch wenn nicht alle Farben in Ihrem Foto enthalten sind. Jede Farbe wird hierbei durch bestimmte Werte der

▲ Auswahl des Farbraums

drei Grundfarben **R**ot, **G**rün und **B**lau (RGB) definiert. Diese Werte nutzen Bildschirme und Drucker, um die Farben korrekt darzustellen. Ihre EOS 5DS [R] bietet nun die Möglichkeit, zwischen zwei Farbräumen auszuwählen: sRGB und Adobe RGB – zu finden im Aufnahmemenü 2 bei *Farbraum* (Programme *P* bis *C3*).

1/2000 Sek. | f/5,6 | ISO 100 | 24 mm| +⅔ EV

▶ Oben: Das Original im Farbraum Adobe RGB wurde korrekt in sRGB konvertiert und die Farben entsprechen der realen Situation.
Unten: Die Konvertierung vom Adobe-RGB- in den sRGB-Farbraum wurde vergessen, sodass die Farben ungewollt flau aussehen.

Die beiden Farbräume unterscheiden sich in der Anzahl der maximal darstellbaren Farben. In der Grafik ist zu sehen, dass die Farbvielfalt von sRGB kleiner ist als die von Adobe RGB, vor allem im grünen Bereich. Adobe RGB besitzt somit mehr farbliche Reserven und eignet sich daher vorwiegend für Bilder, die aufwendig nachbearbeitet werden. Dieser Farbraum ist auch die geeignetere Vorstufe, um die Bilder in den Druckfarbraum CMYK umzuwandeln und sie im Vierfarbdruck professionell ausdrucken zu lassen.

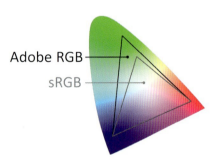

▲ Die schematischen Farbräume Adobe RGB und sRGB

Für die Darstellung am Computer, im Internet und den direkten Ausdruck auf dem eigenen Drucker reicht hingegen sRGB völlig aus. Auch wenn Sie mit Software arbeiten, die kein Farbmanagement unterstützt, ist sRGB der besser geeignete Farbraum, weil er einfach eine höhere Verbreitung aufweist. Beim Verschicken der Fotos zu externen

Ausbelichtern sollten Sie in den meisten Fällen auch den sRGB-Standard verwenden, es sei denn, der Anbieter empfiehlt andere Einstellungen. Denken Sie aber daran, dass es nicht sinnvoll ist, sRGB-Bilder in Adobe RGB umzuwandeln, denn die fehlenden Farbtöne des kleineren Farbraums sRGB können nicht wieder hinzuaddiert werden, um Adobe RGB zu erreichen. Jedem, der sich nicht unbedingt in die Tiefen des professionellen Farbmanagements begeben möchte, sei geraten, den voreingestellten Farbraum sRGB beizubehalten. Dann kann es auch nicht passieren, dass die Farben ungewollt flau wirken, weil bei der Bildbearbeitung notwendige Konvertierungsschritte vergessen wurden.

Farbmanagement: Monitor und Drucker kalibrieren

Das Wissen um den Weißabgleich, Bildstil und Farbraum ist bei der farbrealistischen Bildwiedergabe nur die halbe Miete. Denn wenn die Bilder an einem unkalibrierten Monitor betrachtet werden, kann dieser Farbstiche vorgaukeln, die im Bild vielleicht gar nicht vorhanden sind. Werden die Aufnahmen dann farblich so optimiert, dass sie an diesem Monitor optimal aussehen, werden die Farbverschiebungen spätestens im Druck wieder augenfällig, oder wenn die Aufnahmen auf einem anderen Monitor betrachtet werden. Monitorkalibrierungsgeräte gibt es inzwischen zu fairen Preisen, z. B. Spyder5EXPRESS von Datacolor oder ColorMunki Smile von x-rite. Hierbei werden die Monitorfarben gemessen und so eingestellt, dass Neutralgrau auch neutral grau aussieht. Alle anderen Farben werden darauf abgestimmt. Und wenn Sie eine Kalibrierungslösung wählen, die auch noch für das Messen und Kalibrieren von Druckern geeignet ist, wie Spyder5STUDIO von Datacolor, EasyPIX2 von Eizo oder ColorMunki Photo von x-rite (Letzteres setzen wir beispielsweise ein), steht einem professionellen Farbmanagement vom Fotografieren bis zum Ausdruck nichts mehr im Wege.

▲ *Spyder5 Colorimeter (Bild: Datacolor)*

▲ *ColorMunki Photo bei der Monitorkalibrierung*

Perfekter Blitzlichteinsatz mit der 5DS [R]

Nicht immer reicht das vorhandene Licht aus, um ein Motiv perfekt auszuleuchten. Dann schlägt die Stunde des Blitzlichts. Erfahren Sie in diesem Kapitel alles über die umfangreichen Blitzoptionen Ihrer EOS 5DS [R] und fügen Sie den Blitz mal harmonisch, mal dominant in Ihre Bilderwelten ein. Dank der kabellosen Steuerfunktionen des Canon-EX-Multi-Flash-Systems steht es Ihnen frei, den Blitz auch entkoppelt von der Kamera im Raum zu positionieren. Flexibilität pur herrscht also auch im Blitzbereich!

7.1 Blitzlicht, Blitzgeräte und E-TTL II

Von kleineren und größeren Systemblitzgeräten bis hin zum Makroring- oder Zangenblitz gibt es eine Riesenauswahl an unterschiedlichen Gerätetypen, mit denen die EOS 5DS [R] um ein passendes Zusatzlicht erweitert werden kann.

Die prinzipielle Funktionsweise ist dabei jedoch allen mehr oder minder gemein. Es handelt sich um Elektronenblitzgeräte, die das Licht mit elektrischer Energie und Xenongas erzeugen.

Bei den Blitzgeräten befindet sich das Xenongas in der Blitzlampe und die benötigte Hochspannungsenergie wird im Kondensator aufgebaut, einer Einheit, die in unmittelbarer Nähe zur Blitzlampe im Blitzkopf verbaut ist.

Ein Vorteil der Elektronenblitzkonstruktion besteht in der extrem kurzen Entladungszeit des Blitzlichts. Daher eignet sich dieser Mechanismus auch so gut für die Fotografie. Denn gerade hier kommt es auf punktgenaues Zusteuern des Blitzlichts innerhalb von Sekundenbruchteilen an.

▼ *Bestandteile eines externen Systemblitzgeräts, gezeigt am Canon Speedlite 430EX III-RT (Bilder: Canon)*

Ein weiterer Vorteil des Xenongases ist, dass der Elektronenblitz von der Farbtemperatur her in etwa Tageslicht aussendet. Blitzlicht harmoniert somit perfekt mit dem natürlichen Sonnenlicht und lässt sich daher prima zur Aufhellung unerwünschter Schattenpartien einsetzen.

Blitzsteuerung mit E-TTL II

Die EOS 5DS [R] besitzt eine ausgeklügelte Blitzlichtsteuerung. Diese zielt darauf ab, eine möglichst gelungene Mischung aus vorhandenem Umgebungslicht und zugeschaltetem Blitzlicht zu realisieren. Diese Blitzsteuerung wird mit dem Begriff *E-TTL II* bezeichnet.

Vom Prinzip her läuft die Messung der Blitzbelichtung in zwei Phasen ab. Zuerst misst die Kamera bei halb gedrücktem Auslöser das Umgebungslicht der Szene. Wird der Auslöser dann durchgedrückt, zündet ein kurzer, in seiner Leistung abgeschwächter Messblitz, und es erfolgt eine zweite Messung. Dieser Vorgang läuft kaum bemerkbar innerhalb von Millisekunden ab.

▲ *Schematischer Ablauf der E-TTL-Blitzsteuerung*

Der Messblitz dient dazu, das Blitzlicht und das gemessene Umgebungslicht optimal aufeinander abzustimmen. Bei den

Blitzmessung: Mehrfeld oder Integral?

Ähnlich der Belichtungsmessung können Sie bei der Blitzmessung zwischen zwei Methoden auswählen: **Mehrfeld** und **Integral**. Die Funktion **E-TTL II Mess.** finden Sie im Aufnahmemenü 1 bei **Steuerung externes Speedlite**. Als Standard empfiehlt sich die Mehrfeldmessung, die beispielsweise auch das oder die aktiven AF-Messfelder in die Blitzmessung miteinbezieht. Die Integralmessung kann aber hilfreich sein, wenn ein dunkles Objekt vor hellem Hintergrund, etwa ein Porträt im Gegenlicht, zu schwach beleuchtet wird.

▶ *Ändern der Blitzmessmethode*

Messungen wird das Licht erfasst, das durch das Objektiv auf den Sensor trifft, daher die Bezeichnung **TTL** = **T**hrough **t**he **L**ens, also eine Steuerung „durch die Linse". Das Canon-spezifische **E** steht für **E**valuative und bezieht sich auf die Messtechnik, die die Kontrast- und Helligkeitsbeschaffenheit der Szene mit einberechnet.

Die Zahl *II* verdeutlicht das aktuelle Messverfahren mit integrierter Entfernungsmessung. E-TTL II funktioniert aber nur mit Canon-Objektiven, die Entfernungswerte an die Kamera übermitteln. Andere Objektive sind somit zwar E-TTL-, aber nicht E-TTL-II-tauglich. Schauen Sie daher am besten einmal in den Unterlagen Ihrer Objektive nach, ob diese eine sogenannte Datenweitergabe zur Abstandsinformation zulassen (oder alternativ bei den technischen Daten des jeweiligen Objektivs auf den Canon-Internetseiten).

Den Blitz über das Menü steuern

Unabhängig vom Gerätetyp sollte der Systemblitz sich natürlich möglichst flexibel steuern lassen und die ein oder andere Spezialfunktion zur Verfügung stellen. Dazu zählen vor allem die Blitzbelichtungskorrektur und das Blitzen mit sehr kurzen Belichtungszeiten. Wie später noch gezeigt wird, hat die EOS 5DS [R] selbstverständlich beides im Programm.

▲ *Menü Steuerung externes Speedlite*

Zur Steuerung angeschlossener Blitzgeräte besitzt die Kamera eine übersichtliche Blitzsteuerung, die Sie im Aufnahmemenü 1 bei *Steuerung externes Speedlite* finden.

Darüber können Sie alle Canon Speedlites und einige kompatible Geräte anderer Hersteller (z. B. Metz, Yongnuo) direkt über die Kamera regulieren.

Die Canon EX Speedlites und viele andere Canon-kompatible Blitzgeräte besitzen überdies individuelle Menüeinstellungen. Diese können Sie in den Modi *P* bis *C3* im Menü *Steuerung externes Speedlite* über *Blitz C.Fn Einstellungen* aufrufen und anpassen, sobald der Blitz angebracht und eingeschaltet ist.

▲ *Blitzfunktionen einstellen*

7.2 Systemblitzgeräte für die EOS 5DS [R]

Von kleineren und im Funktionsumfang etwas eingeschränkteren Geräten bis hin zu Profisystemblitzen können Sie Ihre 5DS [R] auf vielfältige Art und Weise mit einem externen Blitz aufwerten. Im Folgenden finden Sie als Anhaltspunkte einige interessante Geräte aus jedem Leistungsbereich.

Canon Speedlite 90EX

Im Canon-Sortiment ist das **Speedlite 90EX**, das ursprünglich für die EOS M entwickelt wurde, der kompakteste und mit der Leitzahl 9 auch der schwächste Blitz. Die Blitzleistung entspricht in etwa der eines integrierten Blitzgeräts.

Am sinnvollsten ist die Verwendung dieses Blitzes an der EOS 5DS [R] als Master-Blitz für die kabellose Fernsteuerung entfesselter Blitze. Allerdings ist dies nur über optische Signale möglich, also nicht mit der neueren Funktechnik von Canon.

▲ *Das Speedlite 90EX kann nur über das Kameramenü gesteuert werden (Bild: Canon).*

Außerdem kann der Blitz im Master-Modus selbst kein Licht zu Aufnahme beitragen. Er besitzt aber immerhin ein AF-Hilfslicht, um den Autofokus in dunkler Umgebung zu unterstützen, und kann natürlich auch als kleiner On-Camera-Blitz zur Motivaufhellung eingesetzt werden.

Die Hi-Speed-Synchronisation fehlt jedoch und die Leuchtfläche ist auf Weitwinkelperspektiven mit 24 mm Brennweite ausgelegt.

Canon Speedlite 270EX II

Klein, aber fein, so könnte man das **Speedlite 270EX II** beschreiben. Der kompakte und leichte Blitz spendet in vielen Situationen ein hilfreiches Zusatzlicht, das sich aufgrund des neigbaren Reflektors sogar indirekt über die Decke leiten lässt. Selbst kleinere Räume lassen sich damit ausleuchten, und mit der Hi-Speed-Synchronisation können Sie auch mit Belichtungszeiten bis zu 1/8000 Sek. fotografieren.

Im Slave-Modus lässt er sich zudem über optische Signale drahtlos auslösen. Hierfür benötigen Sie aber zusätzlich einen Steuerblitz (Master) oder einen Transmitter auf der Kamera, da die EOS 5DS [R] ja kein integriertes Blitzgerät besitzt. In puncto Größe und Gewicht (ca. 155 g) ist er fast unschlagbar – ein vielseitiger Reisebegleiter also.

> **Die Leitzahl**
>
> Die Leistung eines Blitzgeräts wird durch die Leitzahl ausgedrückt, wobei gilt: Leitzahl = Reichweite × Blendenwert. Je höher die Leitzahl, desto stärker ist die Lichtmenge, die der Blitz auszusenden vermag, und damit auch die maximal mögliche Reichweite bei einer bestimmten Blendeneinstellung. Wobei die Bezugsgrößen, die die Hersteller bei der Angabe der Leitzahl machen, häufig variieren. Nur wenn sich die Angaben alle auf den gleichen ISO-Wert, die gleiche Blende und den gleichen Leuchtwinkel beziehen, ist die Leitzahl des einen Geräts mit der des anderen direkt vergleichbar.

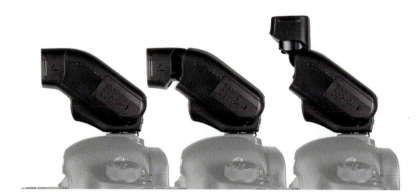

▶ *Canon Speedlite 270EX II in Standardposition (Leitzahl 22), mit ausgezogenem Blitzkopf (Leitzahl 27) und mit nach oben geklapptem Blitzkopf für das indirekte Blitzen*

Canon Speedlite 320EX

Dieser immer noch recht kompakte Blitz mit einer Leitzahl von 32 hat es in sich. Durch den dreh- und neigbaren Reflektor lässt sich das Licht in jede beliebige Richtung lenken. Überdies kann der 320EX im Slave-Modus über optische Signale drahtlos von einem Master-Blitz oder einem Canon-Transmitter angesteuert werden.

Hinzu kommt die Möglichkeit, per Hi-Speed-Synchronisation auch mit Belichtungszeiten bis zu 1/8000 Sek. fotografieren zu können.

Und es gibt eine Videoleuchte. Das LED-Licht ist jedoch recht schwach und reicht für eine Videoaufhellung bei starkem Gegenlicht nicht aus. Aufgrund der guten Lichtleistung und Flexibilität des Blitzes sowie der übersichtlichen Bedienung ist das etwa 360 g leichte Gerät aber empfehlenswert.

▲ *Speedlite 320EX (Bild: Canon)*

Canon Speedlite 430EX III-RT

Das neue **Speedlite 430EX III-RT** zählt auch noch zu den leichteren Modellen. Aufgrund des Zoomreflektors passt sich die Lichtintensität der eingestellten Objektivbrennweite an, sodass die Blitzleistung optimal ausgenutzt wird und höhere Reichweiten möglich sind.

Mit der ausklappbaren Streuscheibe können zudem Weitwinkelperspektiven und Makromotive besser ausgeleuchtet werden. Die Hi-Speed-Synchronisation ist nutzbar, sodass auch mit Belichtungszeiten bis 1/8000 Sek. fotografiert werden kann. Das **Speedlite 430EX III-RT** ist zudem masterfähig und kann andere Blitzgeräte, die mit dem Canon-Funksystem kompatibel sind, wie die **Speedlites 430EX III-RT**, **600EX-RT** oder auch **YN600EX-RT** von Yongnuo, über Distanzen von bis zu 25 m fernsteuern.

▶ *Canon Speedlite 430EX III-RT mit ausgeklappter Streuscheibe und weißer Catchlight-Scheibe. Mitgeliefert wird auch ein Blitzdiffusor und ein Farbfilter, um bei Kunstlicht ohne Farbstich blitzen zu können.*

Außerdem kann der Blitz im Slave-Modus entfesselt betrieben und entweder per Funk oder mit der älteren optischen Steuerung fernausgelöst werden. Damit bietet das Gerät enorm viel Flexibilität zum moderaten Preis und ist damit sehr empfehlenswert.

Metz mecablitz 52 AF-1 digital für Canon

Hinsichtlich Größe und Gewicht (ca. 346 g) lässt sich der **Metz mecablitz 52 AF-1** am ehesten mit dem Speedlite 430EX III-RT vergleichen.

Er beherrscht die Hi-Speed-Synchronisation, die bei Metz mit dem Kürzel HSS gekennzeichnet ist. Der Blitz ist zudem mit dem Canon-E-TTL-Remote-Betrieb kompatibel und kann sowohl als Master auf der Kamera wie auch als abgekoppelter Blitz zum Einsatz kommen.

▲ *Metz mecablitz 52 AF-1 digital (Bild: Metz)*

Zusätzlich lässt er sich auch durch systemunspezifische Blitzimpulse fernauslösen (Servo-Betrieb). Last, but not least besitzt er eine praktische Bedienung mittels Touchscreen. Prädikat: viel Leistung zum guten Preis.

Canon Speedlite 600EX und 600EX-RT

Zweifellos sind die **Speedlites 600EX** und **600EX-RT** die vielseitigsten und leistungsstärksten Geräte im Canon-Sortiment. Beide können als Master- oder Slave-Blitz fungieren. Sie besitzen alle Funktionen, die man von einem professionellen Systemblitz erwarten würde.

Der 600EX-RT kann andere mit dem Canon-Blitzfunksystem kompatible Geräte per Funk auslösen. Die älteren masterfähigen Canon-Blitze (**580EX**, **580EX II**) und der **600EX** nutzen hierfür optische Signale, die auf Sicht arbeiten.

▲ *Canon Speedlite 600EX-RT auf der EOS 5DS R*

Die TTL-Funktechnik erhöht die Fernauslösereichweite auf etwa 25–30 m und ist nicht auf Sichtkontakt zwischen den Geräten angewiesen. Damit ist die kabellosen Steuerung äußerst flexibel und viel zuverlässiger. Allerdings wird dann auch ein Funkauslöser auf der Kamera benötigt, also zum Beispiel ein weiteres **600EX-RT-**Gerät oder ein **Speedlite 430EX III-RT** oder der **Transmitter ST-E3-RT**.

Für alle, die viel Leistung, gepaart mit einer umfangreichen Ausstattung, anstreben, ist das Speedlite 600EX-RT auf jeden Fall zu empfehlen.

Geräte anderer Hersteller

Weitere interessante E-TTL-fähige Blitzgeräte gibt es zum Beispiel auch von Sigma (EF-610 DG Super), Nissin oder Yongnuo (YN565EX II, YN600EX-RT). Bei besonders günstigen Nachbauten kann es aber vorkommen, dass die angegebene Blitzleistung nicht erreicht wird. So wiesen die beiden von uns getesteten YN600EX-RT-Geräte zwar eine vergleichbare Funktionalität auf, aber die Leistung der Blitze lag ein bis zwei Blendenstufen unter den Canon-Speedlite-600EX-RT-Geräten. Vor allem beim indirekten Blitzen in dunkler Umgebung machte sich dies deutlich bemerkbar. Dennoch stellen die preisgünstigen Drittherstellergeräte eine gute Alternative fürs schmalere Budget dar.

Lichtformer für Systemblitzgeräte

Wenn das Bild größtenteils von Blitzlicht aufgehellt wird, können harte Schattenränder und unschöne Reflexionen entstehen. Dem können Sie mit einfachen Hilfsmitteln begegnen.

Soften Sie das Licht beispielsweise mit einem Handdiffusor ab, den Sie zwischen den Blitz und das Objekt halten – am besten möglichst dicht ans Fotomotiv, dann wird die Ausleuchtung am weichsten.

Oder befestigen Sie einen Blitzdiffusor am Blitzgerät (z. B. Softbox III von LumiQuest).

Wenn Sie häufiger mit entfesselten Geräten fotografieren, können Sie auch größere Softboxen oder Reflexionsschirme einsetzen (z. B. von flash2softbox, Magic Square Softbox oder Lastolite Ezybox Hotshoe). Sehr schönes Licht erzeugen fast kreisrunde Softboxen, etwa die SMDV Speedbox 70 oder die Firefly Beauty Box 65.

▲ *Systemblitz an der SMDV Speedbox-70*

7.3 Kreative Blitzsteuerung

Mit den Aufnahmemodi *P*, *Tv*, *Av* und *M* können Sie die Blitzdosis gezielt steuern und so für eine gelungene Mischung aus vorhandener Lichtquelle und Blitzlicht sorgen.

Blitzen mit der Programmautomatik

Die Programmautomatik *P* zielt mit eingeschaltetem Blitz vor allem auf Verwacklungssicherheit ab. Der Modus eignet sich damit für Schnappschüsse bei wenig Licht. Jedoch können Sie keine längeren Belichtungszeiten als 1/60 Sek. nutzen. Entsprechend dunkel wird alles im Bild sein, was nicht ausreichend Blitzlicht abbekommt. Durch Erhöhen des ISO-Wertes können Sie zwar dagegen ansteuern, aber das hilft nur in Maßen.

▼ *Für die Aufnahme hatten wir wenig Zeit, daher wurde im Modus P schnell der Blitz eingeschaltet, um den Vordergrund ein wenig aufzuhellen.*
1/200 Sek. | f/9 | ISO 400 | 24 mm

Was bei eingeschaltetem Blitz auch nicht geht, ist das Variieren der Blende mittels Programmverschiebung. Der Spielraum ist daher relativ begrenzt. Für einen wirklich kreativen Umgang mit dem Blitz sind die Modi *Tv*, *Av* und *M* besser geeignet.

Kreativ blitzen mit der Zeitautomatik Av

Mit der Zeitautomatik **Av** haben Sie die Gestaltung der Schärfentiefe voll im Griff. Und das ist praktischerweise mit eingeschaltetem Blitz auch so. Setzen Sie Ihr Motiv also nach Lust und Laune mal vor einem diffusen Hintergrund in Szene oder lassen Sie mehr Schärfentiefe im Bild zu.

Wichtig zu wissen ist, dass *Av* immer dafür sorgt, dass die vorhandene Beleuchtung auch ohne Blitz schon zu richtig

▼ *Das kreative Spiel mit der Schärfentiefe ist im Modus Av auch mit Blitzlicht möglich.*
1/160 Sek. | f/5 | ISO 100 | 100 mm | Speedlite 600EX-RT | LumiQuest Softbox III

belichteten Fotos führt. Das Blitzlicht wird somit nur zur Schattenaufhellung hinzugefügt. Das bedeutet aber auch, dass bei wenig Licht mit einer langen Belichtungszeit zu rechnen ist, die bis auf 30 Sek. ansteigen kann. Dafür ist die Ausleuchtung aber generell sehr gut auf den Hintergrund abgestimmt und das Foto sieht nicht blitzlastig aus.

In heller Umgebung kann es vorkommen, dass die Belichtungszeit bei 1/200 Sek. steht und blinkt. Setzen Sie in dem Fall den ISO-Wert herab und erhöhen Sie eventuell auch den Blendenwert, um die angezeigte Überbelichtung zu vermeiden. Oder besser noch, blitzen Sie mit Hi-Speed-Synchronisation.

Die Synchronisationszeit

Die kürzeste Belichtungszeit, die Sie im normalen Blitzmodus mit der EOS 5DS [R] nutzen können, beträgt 1/200 Sek. Verantwortlich für diese Beschränkung ist der Mechanismus des Kameraverschlusses. Dieser erlaubt Blitzbelichtungszeiten nur bis zur sogenannten Synchronzeit. Nur bis zu dieser Zeit kann der Kameraverschluss für die Bildaufnahme vollständig geöffnet sein, sodass der Sensor einmal ganz freigelegt wird und das gesamte Foto etwas von dem nur kurz aufleuchtenden Blitzlicht abbekommt. Mit der später vorgestellten Hi-Speed-Synchronisation können Sie dies aber umgehen.

Blitzsynchronzeit anpassen

Für verwacklungsfreie Aufnahmen bei schlechten Lichtverhältnissen hat Ihre 5DS [R] einen weiteren Trumpf in petto. Mit der Funktion *Blitzsynchronzeit bei Av* können Sie *Av* zur Anwendung kurzer Belichtungszeiten zwingen. Zu finden ist diese Option im Aufnahmemenü 1 bei *Steuerung externes Speedlite*.

▲ *Festlegen der Synchronzeit für das Blitzen im Modus Av*

Mit der Einstellung *1/200-1/60Sek. automatisch* liegt die längste Belichtungszeit bei 1/60 Sek. und die kürzeste bei 1/200 Sek. Das kann sinnvoll sein, wenn Sie Personen im Innenraum ohne Stativ fotografieren möchten. Auf wechselnde Lichtverhältnisse müssen Sie weniger achten, die Bilder sollten stets richtig belichtet und verwacklungsfrei sein.

1/60 Sek. | f/8 | ISO 800 | 100 mm
| Speedlite 600EX-RT
| LumiQuest Softbox III

▲ *In stockdunkler Umgebung entdeckten wir diesen Igel und konnten ihn dank der Einstellung 1/200-1/60Sek. automatisch mit kurzer Belichtungszeit und ausreichender Schärfentiefe porträtieren.*

Allerdings kann der Hintergrund etwas zu dunkel werden, wenn die Umgebungshelligkeit für 1/60 Sek. nicht mehr ausreicht. Aktivieren Sie daher entweder die ISO-Automatik, die mit aktivem Blitz bei ISO 400 liegt, oder setzen Sie den ISO-Wert manuell auf höhere Werte.

Auch wenn in völliger Dunkelheit geblitzt werden muss, wie bei dem hier gezeigten Igel, ist die Einstellung wirklich gut zu gebrauchen.

Bei der Einstellung *1/200 Sek. (fest)* wird konstant bei 1/200 Sek. geblitzt. Bewegungsunschärfe wird auf diese Weise so gut wie komplett eliminiert. Allerdings kann der Hintergrund bei wenig Umgebungslicht oder zu schwachem Blitzlicht fast ganz schwarz werden. Das ist Geschmackssache, kann aber auch zu spannenden Bildern führen.

Tv und M – oder das Spiel mit der Zeit

In den Modi *Tv* und *M* können Sie die Belichtungzeit selbst festlegen und darüber steuern, wie viel Umgebungslicht in die Blitzaufnahme einfließen soll.

Solange die 5DS [R] bei der gewählten Zeit genügend Hintergrundlicht mit einfangen kann, dient der Blitz nur als Aufheller. Wenn Sie kürzere Belichtungszeiten wählen, wird der Blitz hingegen immer stärker zur Hauptlichtquelle.

Ganz extrem kann es bei einer starken Unterbelichtung werden. Das Bild ist dann ohne Blitz nahezu schwarz, während das Ergebnis mit Blitz fast wie eine Studioaufnahme vor schwarzem Pappkarton daherkommt.

Bei dem Prachtflossensauger an der Aquarienscheibe haben wir genau das jedoch extra provoziert, denn wir wollten eine besonders plakative Wirkung der Fischunterseite mit den filigranen Flossenstrukturen erzielen.

Ähnliches wie im zweiten Bild mit dem schwarzen Hintergrund passiert beispielsweise auch, wenn Sie in großen Räumen fotografieren und die Grundbelichtung ohne Blitz zu wenig vorhandenes Licht einfängt. Alles, was zu weit vom Blitz entfernt ist, versinkt dann in Dunkelheit und das angeblitzte Motiv wirkt häufig zu hell oder umgangssprachlich ausgedrückt „plattgeblitzt".

Wenn Sie das vermeiden möchten, gilt es, die Grundbelichtung anzuheben. Dies können Sie durch Verlängern der Belichtungszeit im Modus *Tv* oder durch Verlängern der Belichtungszeit und Verringern des Blendenwertes im Modus *M* erreichen.

Hinzu kommt die Möglichkeit, die Lichtempfindlichkeit des Sensors über die ISO-Einstellung zu erhöhen und das Bild dadurch noch heller zu gestalten.

1/60 Sek. | f/3,5 | ISO 800 | 100 mm

◄ Die vorhandene Beleuchtung fließt in das Bild ein (Belichtungsstufenanzeige mittig).

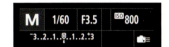

1/50 Sek. | f/10 | ISO 100 | 100 mm

◄ Durch die Unterbelichtung wird das Aquarienlicht aus dem Bild ausgeschlossen. Eine Blitzsoftbox sorgte für die harmonische Blitzausleuchtung.

7.4 Feinabstimmung der Blitzdosis

Sollte Ihnen die Blitzlichtmenge einmal zu intensiv oder zu schwach erscheinen, denken Sie in jedem Fall daran, dass auch der Blitz in seiner Intensität reguliert werden kann. Er gibt dann eine stärkere oder eine gedrosselte Lichtmenge ab. Mit dieser *Blitzbelichtungskorrektur* lässt sich die Lichtmischung sehr flexibel beeinflussen.

Alle Bilder: 1/60 Sek. | f/8 | ISO 200 | 28 mm | Speedlite 600EX-RT

▲ *Links: Blitzkorrektur 0*
Mitte: Blitzkorrektur –1
Rechts: Blitzkorrektur –2

Blitzaufnahmen bei Tage im Seiten- oder Gegenlicht gelingen meist mit einer reduzierten Blitzlichtmenge sehr gut. Beim indirekten Blitzen über die Decke oder bei Verwendung von Softboxen kann es dagegen sinnvoll sein, mit einer erhöhten Blitzintensität mehr Power aus dem Blitzgerät herauszuholen.

In den Modi **P** bis **C3** kann die Blitzdosis um ±3 Stufen angepasst werden, indem Sie die Taste ⚡·ISO drücken und am Schnellwahlrad drehen. Möglich ist es bei vielen Geräten auch, die Korrektur direkt am Blitz einzustellen. Die blitzseitige Korrektur hat aber Vorrang vor der kameraseitigen Einstellung. Im Eifer des Fotografierens kann es dadurch etwas komplizierter sein, den Überblick zu behalten. Verwenden Sie daher am besten immer nur eine der beiden Einstellungsmöglichkeiten. Alternativ können Sie die Korrektur auch im Schnellmenü vornehmen. Oder Sie navigieren in das Aufnahmemenü 1 zu *Steuerung externes Speedlite*. Wählen Sie darin *Blitzfunktion Einstellungen* und anschließend das Symbol ⚡.

▲ *Blitzbelichtungskorrektur einstellen*

Übrigens, um keine unkontrollierbaren Bildaufhellungen durch die kamerainterne JPEG-Verarbeitung zu riskieren, schalten Sie am besten auch die Automatische Belichtungsoptimierung aus.

Blitzbelichtungs-Bracketing

Mit einem geeigneten Blitzgerät wie dem Speedlite 600EX (-RT) können Sie die Bilder automatisch mit drei unterschiedlichen Blitzintensitäten aufnehmen. Dazu stellen Sie im Aufnahmemenü 1 bei *Steuerung externes Speedlite* und *Blitzfunktion Einstellungen* den *FEB*-Wert ein (**F**lash **E**xposure **B**racketing = Blitzbelichtungsreihe). Lösen Sie anschließend drei Bilder aus. Die FEB-Funktion stellt sich danach wieder auf 0 um, es sei denn, Sie stellen im Menü *Steuerung externes Speedlite*/*Blitz C.Fn Einstellungen* die Option *FEB Automatische Löschung* auf *Deaktiviert*.

▲ *Aktivieren der automatischen Blitzbelichtungsreihe*

7.5 Blitzeinsatz in heller Umgebung

Wenn Sie in heller Umgebung oder bei Gegenlicht mit niedrigen Blendenwerten fotografieren, um eine schöne Freistellung Ihres Motivs zu erzielen, und dann störende Schatten mit dem Blitz aufhellen möchten, können unerwartet total überbelichtete Bilder entstehen.

Der Grund dafür liegt in der *X-Synchronzeit* der 5DS [R], die das Blitzen nur bis zu einer Belichtungszeit von 1/200 Sek. erlaubt. Mit der sogenannten Hi-Speed- oder Kurzzeitsynchronisation können Sie dieses Problem aber umgehen. Dafür benötigen Sie allerdings einen geeigneten Systemblitz, wie etwa die Speedlites 270EX II/320EX/430EXIII-RT oder 600EX(-RT). Außerdem steht die Funktion nur in den Modi *P*, *Tv*, *Av* oder *M* zur Verfügung. Der Blitz kann dann mit bis zu 1/8000 Sek. ausgelöst werden.

Einschalten lässt sich die Hi-Speed-Synchronisation im Aufnahmemenü 1 bei *Steuerung externes Speedlite*. Wählen Sie darin den Eintrag *Blitzfunktion Einstellungen* und aktivieren Sie anschließend die Option *Hi-Speed* ⚡H. Alternativ lässt sich dies aber, je nach Gerät, auch schneller am Systemblitz selbst umstellen.

Achten Sie auf die Anzeige der Reichweite ❶ am Blitzgerät, wenn es entsprechende Informationen zur Verfügung stellt, denn die Reichweite sinkt mit dem Verkürzen der Belichtungszeit enorm.

▲ *Blitzreichweite bei aktiver Hi-Speed-Sync.*

1/1000 Sek. | f/4,5 | ISO 400 | 75 mm | Speedlite 600EX-RT | Hi-Speed

▲ Trotz des hellen Hintergrunds ließ sich das Porträt mit der mittenbetonten Messung optimal belichten. Zusätzlich sorgte der Blitz für ein wenig frontale Aufhellung und Spitzlichter in den Augen.

7.6 Kreative Blitzaufnahmen bei Dunkelheit

Bewegungen lassen sich nicht nur durch die Wahl einer kurzen Belichtungszeit einfrieren, sondern beispielsweise auch durch das Hinzufügen einer extrem kurzen Lichtphase. Das können Sie sich für kreative Wischeffekte bei Party- oder Eventfotos zunutze machen.

Wenn Sie beispielsweise mit der Blendenautomatik *Tv* eine lange Belichtungszeit und einen hohen ISO-Wert einstellen und während der Belichtung am Entfernungsring Ihres Objektivs drehen oder die 5DS [R] mit dem Motiv mitziehen, entstehen spannende strahlen- oder streifenförmige Lichtspuren. Wenn Sie dann noch eine gute Portion Blitzlicht hinzufügen, erhalten Sie eine Mischung aus unscharf

verzogenen Umgebungslichtern und vom Blitzlicht scharf abgebildeten Motivbereichen.

Bei solchen Bildideen ist immer ein wenig Ausprobieren gefragt und man kann nie ganz genau sagen, wie das Foto aussehen wird. Aber genau das macht es natürlich auch spannend. Dabei können Sie auch einmal mit dem Zeitpunkt der Blitzzündung experimentieren. Lassen Sie den Blitz am Anfang der Belichtung zünden, wie er es in der Standardeinstellung immer macht; das nennt sich Blitzen auf den *ersten Verschluss*. Oder lassen Sie den Blitz erst am Ende der Belichtung zünden. Dafür gehen Sie im Aufnahmemenü 1 bei *Steuerung externes Speedlite* zur Rubrik *Blitzfunktion Einstellungen* und wählen die Option *2. Verschluss* ▷▶. Dank der E-TTL-Blitzsteuerung fügt sich das Blitzlicht harmonisch ins Bild ein.

0,5 Sek. | f/5,6 | ISO 800 | 90 mm | Speedlite 580EX II

▲ Mit einer Mischung aus Zoomen und Blitzen entstehen kreative Wischeffekte, bei denen das Hauptmotiv aber noch erkennbar bleibt.

▲ Synchronisation auf den zweiten Verschluss

7.7 Blitzen mit entfesselten Geräten

Wesentlich flexibler und professioneller lassen sich Systemblitzgeräte mit der EOS 5DS [R] verwenden, wenn sie getrennt von der Kamera, also entfesselt betrieben werden. Hierbei können Sie auf vier Arten vorgehen.

Canon-EX-Multi-Flash-System mit Master-Blitz

Ein Master-Blitzgerät im Blitzschuh der EOS 5DS [R] löst ein Remote- oder Slave-Blitzgerät entfesselt aus. Es gibt zwei Steuersysteme: die optische Signalübertragung und das neuere Funksystem.

▲ YN600EX-RT als Master und Speedlite 600EX-RT als entfesselter Blitz

Als Master kommen im aktuellen Canon-Sortiment die **Speedlites 90EX** (nur optisch), **430EX III-RT** (nur Funk), **600EX** (nur optisch) oder **600EX-RT** (optisch oder Funk) infrage , oder alternativ auch der **YN600EX-RT** von Yongnuo (optisch oder Funk). Als Slave-Geräte können Sie die **Canon Speedlites 270EX II** (nur optisch), **320EX** (nur optisch), **430EX III-RT** (optisch oder Funk), **600EX** (nur optisch) oder **600EX-RT** (optisch oder Funk) einsetzen, aber zum Beispiel auch viele Metz-Geräte (nur optisch) oder den **Yongnuo-Blitz YN600EX-RT** (optisch oder Funk).

Canon-EX-Multi-Flash-System mit Transmitter

Anstatt eines Master-Blitzgeräts können Transmitter verwendet werden, wie der **ST-E3-RT** von Canon (nur Funk), der **YN-E3-RT** von Yongnuo (nur Funk, zur Drucklegung dieses Buchs inkompatibel mit dem Speedlite 430EX III-RT) oder der **Canon-Transmitter ST-E2** (nur optisch). Die Geräte senden nur die Steuersignale aus und können selbst nicht blitzen.

▲ Transmitter YN-E3-RT an der Canon EOS 5DS R

Andere Funksender-Funkempfänger-Systeme

An der 5DS [R] wird ein Funksender und am Blitz ein Funkempfänger angebracht, zum Beispiel je ein **Yongnuo RF-603 II Transceiver** für Canon. Steuern Sie die Blitzintensität dann manuell am Blitzgerät und zünden Sie den Blitz anschließend von der Kamera aus. Hi-Speed-Blitzen ist damit allerdings nicht möglich.

Es gibt aber auch E-TTL-fähige Funksysteme, zum Beispiel von Yongnuo (YN-622C-TX) oder Pixel (King Pro/King X). Letzteres funktionierte bei unseren Tests sehr gut. Es kann aber auch zu Inkompatibilitäten zwischen Blitz, Funksystem und Kamera kommen. Achten Sie daher gut auf die Angaben der Hersteller.

▲ E-TTL-fähiger Funkempfänger Pixel King X am Speedlite 270EX II und Funkauslöser Pixel King Pro auf der EOS 5DS

Servo-Blitzgeräte

Ein nicht masterfähiger Blitz auf der EOS 5DS [R], wie das **Speedlite 270EX II**, sendet einen schwachen Lichtimpuls aus, auf den die Remote-Blitze reagieren.

Das funktioniert aber nur mit Geräten, die eine Fotozelle besitzen (Servo-Blitzgeräte), zum Beispiel mit dem **Sigma EF-610 DG Super** oder dem **Metz mecablitz 52 AF-1 digital**.

Die Blitzlichtmenge muss am Remote-Blitz manuell eingestellt werden können und der Blitz auf der Kamera sollte ebenfalls im manuellen Modus mit einer geringen Teilleistung betrieben werden, damit der E-TTL-Vorblitz die Servo-Auslösung nicht stört und das Licht nur gerade so als Trigger für die entfesselten Geräte ausreicht, nicht aber das Motiv aufhellt.

 Vorteil der Funksysteme

Das entfesselte Blitzen mit Funksystemen, egal ob mit dem Canon-eigenen System oder externen Sender/Empfänger-Geräten, hat drei entscheidende Vorteile: Die Reichweite ist höher (25 m und mehr), die Blitzgeräte müssen keinen Sichtkontakt haben, und helles Licht bei Außenaufnahmen hat keinen Einfluss auf die Kommunikation zwischen den Geräten.

Entfesselt blitzen mit dem Canon-EX-Multi-Flash-System

Das entfesselte Blitzen ist mit dem Canon-EX-Multi-Flash-System wirklich einfach geworden, weil die Blitzintensität vollautomatisch per E-TTL reguliert werden kann. Schauen Sie sich dazu einmal die beiden Bilder hier an.

1/15 Sek. | f/2,8 | ISO 100 | 100 mm | Transmitter YN-E3-RT (E-TTL) | Speedlite 600EX-RT | Stativ

▶ *Der entfesselte Blitz mit einer Softbox leuchtet von hinten rechts oben durch die Blätter hindurch.*

1/10 Sek. | f/2,8 | ISO 100 | 100 mm | Stativ

▶ *Bildwirkung ohne Blitz*

Zum Einsatz kamen hier ein Funktransmitter **YN-E3-RT** und ein **Speedlite 600EX-RT**, mit einer daran befestigten Softbox (**LumiQuest Softbox III**).

Bei dem ersten Foto strahlt das Blitzlicht von hinten rechts oben durch das Blattwerk hindurch, sodass die Aufnahme kontrastreich, farbintensiv und frisch wirkt, gerade so, als würde die Sonne durch das Grün hindurchscheinen. Dabei entstand das Foto an einem trüben Tag kurz vor Sonnenuntergang.

Die zweite Aufnahme haben wir ohne Blitz fotografiert. Der Kontrast fällt dadurch geringer aus, die Farben leuchten weniger und die Aufnahme wirkt stumpfer und zweidimensionaler.

Um mit dem Canon-EX-Multi-Flash-System zu arbeiten, versetzen Sie alle entfesselten Blitzgeräte in den Drahtlosbetrieb.

Dazu drücken Sie beispielsweise bei dem Speedlite **600EX-RT** die Taste so oft, bis die Anzeige *SLAVE* ❷ und entweder das Signal ❹ für die Funkübertragung oder für die optische Steuerung zu sehen ist. Der Blitz wartet jetzt auf das Zündungssignal der Kamera. Er empfängt automatisch Signale über Kanal 1 (*Ch. 1* ❸) und wird der Blitzgruppe *A* ❶ zugeteilt.

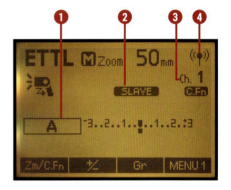

▲ *Entfesseltes Speedlite 600EX im Funk-Slave-Modus*

An der Kamera wird nun der Transmitter oder das Master-Blitzgerät vorbereitet. Dazu wählen Sie einen der Modi *P*, *Tv*, *Av* oder *M* aus und navigieren im Aufnahmemenü 1 zu *Steuerung externes Speedlite*. Wählen Sie darin den Eintrag *Blitzfunktion Einstellungen*.

Steuern Sie die Schaltfläche *Drahtlosfunktionen* an und wählen Sie darin die Option *Drahtlos:Funkübertragung*. Wenn Sie mit dem optischen System von Canon arbeiten, wählen Sie *Drahtlos:Optische Übertragung*.

▲ *Funkgesteuerte Drahtlosfunktion für funkfähige Master-Blitzgeräte und Funktransmitter*

Um die Verbindung zu testen, können Sie die M-Fn-Taste drücken. Der Master-Blitz oder Transmitter sendet daraufhin das Steuersignal und der oder die entfesselten Blitzgeräte lösen aus. Da die E-TTL-Messung die Blitzlichtmenge automatisch dosiert, sollte jetzt eigentlich alles stimmen.

Wenn Sie das optische System nutzen, stellen Sie die Kamera nun so auf, dass der Master/Transmitter Sichtkontakt zur unteren Frontseite des externen Blitzgeräts hat und der Abstand nicht mehr als 7 m beträgt.

Ist der Blitz näher aufgestellt, funktioniert das Auslösen aber auch, wenn der externe Blitz von der Kamera weg zeigt oder neben bzw. leicht hinter der Kamera steht. Sie können den Blitz auch so verdrehen, dass der Blitzkopf zum Motiv zeigt und die Basis zur Kamera. Im Funksystem spielt das keine Rolle.

Bei den gezeigten Bildern haben wir den Blitz einfach mit der rechten Hand an die gewünschte Stelle gehalten und die Kamera mit um 2 Sek. verzögerter Spiegelverriegelung mit der linken Hand vom Stativ aus ausgelöst.

Sollten sich die Slave-Blitze während Ihrer Fotosession zu früh abschalten, sodass sie gegebenenfalls von Hand reaktiviert werden müssen, verlängern Sie einfach die Bereitschaftszeit. Dies erfolgt am Blitzgerät selbst oder kann bei vielen Speedlites auch über *Steuerung externes Speedlite* der 5DS [R] erfolgen. Wählen Sie darin die Option *Blitz C.Fn Einstellungen* und setzen Sie den Wert bei *Autom.Stromabschaltung Slave* auf *60 Minuten*.

Wozu verschiedene Kanäle?

▲ *Funkkanal festlegen*

Im optischen System können Sie vier und bei der Canon-Funksteuerung 15 sogenannte Kanäle (*Ch* = Chanel) einstellen. Die Kanäle spielen immer dann eine Rolle, wenn mehrere Fotografen drahtlos blitzen und sich nicht ins Gehege kommen wollen. Jeder sucht sich einen Kanal aus, und schon können alle mit ihrem eigenen System arbeiten. Stellen Sie somit alle Blitzgeräte und die Kamera auf den jeweiligen Kanal ein, um ein geschlossenes System zu bilden.

Den Master-Blitz hinzuschalten

Wird als Steuergerät für die entfesselten Blitzgeräte selbst ein Blitz verwendet, kann dieser auch zur Aufhellung hinzugezogen werden. Das ist beispielsweise bei den Speedlites 430EXIII-RT und 600EX-RT möglich, bei dem Speedlite 90EX aber nicht.

Wählen Sie im Aufnahmemenü 1 bei *Steuerung externes Speedlite* den Eintrag *Blitzfunktion Einstellungen* und aktivieren Sie darin die Funktion *Master-Blitz Zündung*.

▲ *Master-Blitz Zündung aktivieren*

Über das Blitzverhältnis ❶ können Sie anschließend festlegen, ob der Master, der automatisch der Gruppe A zugeordnet wird, mit gleicher Blitzlichtmenge gesteuert werden soll (*ALL*) oder ob sich die Blitzlichtmenge von der der Slave-Geräte unterscheiden soll (*A:B* oder *A:B C*).

Im zweiten Fall wählen Sie anschließend das E-TTL-Blitzverhältnis ❷ aus. Bei 1:1 blitzen beide Gruppen gleich. Wenn Sie 8:1 wählen, ist die Lichtmenge des Masters A um drei ganze Lichtwertstufen höher als die der entfesselten Geräte in Gruppe B, und bei 1:8 verhält es sich genau umgekehrt.

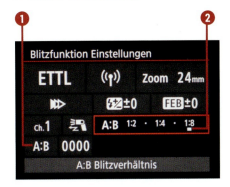

▲ *Der Master-Blitz (A) steuert im Verhältnis 1:8 weniger Licht bei als der Slave-Blitz (B).*

Damit der Master und die entfesselten Geräte auch unterschiedlich stark blitzen, müssen die Slave-Geräte aus der Gruppe A herausgenommen werden. Dazu stellen Sie am Blitzgerät im einfachsten Fall die Gruppe B ❸ ein.

Wenn Sie den Master nur als Steuergerät verwenden, können Sie die entfesselten Geräte in die beiden Gruppen A und B einteilen und im Verhältnis zueinander steuern. So könnten Sie beispielsweise eine Porträt im Studio von schräg vorn aufhellen und mit dem zweiten Blitz von hinten die Haare anstrahlen, um ein schönes Haar- oder Konturenlicht zu erzeugen. Mehr zum Blitzen mit Systemgeräten im Studio erfahren Sie ab Seite 234.

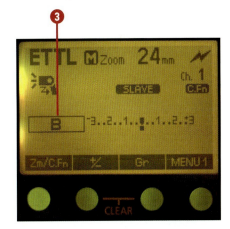

▲ *Zuordnen des entfesselten Speedlite-600EX-RT-Blitzgeräts zur Gruppe B*

Personen stilvoll porträtieren

Personen vor der Kamera zu haben, ist immer etwas Besonderes, denn kein anderes Motiv ist in der Lage, die Aussage einer Aufnahme allein durch seinen Habitus, seine Gestik und Mimik so nachhaltig zu beeinflussen wie der Mensch. Dabei ist es egal, ob es sich um ungestellte Aufnahmen handelt oder ob bei einem extra angesetzten Shooting alle Parameter bis hin zum Gesichtsausdruck des Models künstlerisch genauestens gesetzt werden können. Menschen zu fotografieren ist stets faszinierend und die 5DS [R] die perfekte Kamera dafür.

8.1 Das passende Porträtobjektiv auswählen

Eine der unbestrittenen Domänen der EOS 5DS [R] ist die Porträt- und People-Fotografie, denn hier kann sie ihre hohe Auflösung voll ausspielen. Gerade wenn es um Aufnahmen für Werbung oder im Fashionbereich geht, bei denen die Bilder besonders großflächig präsentiert werden sollen, ist das ein echtes Plus, und der Vollformatsensor tut ein Übriges, um Ihr Model schön vor dem Hintergrund freizustellen.

▼ *Bei Events verwenden wir gerne auch mal ein gutes Standard-Zoomobjektiv, um schnell auf sich bietende Fotogelegenheiten reagieren zu können.*
1/4000 Sek. | f/4 | ISO 100 | 64 mm | Speedlite 600EX-RT

Bestens geeignet dafür sind spezielle Porträtoptiken mit 50 oder 85 mm Brennweite. Sollten Sie ein Makroobjektiv mit um die 100 mm besitzen, ist auch dies für Porträtaufnahmen bestens geeignet. Konkrete Objektivempfehlungen finden Sie ab Seite 381.

Für Situationen, in denen häufiger unterschiedliche Abstände zu den aufzunehmenden Personen vorkommen und Sie aus diesem Grund flexibel bleiben möchten, ohne ständig das Objektiv wechseln zu müssen, ist ein gutes Standardzoomobjektiv im Bereich 24–70 mm empfehlenswert.

Was wählt der Profi?

Für professionelle Jobs verwenden wir mit der EOS 5DS [R] am liebsten das Canon-Festwinkelobjektiv EF 85 mm f/1,2L II USM und die Zoomobjektive Canon EF 24-70 mm f/2,8L II USM und Canon EF 70-200 mm f/2,8L II IS USM als Zoom. Das sind Objektive, die zwar nicht gerade günstig zu erwerben sind, aber aufgrund ihrer Qualitäten von vielen Canon-Berufsfotografen sehr geschätzt werden.

8.2 Aufnahmen von Einzelpersonen

Der Klassiker im Bereich der People-Fotografie ist das Einzelporträt, also das Aufnehmen einer einzelnen Person, die, perfekt in Szene gesetzt, die volle Aufmerksamkeit des Betrachters auf sich ziehen soll. Eine wichtige Kategorie ist dabei die Wahl des Bildausschnitts, der vom reinen Gesichtsporträt über das Schulterporträt und das Brustbild bis hin zum Ganzkörperporträt reicht.

▼ *Mit der längeren Telebrennweite konnten wir den Hintergrund weich ausblenden. Ein entfesselter Blitz von rechts oben sorgt für die prägnante Aufhellung, durch die sich das Model noch besser vom Hintergrund abhebt.*
1/1250 Sek. | f/2,8 | ISO 100 | 173 mm | Speedlite 600EX-RT

Abstand zum Hintergrund

Wenn Sie die Aufnahmebedingungen für die Porträtaufnahme selbst in der Hand haben, versuchen Sie, den Abstand zwischen Ihrem Model und dem Hintergrund möglichst groß zu halten. Auf diese Weise erzielen Sie die maximal mögliche Hintergrundunschärfe. Dabei kann es hilfreich sein, sich halb in die Hocke zu begeben, um störende Hintergrundobjekte noch besser aus dem Bild herauszuhalten.

▼ *Spontane Gruppenbilder ohne Regieanweisungen fangen die Situation und die Emotionen oft am besten ein, auch wenn auf dem Bild nicht alle Gesichter zu sehen sind.*

1/1250 Sek. | f/8 | ISO 200 | 18 mm

Um dies zu erreichen, sollten Sie mit möglichst offener Blende arbeiten und gegebenenfalls mit stärkeren Telebrennweiten fotografieren.

Gut funktionierende Kombinationen aus Brennweite und Blende sind beispielsweise f/1,2 bis f/2 bei 50 mm, f/1,2 bis f/2,8 bei 85 mm oder f/2,8 bis f/5,6 bei 200 mm.

8.3 Gruppenbilder gestalten

Gruppenaufnahmen stellen einen besonderen Fall in der Personenfotografie dar, da es gilt, mehrere bis sehr viele Menschen zu koordinieren und attraktiv ins Bild zu setzen.

Schön ist es natürlich, wenn die Gruppe sich so begeistert selbst organisiert, wie dies bei den Jugendlichen in Marra-

1/320 Sek. | f/8 | ISO 100 | 18 mm | Speedlite 600EX-RT

▲ *Der Systemblitz half, die Gesichtsschatten unter den Schirmmützen etwas aufzuhellen.*

kesch der Fall war. Häufig ist aber ein gutes Stück Motivationsarbeit notwendig, um alle Personen zum Mitmachen zu motivieren.

Ein wichtiger Aspekt betrifft die Schärfentiefe, denn gerade wenn Gruppen in die Tiefe gestaffelt stehen, sollen ja alle Personen von vorn bis hinten auch scharf dargestellt werden. Bei größeren Gruppen ist hier schon ein Vorteil, dass Sie meistens auf ein Weitwinkelobjektiv zurückgreifen müssen, was genügend Schärfentiefe erzeugt, um auch die hinterste Reihe noch gut erkennbar abzulichten.

Um die zur Verfügung stehende Schärfentiefe voll auszunutzen, kann es sinnvoll sein, den Fokus nicht auf die vorderste Reihe, sondern etwas dahinter zu setzen. Hierfür eignet sich der Einzelfeld-AF sehr gut, da sich hiermit problemlos selek-

Licht oder Schatten?

Vermeiden Sie unbedingt Orte, an denen ein Teil der Gruppe im Schatten steht und der andere in der Sonne. Dies führt zu unschönen Kontrasten. Und eine ganze Gruppe frontal in die Sonne sehen zu lassen, erzeugt lauter zugekniffene Augen. Am geeignetsten ist ein Platz im Schatten oder eine Aufnahme bei Gegenlicht mit Blitzaufhellung.

tiv einzelne Personen auch hinter der ersten Reihe anvisieren lassen. Um das Bild vorab zu überprüfen, können Sie beim Blick durch den Sucher die Schärfentiefe-Prüftaste der 5DS [R] verwenden. Dabei sollten Sie darauf achten, dass die erste Reihe trotz verschobener Fokusebene immer noch sehr scharf aussieht.

Bei Gruppen, die stark in Bewegung sind, sodass Sie die Beleuchtung nicht vollständig kontrollieren können, ist der Einsatz eines Systemblitzes zu empfehlen. Ungünstige Schatten auf den Gesichtern, die häufig sogar durch die Personen selbst erzeugt werden, lassen sich damit ausreichend aufhellen. Denken Sie beispielsweise an hochgerissene Arme bei einer Siegerehrung, wie wir Sie bei einem Poloturnier fotografiert haben. In solchen Situationen haben wir den Blitz immer auf der Kamera und können so schnell reagieren.

8.4 Porträts im Freien mit Systemblitz und Softbox

Selbstverständlich sind viele Porträtsituationen ohne zusätzliche Beleuchtung gut zu meistern. Mit einem Blitz können Sie aber recht einfach für besondere Effekte sorgen oder die Person noch besser vor dem Hintergrund hervorheben.

Ein unkomplizierter Aufbau für gelungene Porträts im Freien ist, einen Systemblitz etwa im Winkel 45° von oben und 45° von links oder rechts auf das Model zu führen. Hierfür ist es notwendig, den Blitz entfesselt zu betreiben, was entweder über ein Infrarot- oder ein Funksystem möglich ist. Das Funksystem hat den Vorteil, eine größere Reichweite zu besitzen und auch ohne Sichtkontakt zwischen Sender und Blitz zu funktionieren. Mehr zum entfesselten Blitzen finden Sie ab Seite 212.

Der Blitz kann nun entweder direkt verwendet oder mit einem Lichtformer versehen werden. Ohne Lichtformer erzeugt das Blitzlicht eine harte, markante Bildwirkung, wie in der Aufnahme zu Beginn dieses Kapitels auf Seite 221 zu sehen ist. Mit einer Softbox oder einem Reflexschirm wird das Licht etwas weicher. Den Blitz können Sie im E-TTL-Modus vollautomatisch regulieren und die Belichtung beispielsweise im Modus *Av* oder *M* einstellen.

Eine weitere interessante Variante ist das indirekte Blitzen über einen Reflektor, der in der Mitte eine Öffnung besitzt (z. B. Omega-Reflektor von Westcott). Damit ist es möglich, den Blitz direkt hinter dem Model zu platzieren, um eine Gegenlichtsituation mit einem schönen Konturenlicht (Rim-Light) zu erzeugen, und das in Richtung Kamera geleitete Licht gleichzeitig indirekt wieder vom Reflektor auf die Person zurückzuwerfen, um sie adäquat aufzuhellen.

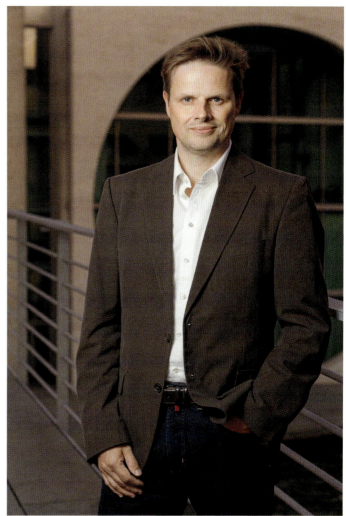

1/60 Sek. | f/4 | ISO 250 | 50 mm | Funktransmitter YN-ST-E3 (E-TTL) | Speedlite 600EX-RT | SMDV Speedbox 70

▲ *Bei dieser Aufnahme wurde manuell belichtet und darauf geachtet, dass der Hintergrund bereits ohne den Blitz hell genug aussah. Der Blitz wurde ohne weitere Korrekturen per E-TTL hinzugesteuert.*

◄ *Westcott-Omega-Reflektor*

Links: 1/80 Sek. | f/4 | ISO 400 | 50 mm
Rechts: 1/200 Sek. | f/4 | ISO 160 | 50 mm | −2 EV | Funktransmitter YN-ST-E3 (E-TTL) | Speedlite 600EX-RT | Westcott-Omega-Reflektor

▲ Links: Ohne Blitz wirkt die Szene vom Licht her weniger prägnant.
Rechts: Der Blitz von hinten erzeugt die Gegenlichtwirkung und der Silberreflektor, durch den wir hindurch fotografierten, hellt Mutter und Kind frontal mit indirektem Blitzlicht auf.

8.5 Moiré-Effekte vermeiden oder beseitigen

Um Bilder in perfekter Qualität anbieten zu können, ist es wichtig, den berüchtigten Moiré-Effekt zu vermeiden. Wobei wir vorneweg betonen möchten, dass es mit beiden Kameras gar nicht so einfach war, ein ordentliches Bildbeispiel mit einem echten Moiré zu erzeugen. Insbesondere für die EOS 5DS R ist das natürlich letztlich ein sehr positiver Befund, da Moiré-Effekte bei Sensoren ohne Tiefpassfilterung in der Regel häufiger auftreten. Mit Moiré wird ein optisches Artefakt beschrieben, das entsteht, wenn zwei Rasterstrukturen oder eine Raster- und eine Linienstruktur aufeinandertreffen und gegeneinander verdreht werden. Wenn sich die Strukturen ungünstig überlagern, entstehen Interferenzen, die sich im Bild als wellenförmige Kontrastlinien bemerkbar machen. Was dabei herauskommen kann, sehen Sie in den ersten beiden Bildausschnitten. Besonders gefürchtet ist der Moiré-Effekt bei Modeshootings und Bewerbungsaufnahmen.

1/2500 Sek. | f/2,8 | ISO 100 | 100 mm

▲ Ausgangsbild, in dieser Größe ist das Moiré nicht zu erkennen.

Links: 1/2500 Sek. | f/2,8 | ISO 100 | 100 mm

◄ Der Fokus lag auf der Jacke. Das Moiré aus der EOS 5DS ist an den hellen und dunklen Linien auf dem Stoff zu erkennen.

1/2500 Sek. | f/2,8 | ISO 100 | 100 mm

◄ Das Moiré aus der EOS 5DS R ist unter den identischen Bedingungen minimal stärker ausgeprägt, was für uns persönlich kein Grund wäre, auf die etwas knackigere Schärfe einer 5DS R zu verzichten.

Anzugstoffe mit eng verlaufenden Streifen oder regelmäßigen Mustern sind prädestiniert für diesen Effekt. Anfällig für Moiré sind aber auch Architekturaufnahmen, in denen eng zusammenstehende Strukturen, wie Gitter oder parallel verlaufende Linien, vorkommen. Um dem Moiré-Effekt entgegenzuwirken, gibt es zwei Möglichkeiten. Methode

Tiefpassfilterwirkung

Der Tiefpassfilter der EOS 5DS ist dafür vorgesehen, Moiré-Artefakte zu verhindern. Dazu werden die Bilder minimal weichgezeichnet, was allerdings auch zu einem leichten Schärfeverlust führt. Dennoch kann Moiré damit nicht gänzlich ausgeschlossen werden. Bei der EOS 5DS R, bei der die Tiefpassfilterwirkung durch den Tiefpassaufhebungsfilter ja wieder zurückgenommen wird, kann der Moiré-Effekt etwas stärker ausgeprägt sein.

Numero eins setzt im Prinzip auf den gleichen Effekt, den auch der Tiefpassfilter verwendet. Bringen Sie eine leichte Unschärfe an die Stelle des Moirés. Das gelingt bei Personen ganz gut, indem die Schärfe bei offener Blende von der Ebene des Stoffs auf die Augen verlagert wird. Durch die geringe Schärfentiefe wird die Jacke einen Hauch unschärfer abgebildet und schon ist das Moiré reduziert. Bei Architekturaufnahmen können Sie den Fokus manuell absichtlich etwas verschieben, sodass die von Moiré betroffene Bildstelle leicht unscharf abgebildet wird.

1/2500 Sek. | f/2,8 | ISO 100 | 100 mm

▶ Wird der Fokus von der Jacke etwas nach vorn auf die Ebene der Augen verlagert, schwächt sich das Moiré ab, weil die Jacke unschärfer abgebildet wird.

Alternativ gibt es die Möglichkeit, die Blende ein gutes Stück zu schließen, wir haben hier f/16 verwendet. Durch die bei der EOS 5DS [R] etwa ab f/11 auftretende Beugungsunschärfe wird das Moiré ebenfalls glattgebügelt und ist nur noch rudimentär zu erkennen. Allerdings ändert sich dadurch die Bildwirkung stärker, weil der Hintergrund an Schärfe zunimmt.

1/100 Sek. | f/16 | ISO 100 | 100 mm

▶ Hier lag der Fokus wieder auf der Jacke. Durch den erhöhten Blendenwert und die damit verbundene Beugungsunschärfe ließ sich das Moiré minimieren.

Moiré nur bei der Bildbetrachtung

In vielen Fällen ist der Moiré-Effekt gar nicht wirklich in der Bilddatei enthalten, sondern kommt nur dadurch zustande, dass die Aufnahme am Monitor kleiner dargestellt wird, als sie ist. Schauen Sie sich das Bild daher am Kameradisplay oder Computer in ein paar unterschiedlichen Größenstufen an. Tritt der Effekt nur bei manchen Zoomstufen auf, ist das Bild an sich artefaktfrei.

Sollten Sie einem Kunden eine solche Bilddatei mitgeben, ist es sinnvoll, ihn darauf hinzuweisen, dass es bei verkleinerter Betrachtung zu Moiré kommen kann und das Bild daher auf die Verwendungsgröße skaliert werden sollte. Oder liefern Sie die Bilder gleich in der benötigten Größe und Auflösung.

▲ Links: Wird das große Originalbild am Monitor in geringer Zoomstufe betrachtet, sind deutliche Moiré-Streifen sichtbar. Rechts: Wird die Bildgröße verringert, also die Pixelzahl des Bilds auf die Größe der Zoomstufe heruntergerechnet, verschwindet der Moiré-Effekt.

Sonderfall Farbmoiré

Ein anderer, ebenfalls als Moiré bezeichneter Effekt ist das sogenannte Farbmoiré. Es basiert auf dem Umstand, dass auf dem Kamerasensor jedes einzelne Pixel nur für einen bestimmten Farbbereich sensibel ist. Dieses Mosaik aus blauen, roten und grünen Pixeln wird als Bayer-Pattern bezeichnet.

Da jedes dieser Pixel nur eine bestimmte Farbinformation weiterleitet, muss, um die gesamte Farbinformation des

Motivs abzubilden, die fehlende Farbinformation aus den Nachbarpixeln interpoliert werden. Diese recht komplexen Berechnungen können an Stellen mit sehr feinen Strukturen und hohem Kontrast zu falschen Ergebnissen führen, die dann als Farbmoiré im Bild auftauchen.

Das Auftreten von Farbmoiré hängt also auch davon ab, welche Prozessorleistung eine Kamera zur Verfügung hat. Diesbezüglich ist die 5DS [R] mit ihren zwei DIGIC6-Sensoren sicherlich sehr gut aufgestellt, völlig ausgeschlossen ist das Auftreten von Farbmoiré damit aber natürlich nicht.

Im Gegensatz zum Moiré, das durch Gitterinterferenzen auftritt, lässt sich Farbmoiré in der Bildbearbeitung recht gut entfernen. Lightroom bietet extra dafür einen gut funktionierenden Moiré-Regler im Bereich des Korrekturpinsels (K) an.

▼ *Entfernen von Farbmoiré mit dem Korrekturpinsel von Lightroom*

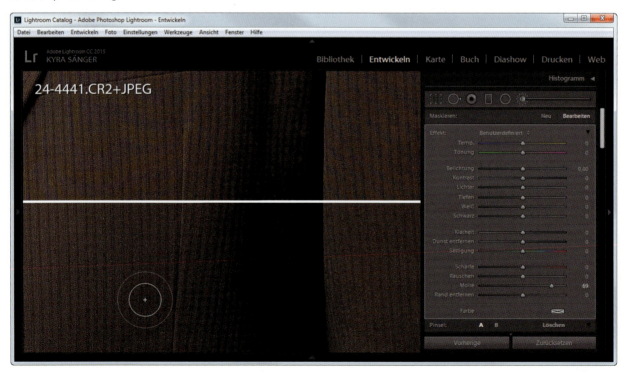

8.6 Selfies mit dem Selbstauslöser

Selfies sind heutzutage in aller Munde, Fotos also, bei denen Sie sich selbst porträtieren und damit zeigen, was Sie gerade tun oder in welch schöner Urlaubsumgebung Sie sich gerade befinden. Nun ist es aufgrund des nicht vorhandenen Klappdisplays nicht möglich, sich selbst vor der Aufnahme im Monitor der 5DS [R] zu sehen. Aber mit dem klassischen Selbstauslöser sind natürlich trotzdem schöne Selbstporträts möglich. Am einfachsten funktioniert das mit mindestens einer weiteren Person im Foto. Dann können Sie die 5DS [R] auf einem Stativ befestigen oder auf einer geeigneten Unterlage positionieren und den Fokus bequem auf die zweite Person einstellen, wie wir es bei unserem „Hiddensee-Leuchtturm-Shooting" getan haben.

▲ *Selbstauslöser-Lampe in Aktion*

Alternativ fokussieren Sie auf einen Gegenstand, der sich in der gleichen Entfernung befindet, in der Sie sich positionieren möchten. Oder Sie stellen manuell auf die geplante Entfernung ein.

Die Selbstauslöser-Funktion können Sie anschließend mit der Taste DRIVE·AF plus Schnellwahlrad oder über das Schnellmenü aufrufen. Mit *Selbstausl.:10 Sek/Fern* wartet die 5DS [R] nach dem Auslösen zehn Sekunden, bis das Bild aufgenommen wird. Das Ablaufen der Zeit macht sie durch Blinken der Selbstauslöser-Lampe und einen Signalton kenntlich. Zwei Sekunden vor der Aufnahme leuchtet die Lampe dauerhaft und es piept schneller.

▲ *Zehn-Sekunden-Selbstauslöser und Fernsteuerung aktivieren*

Die zweite Option *Selbstausl.:2 Sek/Fern* ist aufgrund der kurzen Wartezeit nicht unbedingt für Selbstporträts geeignet. Vielmehr können Sie diese Funktion verwenden, um in den Modi *P* bis *C3* berührungslose Aufnahmen vom Stativ aus anzufertigen. Denken Sie also eher bei Landschafts- oder Makroaufnahmen an diese Möglichkeit, damit kann dann wirklich nichts verwackeln.

1/800 Sek. | f/4 | ISO 100 | 50 mm | Stativ

▲ Selbstporträts liefern später schöne Erinnerungen an Erlebtes oder sind für Mode-Blogger eine gute Möglichkeit, die eigenen Kreationen im Internet zu präsentieren.

8.7 Stimmungsvolle Nachtporträts

Bei Streifzügen durch die nächtlich beleuchtete Stadt ergeben sich viele Möglichkeiten für Erinnerungsfotos mit schöner Lichtstimmung. Sehr gut geeignet hierfür ist der manuelle Modus, denn damit können Sie die Schärfentiefe über die Blende und die Hintergrundhelligkeit über die Belichtungszeit und den ISO-Wert prima an die Situation anpassen. Fertigen Sie am besten zuerst ein Bild ohne Blitzlicht an, um die Hintergrundhelligkeit zu kontrollieren.

Damit die Belichtungszeit nicht zu lang wird, können Sie mit ISO-Werten um 1600 fotografieren. Wenn Sie ein Stativ dabeihaben, lässt sich die Qualität der Aufnahme mit ISO 400 steigern. Aber die Person muss dann gut still stehen, damit bei längerer Belichtungszeit keine Wischeffekte mit ins Bild kommen – wobei das natürlich auch ein interessantes Stilmittel sein kann. Steuern Sie nun den Blitz hinzu. Sollte das Licht zu dominant oder zu schwach wirken, regulieren Sie die Blitzlichtmenge einfach mit einer Blitzbelichtungskorrektur. Denken Sie also immer daran, die Grundbelichtung optimal zu justieren, wenn es darauf ankommt, dass auch der Bildbereich hinter dem anzublitzenden Hauptmotiv ausreichend hell wiedergegeben werden soll.

▲ Making-of des Nachtporträts

1/60 Sek. | f/4 | ISO 1600 | 50 mm | Funktransmitter YN-E3-RT (E-TTL) | Speedlite 600EX-RT | SMDV Speedbox 70

▲ Mit der Grundbelichtung wurden die Lichter im Hintergrund angenehm hell dargestellt und der Blitz sorgte ohne weitere Korrekturen im E-TTL-Modus für eine harmonische Porträtausleuchtung.

Was das AF-Hilfslicht bringt

Bei wenig Licht kann es sinnvoll sein, den Autofokus bei Sucheraufnahmen mit einem *AF-Hilfslicht* zu unterstützen. Standardmäßig werden dann vor der eigentlichen Aufnahme einige Vorblitze ausgesendet, die im Bereich von 0,7 bis etwa 4 m den AF-Sensoren genügend Licht zum Scharfstellen spenden sollen.

In vielen Fällen sind die hellen Blitzlichtimpulse aber eher störend. Stellen Sie das AF-Hilfslicht daher lieber auf Infra-

▲ IR-AF-Hilfslicht zur Fokusunterstützung

▲ AF-Hilfslicht einstellen

rot-Signale um. Dazu wählen Sie im AF-Menü 3 bei *AF-Hilfslicht Aussendung* den Eintrag *Nur IR-AF-Hilfslicht*. Das nun ausgesendete rote Linienmuster hat in etwa eine Reichweite von 0,7 bis 8 m.

Bei dem Speedlite 600EX-RT sind keine weiteren Einstellungen notwendig, um das Infrarot-Hilfslicht zu verwenden. Im Fall des Speedlite 430EX III-RT muss zusätzlich die persönliche Funktion *P.Fn-05 Leuchtverfahren AF-Hilfslicht* auf *1:* (Infrarot) umgeschaltet werden. Bei Geräten anderer Hersteller schauen Sie bitte in der Bedienungsanleitung Ihres Blitzes nach, ob ein Infrarot-Licht verfügbar ist.

Damit die Scharfstellung mit dem Infrarot-Hilfslicht erfolgreich verläuft, verwenden Sie am besten nicht den Spot-AF. Fokussieren Sie zudem mit dem mittleren AF-Feld.

Zielen Sie damit auf das gewünschte Motivdetail, warten Sie, bis der Fokusvorgang abgeschlossen ist und das AF-Feld rot aufleuchtet, und halten Sie den Auslöser weiter halb gedrückt. Richten Sie den Bildausschnitt ein und lösen Sie mit der gespeicherten Schärfeeinstellung aus.

> **AF-Hilfslicht ja, Blitz nein**
>
> Mit der EOS 5DS [R] können Sie auch den umgekehrten Weg gehen und das AF-Hilfslicht zwar zur Fokusunterstützung nutzen, das Bild aber ohne Blitzlicht aufnehmen. Dazu setzen Sie den integrierten Blitz im Aufnahmemenü 1 bei *Steuerung externes Speedlite* in der Rubrik *Blitzzündung* auf *Deaktivieren*.

8.8 Mit der 5DS [R] im Studio: perfekte Kontrolle

Im Studio haben Sie den Vorteil, vom Licht über die Staffage bis hin zum Model alles unter Kontrolle zu haben. Daher kommt gerade hier der Lichtsetzung eine besonders tragende Rolle zu.

Schon mit zwei Blitzgeräten sind im Studio professionell aussehende Aufnahmen möglich, wobei natürlich auch mehr Blitze nicht schaden, sofern sie fachgerecht gesetzt sind. Denn beim Licht ist es wie mit dem Kochen: Je mehr Zutaten eingesetzt werden, desto größer ist die Gefahr, ein (Beleuchtungs)-Kuddelmuddel zu fabrizieren.

1/125 Sek. | f/8 | ISO 100 | 50 mm | Funktransmitter YN-E3-ST (manuell) | Speedlite 600EX-RT, Gruppe A, Leistung 1/2, Stripbox 22 × 90 cm | Speedlite 600EX-RT, Gruppe B, Leistung 1/1,6

Porträtausleuchtung mit einem Striplight von links vorn als Führungslicht und einem Blitzgerät von hinten rechts als Konturenlicht

Hier also ein Rezept für eine schöne Porträtaufnahme im Studio mit zwei Blitzgeräten. Stellen Sie im manuellen Modus die Belichtungszeit auf die Blitzsynchronzeit der EOS 5DS [R] von 1/200 Sek. oder etwas länger ein.

Für größtmögliche Bildqualität und gleichzeitig hohen Dynamikumfang ist ISO 100 empfehlenswert. Bei einem einheitlichen Studiohintergrund können Sie den Blendenwert anschließend so wählen, dass Ihr Motiv viel Schärfentiefe abbekommt.

Wenn Sie jetzt auslösen, sollte das Bild schwarz aussehen und die Dauerbeleuchtung im Studio darin nicht sichtbar sein. Diese benötigen Sie jedoch, um Ihr Model noch sehen und scharf stellen zu können – zumindest dann, wenn Sie mit Systemblitzen arbeiten, die kein dauerhaft leuchtendes Einstelllicht besitzen.

▲ *Einstellungen des Funktransmitters, der die beiden entfesselten Blitzgeräte mit unterschiedlichen Leistungen fernauslöste*

Als Nächstes wird das Haupt- oder Führungslicht gesetzt, das die stärkste Lichtquelle im Bild sein wird. Im gewählten Beispiel kam das Hauptlicht von der linken Seite in einem Abstand von ca. 1 m und wurde durch eine Stripbox weich gestreut.

Durch Probeaufnahmen oder mit einem Handbelichtungsmesser können Sie die benötigte manuelle Blitzleistung austesten und einstellen.

Für das Konturenlicht (Rim-Light), das einen leichten Glanz auf Haar und Schulter hinterlässt und das Model besser vom Hintergrund abhebt, können Sie einen zweiten Blitz auf der gegenüberliegenden Seite des Hauptlichts aufstellen. Dieser sollte etwas heller leuchten als das Hauptlicht, um schöne Spitzlichter zu erzeugen, darf aber auch nicht so hell sein, dass die Strukturen überstrahlen. Durch Probeaufnahmen oder per Handbelichtungsmesser stellen Sie auch diesen Blitz in seiner Leistung manuell ein. Achten Sie auch darauf, dass dieses Licht nicht ungünstig ins Objektiv scheint, sodass der Kontrast sinkt oder Linsenflecken ent-

 Warum manuell?

Die automatische E-TTL-Steuerung ist bei Systemblitzen im Studio zwar auch nutzbar, führt aber bei den sich gegenüberstehenden Blitzgeräten eines Haupt- und Konturenlichts häufiger zu Ausfällen oder ungleichmäßigen Aufhellungen. Die manuelle Regulierung erzeugt hingegen von Bild zu Bild konstante Ergebnisse.

1/125 Sek. | f/8 | ISO 100 | 50 mm | Funktransmitter YN-E3-ST (manuell) | 2 × Speedlite 600EX-RT, Gruppe A, Leistung ½, Stripbox 22 × 90 cm

▲ *Werden zwei Blitzgeräte, mit je einer Stripbox versehen, links und rechts des Models aufgestellt, lassen sich spannende Bilder mit einer Scherenschnittwirkung gestalten.*

stehen. Dazu können Sie den Blitz mit einem Abschatter zur Kamera hin abschirmen.

Erweiterte Möglichkeiten mit Studioblitzen

Der größte Vorteil von Studioblitzen gegenüber Systemblitzgeräten ist ihr deutlich höheres Leistungsvermögen, wobei eine Leistung von 250-500 Ws für Studioporträts meist ausreicht. Bei größeren Szenarien oder Aufnahmen gegen die Sonne wird hingegen noch mehr Leistung benötigt.

Achten Sie zudem auf die Ladezeit, die wichtig wird, wenn Sie schnell hintereinander blitzen möchten. Und um Bewegungen bis in die Haarspitzen einzufangen, sollte die Abbrennzeit kurz sein. Leuchtet der Blitz zu lang, entsteht Bewegungsunschärfe im Bild. Angegeben wird meist der

▲ Kompaktblitz Profoto D1 500 (Bild: Profoto)

t0,5-Wert, der die Zeit beziffert, nach der 50 % der Blitzenergie freigesetzt worden sind. Nehmen Sie am besten den t0,5-Wert mal drei, dann haben Sie ungefähr eine aussagekräftige Angabe, was mit dem Blitz tatsächlich möglich ist.

Unserer Meinung nach sollte ein universell einsetzbarer Studioblitz mindestens einen t0,5-Wert von 1/1000 Sek. haben. Ein weiterer Vorteil ist das Einstelllicht, mit dem der Licht-/Schattenwurf bereits vor der Aufnahme besser kontrolliert werden kann.

8.9 Tethered Shooting für die direkte Bildkontrolle

Wer im Studio fotografiert und die Bilder zusammen mit dem Model direkt am großen Monitor eines Computers, Laptops oder Tablet-PCs betrachten möchte oder gar Kunden anwesend sind, die das gerade aufgenommene Bild perfekt präsentiert bekommen sollen, kann die Bilder aus der 5DS [R] über eine USB-Kabelanbindung direkt an das Canon-Programm EOS Utility oder Adobe Lightroom senden.

Das Shooting läuft mit einer an den Computer angebundenen Kamera ab, daher die Bezeichnung *Tether* (= anbinden).

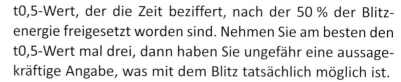

▲ Das USB-Kabel wird mit dem Kabelschutz fest an der EOS 5DS [R] angeschraubt.

▶ Tethered Shooting: eine tolle Möglichkeit, die Bilder direkt am Computermonitor kontrollieren und präsentieren zu können

Fernaufnahmen mit Canon EOS Utility

Um Bilder kabelgebunden auf den Computer zu übertragen und gleich ansprechend zu präsentieren, benötigen Sie lediglich die Software EOS Utility, das USB-Schnittstellenkabel Ihrer Kamera und ein USB-Verlängerungskabel.

Kamera und Computer verbinden

Verbinden Sie das Schnittstellenkabel einerseits mit der ausgeschalteten 5DS [R] und den USB-Stecker des Verlängerungskabels mit dem Computer.

Damit das Schnittstellenkabel beim Fotografieren nicht aus der Anschlussbuchse rutscht, ist es sinnvoll, es mit dem mitgelieferten Kabelschutz am Gehäuse zu befestigen oder auch eine Stativ-Winkelschiene als Halterung zu benutzen.

▲ USB-Verlängerungskabel, Stativ-Winkelschiene und am Digital-Anschluss befestigtes USB-Schnittstellenkabel

Dateiformate

Bei Tether-Aufnahmen mit der EOS Utility oder mit Adobe Lightroom werden nur die Bilder der Speicherkarte transferiert, die in der Kamera für die Bildwiedergabe ausgewählt wurde.

Das eröffnet Ihnen die Möglichkeit, nur die JPEG-Bilder zur Bildkontrolle im Format *M2* oder *S1* schnell an den Computer zu senden und die RAW-Aufnahmen auf der anderen Speicherkarte zu sammeln.

Wählen Sie dazu die Karte mit den JPEG-Aufnahmen als Wiedergabespeicherkarte aus, wie in der Abbildung gezeigt. Vergessen Sie aber nicht, die RAW-Fotos später auch noch auf den Computer zu übertragen.

▲ Separate Aufzeichnung, ausgewählt ist die Speicherkarte für die JPEG-Aufnahmen.

Tether-Aufnahmen mit der EOS Utility

Schalten Sie die 5DS [R] nun wieder ein und starten Sie die EOS Utility, sofern sich das Programm nicht selbst öffnet.

Im Hauptfenster klicken Sie unten auf die Schaltfläche *Voreinstellungen*. Darin aktivieren Sie bei *Grundeinstellungen* den untersten Eintrag *Schnellvorschau-Fenster automatisch anzeigen*.

Wählen Sie die Registerkarte *Zielordner* aus und legen Sie über die Schaltfläche *Durchsuchen* den Speicherordner fest, in den die Bilder kopiert werden sollen (hier *D:/Pictures/Tether-Aufnahmen*).

▶ *Grundeinstellungen festlegen*

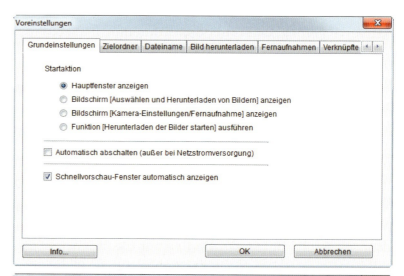

▶ *Zielordner festlegen*

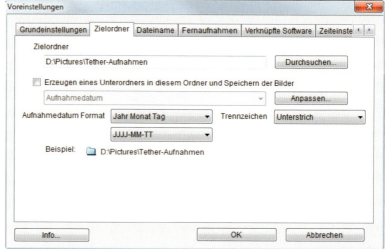

Wechseln Sie nun zur Registerkarte *Fernaufnahmen*. Setzen Sie überall einen Haken, nur die Option *Bild drehen* sollte deaktiviert sein, sonst werden hochformatige Fotos am Computer querformatig präsentiert.

Nachdem Sie die Voreinstellungen mit der Schaltfläche *OK* gespeichert haben, können Sie im Hauptfenster der EOS Utility die Option *Fernaufnahmen* wählen. Wenn Sie nun ein Bild aufnehmen, wird es direkt auf den Computer übertragen und im Vorschaufenster der EOS Utility präsentiert.

Alternativ können Sie auch die Fernsteuerungskonsole der EOS Utility verwenden, um die Aufnahme zu starten. Dazu klicken Sie den runden Auslöseknopf ❶ an.

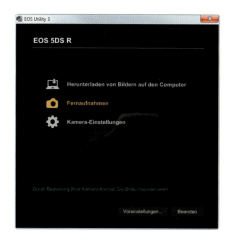

▲ *Optionen für Fernaufnahmen*

▲ *Das soeben übertragene Bild im Schnellvorschaufenster*

Übrigens, wenn Sie RAW- und JPEG-Bilder parallel auf der gleichen Speicherkarte speichern, werden beide Dateien auf den Computer übertragen, aber nur das JPEG-Bild wird in der Schnellvorschau angezeigt.

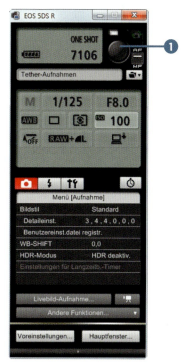

▲ *Fernsteuerungskonsole der EOS Utility*

Tether-Aufnahmen mit Adobe Lightroom

Möchten Sie die an den Computer übertragenen Bilder lieber mit Adobe Lightroom betrachten und vielleicht auch gleich mit individuellen Entwicklungseinstellungen präsentieren? Kein Problem. Verbinden Sie Ihre Kamera dazu via USB-Schnittstellenkabel und USB-Verlängerungskabel mit dem Computer, wie zuvor gezeigt.

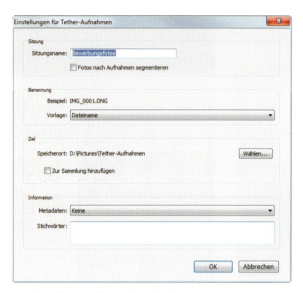

▲ *Einstellungen für Tether-Aufnahmen*

Sollte sich die EOS Utility öffnen, können Sie das Programm wieder schließen. Öffnen Sie anschließend Adobe Lightroom und wählen Sie *Datei/Tether-Aufnahme/Tether-Aufnahme starten*. Geben Sie im Menüfenster *Einstellungen für Tether-Aufnahmen* bei *Sitzungsname* eine Bezeichnung für Ihr Fotoshooting an (hier: *Bewerbungsfotos*). Bei *Ziel* wählen Sie den Ordner aus, in den die Bilder übertragen werden sollen (hier: *D:\Pictures\Tether-Aufnahmen*). Wenn Sie die Datei umbenennen möchten, können Sie dies bei *Benennung* erledigen. Bei *Information* lassen sich die Fotos mit Metadaten, wie Copyright-Informationen, und Stichwörtern versehen. Wenn Lightroom allerdings nur temporär als Präsentationsoberfläche dient und Sie die Bilder später aus der Kamera an anderer Stelle speichern, können Sie die Benennung und Information auch unverändert lassen. Bestätigen Sie das Menüfenster am Ende mit *OK*.

Zurück in der Programmoberfläche *Bibliothek* wählen Sie im linken Fensterbereich den Ordner mit dem Sitzungsnamen ❶ aus, den Sie zuvor eingestellt haben. Sonst werden Sie die übertragenen Bilder nicht sehen können.

Zudem erscheint nun die Konsole für Tether-Aufnahmen. Darin sehen Sie die verbundene Kamera ❷ und die Aufnahmeeinstellungen ❸. Diese können nur in der Kamera geändert werden. Interessant ist die Möglichkeit, die Bilder direkt in einer optimierten Version zu präsentieren. Dazu können

Sie bei *Entwicklungseinstellungen* ❹ entweder eine der Lightroom-Vorgaben auswählen.

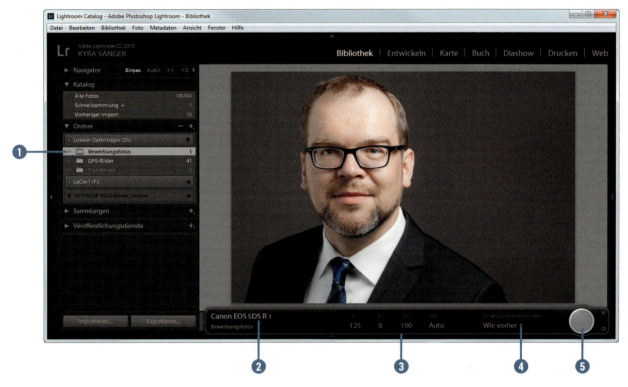

Oder Sie nehmen ein Bild auf, entwickeln es selbst, und wählen dann die Vorgabe *Wie vorher*. Wenn Sie im Studio unter kontrollierten Bedingungen fotografieren und sich die Bilder von der Belichtung her nicht unterscheiden, können Sie auf diese Weise dem Kunden gleich die optimierten Bilder zeigen. Wobei die Entwicklungseinstellungen nicht in die Bilder gespeichert werden. Die Originale bleiben unangetastet.

▲ *Das soeben aufgenommene Bild erscheint mit den Entwicklungseinstellungen Wie vorher in der Lightroom-Bibliothek.*

Zum Aufnehmen des Fotos können Sie den Kameraauslöser verwenden oder den Auslöseknopf der Tether-Konsole ❺. Auf recht einfache Weise lässt sich mit der Tether-Aufnahme ein professionelles Shooting-Umfeld schaffen. Und Sie können sich selbst die Arbeit erleichtern, indem Sie die Bilder am höher auflösenden Computermonitor noch besser auf Schärfe und Durchzeichnung hin prüfen können.

 Vollbild-Präsentation

Mit der Taste [F] oder *Fenster|Ansichtsmodi|Vollbildvorschau* können Sie das Bild vor schwarzem Hintergrund präsentieren. Das wirkt edler als mit den Programmrändern von Lightroom.

Architekturfotografie und Stadtansichten

Vom barocken Schloss bis zum supermodernen Bürogebäude, unsere Umgebung ist geprägt von Architektur. Da ist es nur natürlich, diese auch in Bildern zu verewigen, um abstrakte Kunstbilder zu schaffen oder eine schöne Erinnerung an besonders beeindruckende Gebäude zu erhalten. Erfahren Sie in diesem Kapitel die wichtigsten Tricks und Kniffe, mit denen Ihre Architekturbilder zum Hingucker werden.

9.1 Architektur im High-End-Bereich

Eine der absoluten Domänen der EOS 5DS [R] ist mit sicherheit die Architekturfotografie. Hier kann sie ihre 50,6 MP voll ausspielen und jedes noch so kleine Detail in High-End-Qualität auf die Speicherkarte bannen.

Durch das Vollformat können die hochwertigsten Weitwinkeloptiken ohne Brennweitenverlängerung verwendet werden, und mit einem Tilt-Shift-Objektiv sind stürzende Linien auch kein unlösbares Problem mehr. Egal, ob altes Gemäuer oder postmoderner Architektentraum, perfekte Bilder sind Ihnen mit der 5DS [R] sicher. Und wir sind sicher, dass die 5DS [R] in der professionellen Architekturfotografie bald nicht mehr wegzudenken sein wird.

▼ *Dank des Vollformatsensors reichten die 24 mm des Tilt-Shift-Objektivs aus, um das Barockschloss gerade ausgerichtet und vollständig auf den Sensor zu bekommen.*
1/160 Sek. | f/8 | ISO 100 | 24 mm

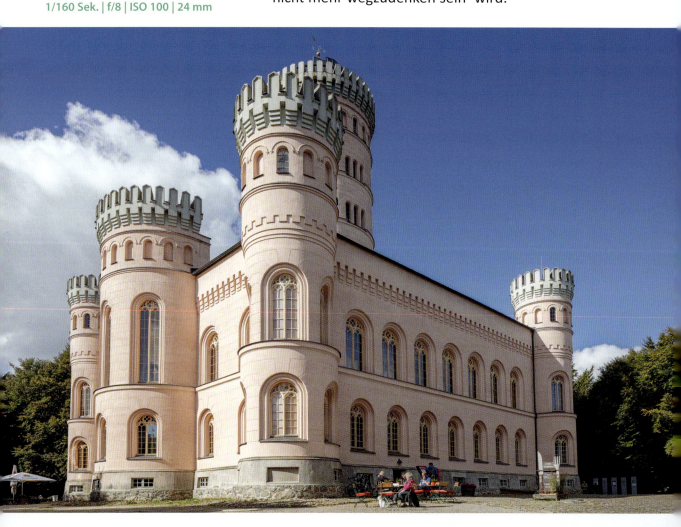

9.2 Stürzende Linien vermeiden

Bei Architekturaufnahmen kommen meist Weitwinkelobjektive zum Einsatz, um größere Bauten vollständig ins Bild zu bekommen. Auch für spannende Perspektiven sind Weitwinkelobjektive die besten Begleiter.

1/60 Sek. | f/7,1 | ISO 125 | 24 mm

◀ *Stürzende Linien durch dichten Aufnahmeabstand und die schräg nach oben gekippte Kamera*

Wenn das Weitwinkelobjektiv allerdings nach oben oder unten gekippt wird, erscheinen die eigentlich geraden Linien im Bild unnatürlich gekippt. So streben die Linien auseinander, wenn die 5DS [R] nach unten geneigt wird, beim Kippen nach oben laufen sie dagegen aufeinander zu.

Wenn Sie Gebäude mit korrekten Proportionen darstellen möchten, versuchen Sie, diese *stürzenden Linien* zu vermeiden. Das funktioniert am besten, wenn Sie das Bild aus einer größeren Entfernung oder von einem erhöhten Standort aufnehmen können – oder beides zusammen.

So konnten wir das Museumsgebäude in unserem Beispielfoto von der gegenüberliegenden Straße aus einer größeren Entfernung mit geraden Gebäudekanten fotografieren. Allerdings störten uns jetzt die Begrenzungsstangen und der Mülleimer am unteren Bildrand.

1/80 Sek. | f/7,1 | ISO 200 | 50 mm

▶ *Gerade Linien durch mehr Abstand und eine parallel zur Häuserfront ausgerichtete Sensorebene*

Daher griffen wir zum nächsten Trick und setzten das Tilt-Shift-Objektiv TS-E 24mm f/3,5L II von Canon ein. Mit der Shift-Funktion lassen sich die Verzerrungen schon beim Aufnehmen ausgleichen. Dazu wird der vordere Teil des Objektivtubus parallel zur Sensorebene nach oben oder unten verschoben. Damit konnten wir das Museum vom gleichen Standort aus wie beim ersten Bild aufnehmen, aber diesmal mit geraden Gebäudekanten.

▲ *EOS 5DS mit nach oben geshiftetem Objektivtubus des TS-E 24 mm f/3,5L II*

1/80 Sek. | f/7,1 | ISO 125 | 24 mm

▶ *Gerade Linien dank Tilt-Shift-Objektiv*

Mit der Tilt-Funktion solcher Objektive kann übrigens die Schärfentiefe erweitert werden. Der Objektivtubus wird in dem Fall nach unten geneigt. Auch bei niedrigen Blendenwerten und entsprechend kurzen Belichtungszeiten lassen sich auf diese Weise durchgehend scharfe Bilder erzielen. Allerdings greifen diese Speziallinsen ziemlich ins Budget ein. Also ein klarer Fall für Spezialisten.

Und es gibt eine weitere Möglichkeit, der stürzenden Linien Herr zu werden. Die meisten gängigen Bildbearbeitungsprogramme, wie Photoshop Elements oder Gimp, und einige RAW-Konverter, wie z. B. Lightroom oder DxO Optics Pro, können stürzende Linien nachträglich aufrichten.

In jedem Fall ist es vorteilhaft, beim Fotografieren um das gewünschte Motiv herum genügend Platz zu lassen, damit bei dieser Art der Nachbearbeitung keine wichtigen Motivbereiche abgeschnitten werden.

▲ Nach unten getilteter Objektivtubus des TS-E 24 mm f/3,5L II. Für die meisten Motive reichen Tilt-Einstellungen von etwa 1° aus. Hier haben wir maximal getiltet, um den Effekt deutlicher zu zeigen.

▼ Das erste Bild des Museums, das mit stürzenden Linien aufgenommen wurde, konnte mit den Transformieren-Werkzeugen von Lightroom perspektivisch ausgerichtet werden.

9.3 Mittel gegen objektivbedingte Abbildungsfehler

Auch das Objektiv selbst kann Bildfehler hervorrufen, die sich bei den scharfen Kontrastkanten und geraden Linien architektonischer Motive besonders bemerkbar machen. So besitzen viele Weitwinkelobjektive die Eigenschaft, tonnenförmig zu verzeichnen, Telezooms verzeichnen dagegen bei höheren Brennweiten kissenförmig. Eigentlich gerade Linien verlaufen dann vor allem am Bildrand im ersten Fall nach außen und im zweiten Fall nach innen gekrümmt.

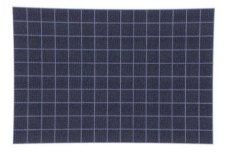

▲ *Tonnenförmige Verzeichnung*

▲ *Kissenförmige Verzeichnung*

Daher ist es oftmals besser, sich nicht direkt vor dem Motiv aufzubauen oder es im umgekehrten Fall aus extrem weiter Ferne zu fotografieren. Positionieren Sie die 5DS [R] so, dass der gewünschte Bildausschnitt bei einer mittleren Brennweite um die 30–60 mm aufgenommen werden kann. Wenn Sie einfarbige Flächen im Bild haben, wie blauen Himmel, können Randabschattungen das Ergebnis trüben. Diese *Vignettierung* kann aber oftmals durch eine Erhöhung des Blendenwertes auf ±f/8 schon bei der Aufnahme gut unterdrückt werden. Sie lässt sich aber auch mit gängigen Bildbearbeitungsmitteln oder im RAW-Konverter Digital Photo Professional sehr gut in den Griff bekommen. Hinzu kommt die häufig zu beobachtende *chromatische Aberration*. Darunter versteht der geneigte Objektivkenner die bunten Farbsäume, die sich vor allem an kontrastreichen Kanten am Bildrand bemerkbar machen. Meist sind sie cyan- oder magentafarben und bei vielen Weitwinkelobjektiven deutlicher sichtbar.

 Spezielle Filter für weite Winkel

Wenn „übliche" Filter an einem Weitwinkelobjektiv angebracht werden, kann auch dies zur Vignettierung führen, weil der Objektivrand durch den Filter zu hoch geworden ist. Deshalb gibt es spezielle dünne Filter, sogenannte Slim-Versionen. Achten Sie darauf, dass der Filter die Anbringung des Objektivdeckels zulässt, das tun nämlich nicht alle.

▲ *Normal dicker Polfilter (links) und die Slim-Version (rechts)*

Links: 1/1000 Sek. | f/2,8 | ISO 100 | 115 mm
Rechts: 1/250 Sek. | f/8 | ISO 200 | 115 mm

▲ *Links: Vignettierung bei offener Blende Rechts: keine Vignettierung durch Abblenden*

Kamerainterne Vignettierungs- und Aberrationskorrektur

Wenn Sie mit Canon-Objektiven fotografieren, können Sie Ihre Architekturbilder bereits in der 5DS [R] einer Optimierung unterziehen. Das gilt natürlich auch für alle anderen Motive, die genauso von Objektivschwächen heimgesucht werden. Korrigiert werden die Vignettierung, Farbfehler (chromatische Aberrationen) und die Verzeichnung. Vergleichen Sie dazu einmal die beiden gezeigten Bilder.

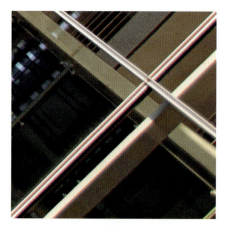

▲ *Chromatische Aberration, erkennbar durch rote und grüne Farbsäume in der unteren rechten Bildecke*

▲ *An den helleren Linien lässt sich die Korrektur der Verzerrung erkennen.*

1/30 Sek. | f/5,6 | ISO 100 | 18 mm

▲ *Das unkorrigierte Bild ist perspektivisch verzerrt und zeigt Vignettierung und chromatische Aberrationen in den Bildecken.*

An den beiden Ausschnitten ist das Verschwinden der vorwiegend roten Farbsäume zu erkennen. An der Differenzansicht können Sie erkennen, an welchen Bildstellen die tonnenförmige Verzerrung korrigiert wurde. Außerdem verschwindet durch die Korrektur auch die dunkle Vignet-

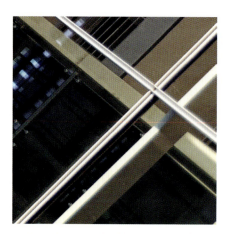

▲ *Die chromatische Aberration wurde kameraintern entfernt.*

1/30 Sek. | f/5,6 | ISO 100 | 18 mm

▲ *Ergebnis der kamerainternen ObjektivAberrationskorrektur*

tierung, die in den großen Bildern an der blauen Himmelsecke zu erkennen ist.

Die entsprechenden Einstellungen für die Objektivfehlerkorrektur finden Sie im Aufnahmemenü 1 der EOS 5DS [R] bei *ObjektivAberrationskorrektur*.

Das fertige JPEG-Foto ist somit von diesen Schwächen weitestgehend befreit. RAW-Bilder können im Zuge der kamerainternen RAW-Verarbeitung von objektivbedingten Schwächen befreit werden.

Die kamerainterne Objektivfehlerkorrektur ist jedoch nicht immer ganz so genau wie die Ergebnisse, die beim Entwickeln der RAW-Bilder mit Digital Photo Professional oder beispielsweise auch Adobe Lightroom erzielbar sind. Digital Photo Professional entfernt alle wichtigen Abbildungsfehler bei der Verwendung Canon-eigener Objektive sehr zuverlässig.

So gesehen spielt das RAW-Format auch in diesem Fall wieder seine Vorteile voll aus. Denken Sie besonders bei Weitwinkelaufnahmen, die mit niedrigem Blendenwert fotografiert werden, an die guten Korrekturmöglichkeiten des RAW-Formats, denn unter den Bedingungen treten die Abbildungsschwächen am stärksten zutage.

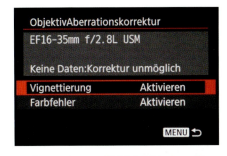

▲ *Kamerainterne Objektivfehlerkorrektur für dieses Objektiv nicht möglich*

▲ *Objektivkorrektur möglich nach dem Update der Objektivdaten*

Objektivdaten updaten

Es kann sein, dass das Profil Ihres Canon-Objektivs noch nicht in der Kamera vermerkt ist und daher die Objektivkorrekturen nicht zur Verfügung stehen. Schließen Sie die 5DS [R] dann an den Computer an und starten Sie die Canon-Software EOS Utility.

Wählen Sie *Kamera-Einstellungen* und anschließend *Objektivfehlerkorrektur-Daten registrieren*.

Markieren Sie anschließend über die oben angeordneten Schaltflächen ❶ einen Objektivtyp (Makro, Zoom etc.) und markieren Sie insgesamt bis zu 40 Objektive ❷.

▶ *Registrieren neuer Objektive für die kamerainterne Objektivfehlerkorrektur*

9.4 Spiegelungen mit dem Polfilter kontrollieren

In Zeiten der digitalen Fotografie sind Filter nicht mehr ganz so gefragt wie noch zu Analogzeiten. Es gibt aber auch heute noch einen Filter, den selbst die beste Software nicht wirklich nachstellen kann: den zirkularen Polfilter.

Vor allem im Architekturbereich mit den vielen modernen Glasfassaden lassen sich damit tolle Effekte erzielen. Daher haben wir bei unseren Touren durch die Stadt immer einen Polfilter dabei.

1/13 Sek. | f/8 | ISO 100 | 16 mm | Stativ

◂ *Verstärkung der Reflexionen mit kühleren Farben und mehr Kontrast*

1/13 Sek. | f/8 | ISO 100 | 16 mm | Stativ

◂ *Reduzierte Reflexionen und dadurch wärmere und kräftigere Farben*

Polfilter nehmen auf die Darstellung einer Szene in vielerlei Hinsicht Einfluss:

- Die Spiegelung von Glasscheiben lässt sich verringern oder auch verstärken, was bei Architekturaufnahmen mehr gestalterischen Spielraum schafft.
- Auch die Reflexion von Wasser wird verringert, wodurch das Wasser dunkler wirkt und nasse Steine weniger glänzen.

Funktionsweise von Polfiltern

Egal ob künstlich oder natürlich, die Lichtstrahlen bewegen sich nicht schnurgerade durch die Luft, sondern schwingen in Wellenform in verschiedenen Richtungen.

Polfilter bringen Ordnung in das Chaos, indem sie wie ein Gitter wirken und nur die Wellen durchlassen, die parallel zu den Gitterstangen schwingen. Polgefilterte Bilder zeigen somit nur einen Teil des während der Aufnahme eigentlich vorhandenen Lichts.

Um die Filterwirkung möglich zu machen, werden eine grau eingefärbte und eine polarisierende Glasfläche gegeneinander verschoben, daher auch die Drehfunktion.

▲ *Wirkungsweise eines Polfilters.*

- Der blaue Himmel erscheint dunkler und die weißen Wolken heben sich plastischer davon ab.
- Bei Pflanzen wird die Reflexion des Lichts auf den Blattoberflächen reduziert. Als Folge steigt die Farbsättigung und die Wirkung wird ruhiger, toll bei Waldaufnahmen.

Allerdings sind Polfilter nicht immer wirksam, denn es hängt von der Richtung ab, aus der das natürliche Licht die Szene beleuchtet. Am besten ist die Wirkung, wenn die Sonne etwa im 90°-Winkel zur Kamera steht, also nicht von hinten oder vorn auf die Kamera trifft.

Achten Sie bei Weitwinkelaufnahmen auch darauf, dass der Himmel nicht ungleichmäßig hell wird, an den Seiten beispielsweise heller als in der Mitte.

Polfilter schlucken etwa 2 EV an Licht, die benötigte Belichtungszeit kann sich daher verlängern. Wer viel aus der freien Hand fotografiert, kann zu sogenannten High-Transparency- oder High-Transmission-Polfiltern greifen (zum Beispiel Hoya HD PL-CIR). Diese schlucken nur noch etwa $\frac{1}{2}$ EV Licht.

9.5 Wasser in Bewegung

Fließendes Wasser aus Brunnen sieht meistens sehr gut aus, wenn es entweder so eingefroren wird, dass jeder fliegende Tropfen scharf zu sehen ist, oder wenn es sich im umgekehrten Fall weich und verwischt über die Figuren oder auf den Boden ergießt.

Oftmals ist es aber zu hell, um die Wasserbewegung mit einem Wischeffekt darstellen zu können, denn dafür sind Belichtungszeiten von 1/25 Sek. bis hin zu mehreren Sekunden notwendig.

1 Sek. | f/7,1 | ISO 100 | 23 mm | Stativ

▲ Mit Graufilter sehen die Wasserfontänen unscharf verwischt aus und wirken dadurch weicher.

1/1000 Sek. | f/6,3 | ISO 200 | 23 mm | Stativ

▲ Mit einer sehr kurzen Belichtungszeit erzielten wir den gegenteiligen Effekt. Die Fontänen werden bis zu den kleinsten Tropfen scharf abgebildet.

▲ *Der ND400 von Hoya ist so dunkel, dass man kaum durch ihn hindurchsehen kann.*

Mit einem *Neutraldichte-* oder *Graufilter* können Sie den Lichteinfluss ins Objektiv aber verringern und die Belichtungszeit verlängern. Bei den hier gezeigten Fotos, die wir mit der 5DS einmal ohne und einmal mit einem starken Graufilter aufgenommen haben, ist der Unterschied gut zu sehen. Mit Filter konnten die Fontänen ordentlich verwischt abgebildet werden und wirken dadurch weicher als auf dem Bild mit dem eingefrorenen Spritzwasser.

Befestigen Sie die EOS 5DS [R] dazu am Stativ. Im Modus *M* können Sie die Belichtung nun so einstellen, dass bei ISO 100 ohne Filter eine gute Bildhelligkeit erzielt wird. Stellen Sie am besten auch manuell scharf, da der Autofokus bei sehr dunklen Filtern Probleme bekommt.

Jetzt können Sie den Graufilter am Objektivgewinde festschrauben oder ihn, sofern er größer ist als der Objektivdurchmesser, einfach dicht vor die Objektivlinse halten. Verlängern Sie nun die Zeit um die Anzahl an Lichtwertstufen, die der Graufilter schluckt, damit das Bild die gleiche Helligkeit erhält wie ohne Filter.

Farbneutrale Graufilter

Grau- oder Neutraldichtefilter funktionieren wie eine Art Sonnenbrille für das Objektiv. Sie reduzieren die Lichtmenge, die auf den Sensor trifft, und ermöglichen so eine Verlängerung der Belichtungszeit, sofern Blende und ISO-Wert fest vorgegeben sind.

Wichtig dabei ist, dass der Filter die Farben nicht verfälscht. Viele Filter lassen nämlich zu viel Infrarot-Licht durch, das sich im Foto als unschöner rötlicher Farbstich niederschlägt. Andere Filter erzeugen blaustichige Bilder.

▲ *Der hohe Infrarot-Durchlass hat das Foto farblich komplett ruiniert.*

Aus unserer Erfahrung können wir für die EOS 5DS [R] folgende stärkere Graufilter empfehlen: Schraubfilter ND400 von Hoya (9 EV), LEE Filter Big Stopper Graufilter (100 × 100 mm, 10 EV) und Dörr DHG Graufilter ND8 (3 EV). Sie beeinflussen die Farbgebung nur minimal. Fotografieren Sie trotzdem besser mit dem RAW-Format, gegebenenfalls kombiniert mit einer Graukarte, um den Weißabgleich später perfekt austarieren zu können.

 Graufilter für Movie-Aufnahmen
Auch beim Filmen sind Graufilter vorteilhaft, um einerseits die Belichtungszeit auf ±1/100 Sek. zu halten (flüssige Bewegungsabläufe) und gleichzeitig die Blende weiter öffnen zu können (Spiel mit der Schärfentiefe, Kino-Look). Geeignete Filter sollten etwa zwei bis fünf ganze Stufen an Licht imitieren. Interessant sind auch variable Filter, die aber in guter Qualität auch ihren Preis haben (z. B. Rodenstock HR Digital Vario Graufilter ND 2-ND 400).

Mit der EOS 5DS [R] in die Natur

Wer sich mit der EOS 5DS [R] auf Expeditionen in die Natur begibt, der erlebt nicht nur viel, sondern bringt sicherlich auch jede Menge schöne Fotos mit nach Hause. Es müssen aber nicht gleich größere Fernreisen sein, um der Naturfotografie zu frönen. Auch kleinere Ausflüge in die nähere Umgebung haben eine Menge Potenzial. Also, packen Sie die wichtigsten Sachen zusammen und gehen Sie „on tour".

▲ Der 100 %-Ausschnitt offenbart die fein aufgelösten Holzstrukturen.

▼ Nicht nur die Schärfentiefe ist bei diesem Bild aufgrund des getilteten Tilt-Shift-Objektivs erweitert. Der Sensor liefert obendrein eine enorm feine Strukturauflösung.

1/30 Sek. | f/8 | ISO 100 | 24 mm | –2/3 EV

Erstklassige Landschaftsfotografie ist eine Disziplin, die einige Fotografen mit einer geradezu kontemplativen Gelassenheit zelebrieren. Hier sind vereinzelt sogar noch Großformatkameras im Einsatz, bei denen eine Aufnahme mit Bedacht ausgelöst sein will, da sie gleich mal ein paar Euro kostet.

Mit der EOS 5DS [R] haben Sie nun ein Gerät in der Hand, das in Landschaftsaufnahmen eine bisher von Kleinbildkameras nicht gekannte Feinzeichnung ins Bild bringt und Ihnen trotzdem nicht abverlangt, einen Maulesel zum Materialtransport mit ins Gebirge zu schleppen. Für extrem hochwertige Landschaftsaufnahmen ist die EOS 5DS [R] jedenfalls genau die richtige Begleiterin, und genussvolles Fotografieren ist auch mit Kleinbild zuallererst immer eine Frage der Einstellung.

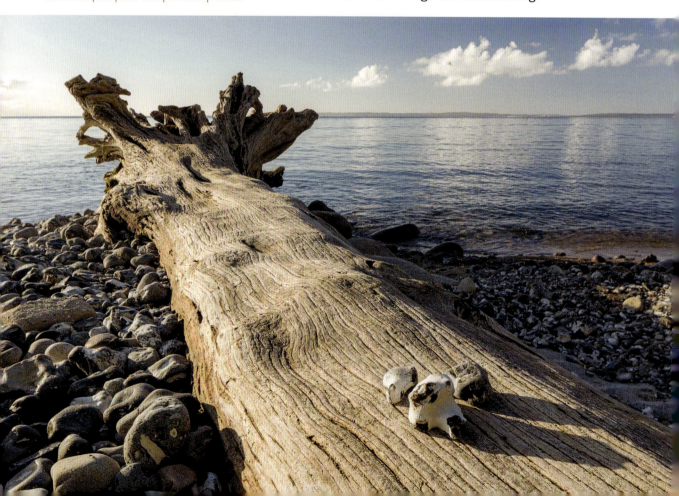

10.1 Mehr Harmonie mit Grauverlaufsfiltern

Landschaftsaufnahmen haben häufig eines gemein, der Himmel ist viel heller als der Bodenbereich. Das hat zur Folge, dass entweder die Landschaft angenehm hell abgebildet wird und dafür der Himmel überstrahlt oder umgekehrt: Der Himmel ist schön durchzeichnet, dafür versinkt die Landschaft im unteren Bildbereich in Dunkelheit.

Gut, dass es spezielle Grauverlaufsfilter gibt, die der Kreativität bei der Landschaftsfotografie auf die Sprünge helfen. Durch den geänderten Helligkeitsverlauf erhöht sich die optische Bildtiefe, und meist wirken die Fotos auch etwas wilder oder dramatischer. Wenn Sie sich die beiden Fotos auf der nächsten Seite ansehen, ist der Unterschied gut zu erkennen.

Alles, was Sie dafür benötigen, ist ein passender Verlaufsfilter und den Modus *M* der EOS 5DS [R]. Stellen Sie die Bildhelligkeit über die Belichtungszeit, den Blendenwert und den ISO-Wert so ein, dass Ihnen die Vordergrundhelligkeit zusagt.

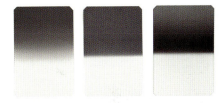

▲ *Links: weiche Übergangskante für nichtlinearen Horizont wie in den Bergen*
Mitte: harte Übergangskante für geraden Horizont wie am Meer
Rechts: Für Sonnenauf- und -untergänge gibt es die speziellen Reverse-Graduate-Filter.

Ziehen Sie anschließend den Grauverlaufsfilter von oben nach unten ins Bild hinein und beobachten Sie dabei die Änderung des Helligkeitsverlaufs durch den Sucher oder per Livebild. Wenn Sie keinen Filterhalter verwenden, achten Sie darauf, dass der Filter dicht am Objektiv anliegt, damit keine Reflexionen entstehen. Sobald Ihnen die Belichtung gefällt, lösen Sie aus.

Am besten in der Praxis bewährt haben sich 10 × 15 cm große Steckfilter, dünne Platten aus Glas oder Plastik (z. B. von Lee, Formatt Hitech, B+W). Diese Filter können Sie auch ohne speziellen Filterhalter vor das Objektiv halten.

1/50 Sek. | f/3,5 | ISO 100 | 24 mm | Stativ
▲ Etwas zu heller Himmel ohne Filter

▲ Mit Photoshop wurde der zu helle Himmel des vorigen RAW-Bilds nachträglich abgedunkelt, aber die Sonne war zu sehr überstrahlt und ist daher weiß geblieben.

1/15 Sek. | f/6,3 | ISO 100 | 24 mm | Stativ
▲ Abgedunkelter Himmel mit einem guten Hell-dunkel-Verlauf zwischen Sonne und Umgebung dank eines speziellen reversen Grauverlaufsfilters mit der Stärke ND Grad 0,9

Sie lassen sich in einer passenden Filtertasche auch problemlos am Gürtel befestigen (zum Beispiel Lowepro Filter Pouch 100) und sind bei unseren fotografischen Aktivitäten daher oft mit von der Partie. Meist nutzen wir Filterstärken von 0,9 EV.

◀ *Reverser Graufilter (ND 0,9 Reverse Grad, Formatt Hitech) am Lee-Filterhalter. Der Blitz wurde für die hier gezeigten Bilder nicht verwendet.*

Grauverlauf per Bildbearbeitung

Nachteilig an der Filterlösung ist, dass die Bildqualität auch im ungefilterten Bereich stark von der Fertigungsqualität des Steckfilters abhängt. Aber Sie können einen graduellen Grauverlauf natürlich auch am Computer nachstellen.

Das Bild muss dann aber ziemlich knapp belichtet werden, damit die hellen Bereiche, wie hier die Sonne, nicht unrettbar weiß überstrahlen. Das wiederum hat den Nachteil, dass in der RAW-Konvertierung der viel zu dunkle Bodenbereich stark aufgehellt werden muss, was wiederum starkes Bildrauschen mit sich bringt.

Die Qualität ist schlechter als mit Filter. Dem können Sie nur entgehen, wenn Sie zwei Aufnahmen fusionieren – eine mit gut belichtetem Vordergrund und eine mit dem optimal belichteten Himmel.

10.2 Landschaften im Farbenrausch

Sonnenauf- und -untergänge gehören sicherlich zu den am meisten fotografierten Landschaftsmotiven. Auch wir können uns bei der Sichtung eines schönen Abendhimmels kaum zurückhalten, das Abendbrot beiseite zu legen und mit der Kamera aus dem Haus zu rennen, um das farbenkräftige Schauspiel auf den Sensor zu bannen.

1/60 Sek. | f/7,1 | ISO 100 | 50 mm

▶ *Ausgangsbild mit unverändertem Weißabgleich.*

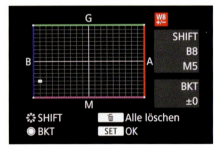

▲ *Einstellung der Weißabgleichkorrektur des gezeigten Bilds*

Die Bildfarben spielen bei derartigen Motiven eine ganz besondere Rolle. Wie könnten Sie also vorgehen, um Ihrem Sonnenuntergangsmotiv eine intensivere Note zu verleihen oder vielleicht sogar den Rot-Violett-Anteil des Abendlichts noch stärker herauszuarbeiten?

Ganz klar, verschieben Sie die Farben mit einer **Weißabgleichkorrektur** absichtlich. Bei dem gezeigten Foto haben wir dem Bild eine stärkere Rot-Violett-Note verliehen und dazu eine Feinabstimmung mit der Abkürzung **B8/M5** vorgenommen.

Eine solche Farbabweichung können Sie im Aufnahmemenü 2 bei **WB-Korr.einst**. wählen (siehe auch ab Seite 173).

1/60 Sek. | f/7,1 | ISO 100 | 50 mm

▲ Mit der Weißabgleichkorrektur B8/M5 konnten wir die Blau-Rot-Töne intensivieren.

10.3 Tiere vor der Kamera

Man muss ja nicht gleich „Birdwatcher" sein oder es toll finden, vor Sonnenaufgang im Tarnzelt zu verschwinden, um erst nach Sonnenuntergang wieder herauszukommen. Die Tierfotografie ist sehr viel umfassender und bietet ein enorm weites Betätigungsfeld.

Außerdem ist sie unserer Meinung nach eine der anspruchsvollsten Fotografiedisziplinen überhaupt, denn Technik, Intuition, rasche Auffassungsgabe und Kenntnis des Tierverhaltens müssen perfekt ineinandergreifen, um qualitativ hochwertige Aufnahmen zustande zu bringen. Vielleicht ist es aber gerade das, was uns an der Tierfotografie so fasziniert.

Haustiere in Szene setzen

Motive aufzuspüren, ist eigentlich auch gar nicht so kompliziert. Zoos, Safariparks und Tiergehege bieten viele interessante Fotomotive und reichlich Möglichkeiten, sich mit diesem Thema etwas ausführlicher zu befassen. Vielleicht wird aber auch Ihr Hund oder Nachbars Katze zu den ersten bevorzugten Fotomotiven zählen.

Egal, welche Tiere ins Visier genommen werden, lassen Sie sich mit Ihrer 5DS [R] voll und ganz auf sie ein. Dabei werden Sie sicherlich auf viele, bereits bekannte fotografische Herausforderungen treffen. Denn die Gestaltung eines unscharfen Hintergrunds und das Fokussieren auf die Augen spielen bei Tierfotos natürlich genauso eine wichtige Rolle wie bei Porträtaufnahmen von Menschen.

▼ *Kleine Katzen legen zwischen ihren Spielrunden immer wieder Pausen ein, die für Porträtaufnahmen günstig sind. Bäuchlings im Sand liegend konnten wir die Kamera auf Augenhöhe der jungen Katze positionieren. Durch die offene Blende wirkt die Grasumgebung weniger unruhig. Der Fokus wurde mit dem Einzelfeld-AF auf das rechte Auge gelegt.*
1/320 Sek. | f/4 | ISO 400 | 200 mm

1/1600 Sek. | f/4 | ISO 100 | 100 mm

▲ *In den Spielphasen stellten wir auf Tv mit einer kurzen Belichtungszeit um, damit die schnellen Bewegungen scharf eingefangen werden konnten. Als AF-Messfeld kam die AF-Bereich-Umgebung zum Einsatz.*

Da viele Tiere kleiner sind als der aufrecht stehende Mensch, werden Sie nicht umhinkommen, sich des Öfteren hockend oder robbend auf dem Boden wiederzufinden, um das Objektiv auf Augenhöhe oder sogar etwas tiefer zu positionieren. Das gibt dem Porträt eine erhabenere Wirkung.

Auch halten die meistens tierischen Models vor der Kamera nicht still. Das ist einerseits ganz toll, denn gerade die Aktion im Bild erzeugt Spannung und Emotion.

Andererseits gilt es, schnell zu reagieren und mit kurzen Belichtungszeiten zu fotografieren. Geben Sie also im Modus *Tv* eine kurze Belichtungszeit vor.

1/30 Sek. | f/8 | ISO 1600 | 200 mm
▲ *Die höhere Schärfentiefe lässt die Gitterstreben im Bild sichtbar werden.*

Tiere in Zoo und Gehege: was es zu beachten gilt

Im Zoo werden Ihnen viele Tiere leider immer noch hinter mehr oder weniger dichten Gehegezäunen begegnen. Was ist also zu tun, wenn sich die Drähte unschön durchs Bild schlängeln oder der Autofokus nicht richtig scharf stellt?

Nun, fotografieren Sie am besten mit so viel Telebrennweite wie möglich im Modus *Av* und stellen Sie den Blendenwert auf die niedrigste Stufe. Bei der geringen Schärfentiefe wird die Umzäunung außerhalb des fokussierten Bereichs liegen und daher im Bild nahezu „unsichtbar" werden. Achten Sie aber darauf, dass der Draht

1/80 Sek. | f/2,8 | ISO 500 | 200 mm
Bei offener Blende ist vom Gehegezaun im Bild nichts zu erkennen.

nicht gerade vor dem Gesicht der Tiere verläuft, und blitzen Sie das Gitter nicht an, damit die Drähte nicht reflektieren. Sollte der Autofokus am Zaun „hängen" bleiben, fokussieren Sie mit dem Spot-AF oder stellen die Schärfe manuell ein.

Übrigens, die besten Bedingungen herrschen vor, wenn sich das Tier in der Gehegemitte befindet, die Kamera dicht am Zaun ist und mit einer Telebrennweite von 100 bis 200 mm, oder auch darüber, fotografiert werden kann. Auf diese Weise lassen sich die störenden Drähte nahezu komplett aus dem Foto eliminieren. Probieren Sie's beim nächsten Zoobesuch einfach einmal aus.

Wildtierfotografie meistern mit der EOS 5DS [R]

Ob zu Hause oder im Urlaub, das Fotografieren von Wildtieren ist immer eine besondere Herausforderung. Meist liegt das daran, dass die Tiere uns Menschen als bedrohlich, seltsam oder irgendwie störend empfinden.

Mit ein wenig Einfühlungsvermögen und ruhigem Verhalten klappen schöne Wildtieraufnahmen aber auch ohne ein riesengroßes Teleobjektiv oder ausgeklügelte Tarnmechanismen.

Sollte die Brennweite für eine formatfüllende Darstellung nicht ausreichen, denken Sie an die Möglichkeiten des 1,3- und 1,6-fachen Cropmodus der EOS 5DS [R]. Wenn Sie im RAW-Format fotografieren, wird trotzdem ein Bild im Vollformat aufgezeichnet. Anhand der maskierten Sucheransicht lässt sich der benötigte Bildausschnitt aber besser gestalten.

▲ *Bildausschnitt mit 1,6-fachem Cropfaktor*

Dann gibt es natürlich auch viele Tiere, die sich an uns Menschen mehr oder weniger gewöhnt haben. Formatfüllende Porträtmöglichkeiten sind im Fall von Möwen & Co. keine Seltenheit, und oftmals ist auch genügend Zeit, die 5DS [R] gut auf die Situation einzustellen und auf den besonderen Blick oder eine spannende Aktion zu warten.

1/2000 Sek. | f/8 | ISO 400 | 255 mm

▲ An den Papageitaucher haben wir uns langsam herangerobbt. Nach einer kurzen Gewöhnungsphase ging er weiter seiner Gefiederpflege nach.

Erstrebenswert ist bei diesen oft gesehenen Motiven auch, Situationen in besonderem Licht oder Bewegungen einzufangen, die charakteristische Aktionen der Tiere in den Bildmittelpunkt stellen.

 Tarnzelt auf vier Rädern

Scheue Tiere lassen sich oftmals gut aus dem Auto heraus fotografieren, da unbelebte Blechkarossen im Allgemeinen als weniger bedrohlich empfunden werden als der Mensch. Hier empfiehlt es sich, einen Bohnensack auf das heruntergekurbelte Autofenster zu legen, das Teleobjektiv darauf abzustützen und das Motiv in aller Ruhe ins Visier zu nehmen. Am stabilsten lassen sich Modelle in „Hosenform" auf der Fensterscheibe platzieren.

▶ Das schwere Objektiv liegt gut stabilisiert auf einem Bohnensack auf der heruntergekurbelten Autoscheibe.

1/640 Sek. | f/2,8 | ISO 200 | 200 mm

▲ *In den ersten Sonnenstrahlen des Tages begibt sich eine Lachmöwe auf Futtersuche. Das Gegenlicht sorgt für eine harmonische Lichtstimmung und der tiefe Aufnahmestandpunkt lässt den Betrachter unmittelbar an der Aktion teilhaben.*

Und wenn Sie sich gar so richtig für die Tierfotografie begeistern und ein wenig recherchieren, werden Sie feststellen, dass es viele „Hotspots" gibt, an denen es gar nicht schwer ist, besonderen Vögeln oder Säugetieren ganz nahe zu kommen.

Dazu muss man nicht einmal sehr weit reisen. Aufnahmen von Papageitauchern sind beispielsweise in Schottland und Island ohne größere Umstände möglich, solche von Basstölpeln auf der Insel Helgoland, und Murmeltiere springen Ihnen am Großglockner fast über die Füße.

1/500 Sek. | f/7,1 | ISO 250 | 500 mm | Bohnensack auf Autoscheibe

▲ Um Meister Lampe nicht beim genüsslichen Verspeisen seines Grashalms zu stören, fotografierten wir mit dem Livebild und der verzögerten leisen LV-Aufnahme im Modus 2.

Auf der Pirsch: Kamerageräusche vermeiden

Das Geräusch des Spiegelschlags kann trotz der standardmäßig aktiven motorgetriebenen Dämpfung beim Aufnehmen scheuer Tiere in einer leisen Umgebung problematisch sein. Es wird als Störung wahrgenommen, sodass der Vogel an der Bruthöhle mit dem Füttern aufhört oder das Reh den Kopf hebt, in Ihre Richtung blickt und merkt, dass da irgendetwas nicht ganz stimmt.

Leider können Sie die Geräusche bei der 5DS [R] nicht gänzlich unterdrücken, denn sie besitzt im Unterschied zu vielen spiegellosen oder kompakten Digitalkameras keinen rein elektronisch gesteuerten Verschluss. Es gibt aber Möglichkeiten, die Geräusche zumindest etwas zu drosseln.

▲ Leise Einzel- oder Reihenaufnahme aktivieren

Stellen Sie in jedem Fall im Aufnahmemenü 1 den *Piepton* aus. Wählen Sie nun mit der Taste DRIVE•AF und dem Schnellwahlrad die Betriebsart *Leise Einzelaufnahme* ☐S oder *Leise Reihenaufnahme* ☐₁S aus. Die Auslösegeräusche werden nun etwas gedämpft, indem die Bewegungen des Schnellrücklaufspiegels verlangsamt ablaufen.

Daher wird die Aufnahme auch etwas verzögert gestartet. Bei Verwendung der leisen Reihenaufnahme reduziert sich die maximal mögliche Geschwindigkeit zudem auf 3 Bilder pro Sekunde.

Auch im Livebild-Modus können Sie leiser fotografieren als normal. Dazu aktivieren Sie im Aufnahmemenü 6 bei *Leise LV-Aufnahme* den *Modus 1* oder *Modus 2*.

Im *Modus 1* verhält sich die 5DS [R] ähnlich wie bei der leisen Einzelaufnahme und verzögert die Verschlussvorgänge. Daher wird die Aufnahme auch etwas verzögert gestartet. Trotzdem können Sie Reihenaufnahmen auslösen, wobei dann wieder lautere Geräusche entstehen, weil die 5DS [R] nicht mehr dämpfend eingreifen kann.

▲ *Einschalten der Leisen LV-Aufnahme*

Im *Modus 2* können Sie die Verschlussgeräusche zeitlich voneinander entkoppeln. Der Verschluss öffnet sich mit dem ersten Auslöserdruck recht leise und es finden so lange keine weiteren Geräusche statt, bis Sie den Auslöser wieder loslassen. Reihenaufnahmen sind in diesem Modus aber nicht möglich. Übrigens, die Modi ☐S und ☐₁S haben keinen Einfluss auf die Lautstärke der Livebild-Aufnahme.

Das Auslösegeräusch ist aber auch im Livebild nur geringfügig leiser. Um von den Tieren gänzlich unbemerkt zu bleiben, würden nur geräuschdämpfende Kamera-Ummantelungen (z. B. von Blimp) oder ein ausreichend hoher Fotoabstand helfen.

 Livebild-Anzeigedauer erhöhen

Mit der Funktion *Auto.Absch.aus* im Einstellungsmenü 2 können Sie festlegen, nach welcher Zeitspanne Ihre EOS 5DS [R] von selbst in den wohlverdienten Ruhemodus übergeht und keinen Strom aus dem Akku zieht. Sie kann durch Antippen des Auslösers rasch wieder aktiviert werden. Standardmäßig empfinden wir die Vorgabe von *1 Min.* sehr passend. Die Zeitangabe wirkt sich aber auch auf die Dauer der Livebild-Anzeige aus. Wählen Sie daher bei Livebild-Aufnahmen scheuer Tiere längere Zeiten, um zu verhindern, dass es ein weiteres störendes Klickgeräusch gibt, wenn sich das Livebild ausschaltet und Sie es danach wieder einschalten. Der Akku entlädt sich dann aber schneller und die Kameraelektronik wird stärker belastet.

Sport und Action mit der EOS 5DS [R]

Das Fotografieren bewegter Motive macht unheimlich viel Spaß, weil Details im Bild sichtbar werden, die selbst unsere flinken Augen nicht wahrnehmen können. Andererseits lassen sich mit Wischeffekten kreative Bildideen umsetzen. Lassen Sie sich inspirieren.

11.1 Den einen Moment erwischen

Eine besonders hohe Reihenaufnahmegeschwindigkeit ist zwar nicht gerade das herausragendste Merkmal der EOS 5DS [R]. Daher werden die Kameras selbst von Canon auch nicht explizit für die Sportfotografie empfohlen.

▲ Aktivieren der Reihenaufnahme und des kontinuierlichen Autofokus *AI SERVO* für die Schärfenachführung

Aber auch mit fünf Bildern pro Sekunde stehen die Chancen sehr gut, bei schnellen Aktionen den richtigen Moment einzufangen. Bei uns haben sich die 5DS und die 5DS R jedenfalls kein Attest erworben, um zukünftig nicht mehr im Schlamm am Rand der Motocross-Strecke oder bei anderen Sportevents eingesetzt zu werden – im Gegenteil, nach diesen Erfahrungen erst recht.

Um die höchste Geschwindigkeit von 5 Bildern pro Sekunde auch wirklich nutzen zu können, stellen Sie mit der Taste DRIVE·AF und dem Schnellwahlrad die Betriebsart *Reihenaufnahme schnell* ⌐H ein. Drücken Sie den Auslöser länger durch und lassen Sie Ihrer 5DS [R] freien Lauf.

Die Höchstgeschwindigkeit ist allerdings mit gewissen Einschränkungen verbunden. So können Sie im Format RAW nur maximal 12 Bilder in Folge aufnehmen, bevor die Geschwindigkeit deutlich einbricht, weil die 5DS [R] mit dem Übertragen der Daten vom internen Zwischenspeicher (Pufferspeicher) auf die Speicherkarte ausgelastet ist. Bei 12 RAW-

▼ Mit der schnellen Reihenaufnahme konnten wir genau den Moment einfangen, in dem der Seitenwagen umkippte, und natürlich auch alle essenziellen Aktionen davor und danach.
1/640 Sek. | f/2,8 | ISO 640 | 85 mm | –⅓ EV

Aufnahmen kann es um die 20 Sekunden (CF-Karte, 300×, UDMA) bzw. 27 Sekunden (SD-Karte, UHS-1) dauern, bis der Pufferspeicher wieder leer ist. Zwar können Sie weiterfotografieren, aber nur mit verringerter Geschwindigkeit.

Im JPEG-Format ◢L sind aber immerhin etwa 31 Bilder mit voller Geschwindigkeit möglich (bei Verwendung einer UDMA7-CF-Speicherkarte können es, laut Canon, sogar bis zu 510 sein).

Etwas gemächlicher geht es bei der *Reihenaufnahme langsam* 🖵 und der *Leisen Reihenaufnahme* 🖵S zu, die Geschwindigkeiten von 3 Bildern pro Sekunde liefern. Hier erhöht sich die maximal mögliche Anzahl von Reihenaufnahmen im RAW-Format auf 17 bis 19, obgleich dies bei der Anzeige möglicher Aufnahmen im Sucher und im Monitor nicht zu erkennen ist, dort stand bei uns jedenfalls trotzdem der Wert 12.

11.2 Bewegungen einfrieren

Vielleicht sind Sie demnächst bei einer Greifvogel-Flugshow, bei einem Sportevent oder Sie möchten die eigenen Kinder beim Spielen und Toben fotografieren. Um die zu erwartenden schnellen Bewegungen einzufrieren, ist die Einstellung kurzer Belichtungszeiten von zentraler Bedeutung.

 Geschwindigkeitsschlucker

Belichtungszeiten länger als 1/500 Sek., der EOS iTR AF, ein niedriger Akkuladestand, hohe oder niedrige Temperaturen und die Anti-Flacker-Aufnahme führen dazu, dass die Geschwindigkeit unter 5 Bilder pro Sekunde sinkt. Beim Fotografieren mit dem AI Servo AF kann es zu Geschwindigkeitsschwankungen kommen, vor allem dann, wenn die AI Servo Priorität 1. Bild und 2. Bild auf Fokus steht. Im Livebild steht Ihnen die Höchstgeschwindigkeit zur Verfügung, sofern im Aufnahmemenü 6 bei *Leise LV-Aufnahme* der *Modus 1* oder *Deaktivieren* eingestellt ist. Die Anzahl möglicher Reihenaufnahmen mit höchster Geschwindigkeit sinkt auch bei hohen ISO-Werten oder aktivem Weißabgleich-Bracketing . Gleiches gilt für extrem detailreiche Motive, die beim Speichern größere Dateien erzeugen und den Pufferspeicher schneller füllen. Und Sie sollten im Einstellungsmenü 1 bei *Aufn.funkt.+Karte/Ordner ausw* im Bereich *Aufn.Funkt.* nicht den Eintrag *Separate Aufzeich* wählen.

Objekt	Bewegung auf 5DS [R] zu	Bewegung quer zur 5DS [R]	Bewegung diagonal
Fußgänger	1/30 Sek.	1/125 Sek.	1/60 Sek.
Jogger	1/160 Sek.	1/800 Sek.	1/320 Sek.
Radfahrer	1/250 Sek.	1/1000 Sek.	1/500 Sek.
Fliegender Vogel	1/500 Sek.	1/1600 Sek.	1/1000 Sek.
Auto	1/800 Sek.	1/2000 Sek.	1/1000 Sek.

▲ Geeignete Belichtungszeiten für das Einfrieren von Bewegungen

Da bietet sich vor allem der Modus *Tv* an.

Aktivieren Sie am besten auch die ISO-Automatik, damit Ihre 5DS [R] bei schwankenden Lichtverhältnissen stets richtig belichtete Fotos liefern kann.

Die nebenstehende Tabelle gibt Ihnen ein paar Anhaltspunkte für häufig fotografierte Actionmotive und die dazu passenden Belichtungszeiten.

 Verschlusszeitenbereich einstellen

Wenn Sie Sport- und Actionaufnahmen mit *Av* fotografieren, kann es sinnvoll sein, den Belichtungszeitenbereich einzuschränken, da sich die Zeit bei schwächerem Licht verlängern würde und bewegungsunscharfe Bilder entstünden.

Navigieren Sie dazu im Individualmenü 2 zur Funktion *Einst.Verschlusszeitenbereich* und wählen Sie bei *Langsamste Zeit* beispielsweise *500*. Die 5DS [R] kann dann in den Modi *P* bis *C3* nun keine längeren Belichtungszeiten mehr nutzen. Eine solche Begrenzung ist aber nur bei guten Lichtverhältnissen zu empfehlen, da sonst auch bei aktiver ISO-Automatik schnell unterbelichtete Bilder entstehen.

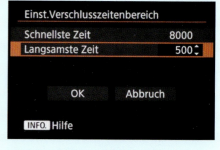

▲ Langsamste Zeit, auf 1/500 Sek. verkürzt

11.3 Den Fokus exakt setzen und präzise nachführen

Mit der EOS 5DS [R] können Sie actionreiche Motive, wie den hier gezeigten Polospielern, präzise scharf stellen und den Fokusbereich über die Bewegung hinweg mitführen lassen. Das funktioniert vor allem dann sehr gut, wenn sich das Objekt nicht allzu schnell bewegt, mindestens ein Viertel der Sucherfläche einnimmt und eine gleichmäßig schnelle Bewegungsart vorliegt.

1/500 Sek. | f/4 | ISO 100 | 98 mm

◀ Das gewählte AF-Feld liegt auf dem vorderen Spieler und der Servo-AF führt die Schärfe mit dem Spieler mit.

1/500 Sek. | f/4 | ISO 100 | 98 mm

◀ Hier hat die AF-Bereich-Erweiterung auf das Feld links neben dem gewählten AF-Feld umgeschaltet, um den Fokus weiter exakt nachstellen zu können.

Wählen Sie für derartige Szenen folgende Optionen: AF-Bereich-Erweiterung, AI Servo AF, Case 1, AI Servo Priorität 1. Bild und 2. Bild auf Fokus und als Betriebsart die Reihenaufnahme oder die schnelle Reihenaufnahme.

Fokussieren Sie nun mit halb heruntergedrücktem Auslöser auf den herannahenden Sportler und halten Sie den Auslöser weiterhin auf halber Position. Achten Sie darauf, dass das gewählte AF-Feld auch auf dem gewünschten Motivbereich liegt, sonst springt der Fokus auf ein anderes Motiv über.

Lösen Sie in Reihe aus oder schießen Sie Bilder mit etwas längeren Unterbrechungen zwischen den einzelnen Aufnahmen. Lassen Sie den Auslöser dabei aber nicht ganz los, sondern halten Sie ihn stets auf halber Position. Sonst wird die Nachführung unterbrochen und muss von Neuem gestartet werden, was wertvolle Zeit kosten kann.

Sollte das gewählte AF-Feld im Lauf der Bewegung nicht mehr den gewünschten Motivbereich abdecken, wählen Sie mit dem Multi-Controller schnell ein anderes. Der Wechsel des AF-Feldes kann auch dann praktisch sein, wenn Ihnen eine Reihe Radrennfahrer oder mehrere Läufer entgegenkommen und Sie spezifisch bestimmte Akteure scharf stellen möchten.

11.4 Schnell auftauchende Motive sicher erfassen

Motocross-Fahrer, die Ihnen über einen Hügel entgegenspringen, Skateboarder, die über die Kante der Halfpipe segeln, oder Trickskispringer, die über die Schneerampe sausen, haben eines gemein, sie tauchen unwahrscheinlich schnell im Bild auf. Zudem ist es vorab nur zu erahnen, wann und an welcher Position sie im Bildausschnitt zu sehen sein werden. Entsprechend schnell muss die EOS 5DS [R] auf derlei extreme Action gefasst sein.

▲ *Auswahl des Ausgangsfeldes ermöglichen*

Am besten stellen Sie dazu folgende Funktionen ein: AF-Messfeldwahl in Zone oder Automatische Wahl, AI Servo AF, Case 3 mit geänderter AI Servo Reaktion auf +2, AI Servo Priorität 1. Bild auf Geschwindigkeit und 2. Bild auf Fokus sowie die Betriebsart Reihenaufnahme schnell.

Im Fall der automatischen Messfeldwahl in Kombination mit dem AI Servo AF können Sie eines der 61 AF-Felder vorab bestimmen, an dem Sie den Sportler am ehesten erwarten oder ihn im Bildausschnitt positionieren möchten. Dazu ist

1/1000 Sek. | f/8 | ISO 200 | 130 mm | +⅓ EV
Der Autofokus der EOS 5DS [R] erfasst solche Motive rasend schnell.

es notwendig, im AF-Menü 4 den Eintrag *Auto-AF-Pktw.: EOS iTR AF* zu deaktivieren. Anschließend aktivieren Sie im AF-Menü 4 bei *AF-Ausg.feld AI Servo AF* die Option *Ausgew. AF-Ausgangsfeld*. Danach können Sie mit der Taste [⊞] und dem Multi-Controller das gewünschte AF-Feld auswählen.

Fokussieren Sie mit dem gewählten AF-Feld auf die Sprungkante, hier den Schneehügel. Lassen Sie den Auslöser wieder los, sonst versetzt der Nachführautofokus die Schärfeebene wieder, und richten Sie den Bildausschnitt ein.

Sobald der Sportler am Horizont erscheint, lösen Sie aus und verfolgen ihn mit halb heruntergedrücktem Auslöser weiter bzw. lösen Sie eine längere Bilderserie aus. Das vorgewählte AF-Feld wird versuchen, das Motiv zu erfassen. Wenn das nicht geht, springen die anderen AF-Felder ein und übernehmen die Fokussierung.

▲ *Ausgangsfeld auswählen*

AI Servo pausieren lassen

Um den voreingestellten Fokus auf die Sprungkante nicht zu verlieren, können Sie die AF-ON-Taste mit der Option *AF-OFF* belegen (Individualmenü 3 *Custom-Steuerung*).

Die Nachführung wird beim Drücken der AF-ON-Taste pausiert und beim Loslassen sofort wieder aufgenommen.

Diese Vorgehensweise eignet sich auch für Situationen, in denen das Hauptmotiv von störenden Elementen im Vordergrund so lange verdeckt wird, dass die Schärfe selbst bei verlangsamter AI Servo Reaktion vom Hauptmotiv auf andere Bildstellen umspringt, wie im nächsten Abschnitt besprochen.

▲ *AF-ON-Taste, programmiert mit der AF-Stoppfunktion*

11.5 Störende Elemente vor dem Motiv ignorieren

Bei actionreichen Szenen kommt es häufig vor, dass das eigentliche Motiv durch andere Elemente kurzzeitig verdeckt wird. Das kann ein Fußballspieler sein, der vor dem fokussierten Spieler durchs Bild läuft, oder es stehen Ihnen ein paar Zuschauer im Weg. Der Nachführautofokus kommt dann schnell aus dem Tritt, sprich, er springt auf einen anderen Motivbereich um. Auch wenn sich nur die Hintergrundstruktur ändert, kann es vorkommen, dass der AI Servo das kleinere Hauptobjekt verliert und den Hintergrund scharf stellt.

Bei der EOS 5DS [R] haben Sie jedoch die Möglichkeit, dem AI Servo AF ein wenig Schlafpulver zu verpassen, indem die AI Servo Reaktion herabgesetzt wird. Das bewirkt eine stabilere Verfolgung, selbst wenn das eigentliche Motiv zwischenzeitlich komplett verdeckt wird. Folgende Einstellungen eignen sich für derlei Situationen: AF-Messfeldwahl in Zone, AF-Bereich-Umgebung oder AF-Bereich-Erweiterung, AI Servo AF, Case 2 mit AI Servo Reaktion –2, AI Servo Priorität 1. Bild und 2. Bild auf Fokus, Reihenaufnahme schnell.

Alle Bilder: 1/800 Sek. | f/4 | ISO 100 | 200 mm | –⅓ EV

▲ Mit langsamer AI Servo Reaktion bleibt der Fokus am Motiv dran, auch wenn es zwischenzeitlich ganz verdeckt wird.

11.6 Das vorderste Motiv im Fokus

Beim Start eines Rennens oder bei einer Verfolgungsjagd können Sie die EOS 5DS [R] so vorbereiten, dass sie stets das führende Auto oder den führenden Sportler scharf stellt.

1/2500 Sek. | f/4 | ISO 250 | 200 mm

▲ Mit den automatisch innerhalb der AF-Zone gewählten AF-Feldern konnten wir den führenden Reiter konstant im Fokus halten.

Wählen Sie für solche oder ähnliche Motive die folgende Einstellungskombination: AF-Messfeldwahl in Zone oder Automatische Wahl, AI Servo AF, Case 3, AI Servo Priorität 1. Bild auf Fokus und 2. Bild mittig zwischen Geschwindigkeit und Fokus sowie die Reihenaufnahme schnell.

Die Vorgehensweise beim Fotografieren entspricht der des Abschnitts mit dem Snowboarder.

Wählen Sie also im Fall der automatischen Messfeldwahl ein AF-Feld vor, das zu Beginn priorisiert werden soll. Die EOS 5DS [R] wird dann jedoch, sobald andere Motivbereiche mehr im Vordergrund liegen, auf diese umstellen.

11.7 Kameratipps für spannende Flugaufnahmen

Fliegende Vögel, Flugzeuge, Helikopter oder andere Fluggeräte am mehr oder weniger einheitlich gefärbten Himmel in den Fokus zu bekommen, ist nicht immer leicht. Es kann passieren, dass der Autofokus hin und her pumpt und Sie Ihr Motiv dabei nur unscharf ins Visier bekommen.

Das liegt daran, dass die 5DS [R] eine eingebaute Schärfensuche aktiviert, wenn sie nicht gleich einen Motivbereich findet, der sich scharf stellen lässt. Das Objektiv fährt dann den gesamten Fokusbereich zwischen Nah- und Ferneinstellung einmal komplett durch, um nach fokussierbaren Elementen zu suchen. Schauen Sie sich dazu einmal das Bild mit der Lachmöwe an, die genauso gut an Ihnen vorbei-

▼ *Ohne Schärfensuche lassen sich solche Motive einfacher fokussieren.*
1/1600 Sek. | f/3,5 | ISO 100 | 400 mm | +1 EV

fliegen könnte. Wenn Sie den Vogel mit nur einem AF-Feld verfolgen, um die Schärfe ganz präzise auf den Kopf oder den Körper des Tiers zu legen, kann es leicht passieren, dass das AF-Feld zwischenzeitlich nur auf den Himmel trifft. Das würde dazu führen, dass die Schärfensuche beim nächsten Fokusvorgang greift und die Objektivlinsen den Fokusbereich einmal komplett durchfahren, während Sie verzweifelt versuchen, das AF-Feld wieder auf dem Vogel zu platzieren. Daraus ergeben sich zwei Nachteile:

1. Sie verlieren den Vogel schnell aus dem Sucher, weil er zwischenzeitlich total unscharf zu sehen sein wird.
2. Es dauert eine gefühlte Ewigkeit, bis das Objektiv wieder in Fokusposition ist und das nächste Bild aufgenommen werden kann.

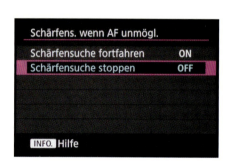

▲ Ein-/Ausschalten der Schärfensuche

Wenn Sie die Schärfensuche im AF-Menü 4 bei *Schärfens. wenn AF unmögl.* deaktivieren, kann dies nicht passieren. Der Fokus bleibt auf der Entfernungsebene des vorigen Bilds und Sie können den Vogel weiter im Sucher verfolgen und schneller wieder scharf stellen. Ähnliches gilt auch für das Fotografieren mit dem Autofokus im Makrobereich.

Das Abschalten der Schärfensuche kann aber auch zu Problemen führen, denn der Fokus reagiert nun gar nicht mehr, wenn das Objekt weit aus der Schärfeebene geraten ist. In solchen Fällen müssen Sie manuell grob auf das Motiv vorfokussieren, damit der Autofokus wieder aktiv werden kann.

Daher empfehlen wir Ihnen, die Schärfensuche standardmäßig eingeschaltet zu lassen und sie nur bei Aufnahmen mit Teleobjektiven von 300 mm und mehr und gegebenenfalls bei Makroaufnahmen zu verwenden.

Den Fokusbereich einschränken

Sollte Ihnen das Abschalten der Schärfensuche auch in dafür geeigneten Situationen Probleme bereiten, können

Sie einen anderen Trick anwenden. Schränken Sie den Entfernungsbereich des Objektivs ein, in dem das Objektiv nach fokussierbaren Elementen suchen darf.

Dazu stellen Sie den Entfernungsschalter bei einem Makroobjektiv beispielsweise auf den Nahbereich ❶ ein oder wählen bei einem Teleobjektiv die Einstellung auf den Fernbereich ❷.

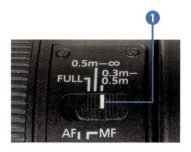
▲ *Entfernungsbereich Makroobjektiv*

Bei einigen Superteleobjektiven von Canon können Sie noch einen Schritt weiter gehen und die Fokusebene speichern, in die das Objektiv dann schnell wieder zurückspringen kann. Dazu setzen Sie den Objektivschalter FOCUS PRESET auf I ❹ und drücken die Taste SET ❸ am Objektiv.

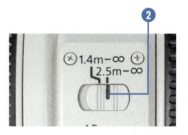
▲ *Entfernungseinschränkung Teleobjektiv*

11.8 Dynamik mit Wischeffekten gestalten

Das Mitziehen ist eine sehr kreative Art, die Dynamik bewegter Objekte in Bildern einzufangen. Die Bewegungsgeschwindigkeit kommt hier sehr deutlich zum Ausdruck. Tolle Motive für Mitzieher sind beispielsweise fahrende Autos, übers Wasser rasende Boote, rennende Hunde, Radrennfahrer, Vögel im Flug oder Pferde im Galopp.

▲ *Ein Druck auf SET und die Fokusebene ist gespeichert.*

Um einen Mitzieher zu gestalten, nehmen Sie Ihr Fotoobjekt mit der 5DS [R] ins Visier, verfolgen es und lösen aus, während Sie das Fotoobjekt mit der Kamera weiter verfolgen. Sehr hilfreich sind dabei die folgenden Autofokuseinstellungen: AF-Messfeldwahl in Zone, AI Servo AF, Case 2, AI Servo Priorität 1. Bild auf Fokus, AI Servo Priorität 2. Bild auf Geschwindigkeit und als Betriebsart die schnelle Reihenaufnahme.

Fotografieren Sie am besten im Modus *Tv* mit Belichtungszeiten zwischen 1/250 Sek. und 1/60 Sek. Dann wird das Objekt weitgehend scharf erkennbar abgebildet. Bei längeren Belichtungszeiten von 1/40 Sek. bis 1/8 Sek. wird auch das fokussierte Objekt teilweise unscharf werden. Dabei ist es günstig zu wissen, dass die Zeit umso kürzer sein muss, je näher das Objekt an Ihnen vorbeirast.

Fokussieren Sie Ihr Objekt über die gewählte AF-Zone. Die Zonenwahl erhöht die Trefferquote, weil mehrere AF-Felder das Motiv scharf stellen können. Bewegen Sie die 5DS [R] dann bei weiterhin halb heruntergedrücktem Auslöser exakt mit der Schnelligkeit und der Bewegungsrichtung des Fotomotivs mit, ohne die Kamera nach oben oder unten zu verziehen. Lösen Sie die Reihenaufnahme aus, während Sie das Objekt weiter verfolgen.

Das exakte Mitziehen bedarf zwar etwas Erfahrung, zugegeben. Dafür lässt sich aber wirklich viel Dynamik ins Bild zaubern.

▲ *Geeignete Ausgangswerte für Mitzieher im Modus Tv*

1/60 Sek. | f/11 | ISO 100 | 78 mm

Mit der AF-Zone im linken Bildbereich konnten wir die Polospieler optimal verfolgen und sie dabei so positionieren, dass sie von links ins Bild hineingaloppieren, in Bewegungsrichtung also noch Platz ist.

Stabilisatormodi

Stabilisatoren neuerer Generation, zum Beispiel der des Canon EF 24-70 mm f/4L IS USM, funktionieren auch bei Mitziehern. Sie können unterscheiden zwischen den leichten Verwacklungsbewegungen der Hand und einem kräftigen Kameraschwenk.

Manche Canon-Objektive haben überdies einen speziellen Mitziehmodus (*MODE 2*), den Sie über einen Schieberegler am Objektiv aktivieren können.

Es wird dann nur noch die der Bewegung 90° entgegengesetzte Richtung stabilisiert, also beim horizontalen Mitziehen die vertikale Achse.

▲ *Canon-Stabilisator im Mitziehmodus* **MODE 2**

11.9 Schnelle Bewegungen bei Kunstlicht einfangen

Actionaufnahmen beim Hallensport sind nicht so leicht. Das Licht ist begrenzt und trotzdem benötigen Sie Belichtungszeiten von 1/500 Sek. oder kürzer, um die Bewegungen scharf auf den Sensor zu bekommen.

Da steigt der ISO-Wert gerne mal auf 6400 an. Und es kommt ein weiteres, aus fotografischer Sicht unschönes Phänomen hinzu, die Flackerbeleuchtung.

▼ *Die Anti-Flacker-Technik hat für eine recht gleichmäßige Belichtung der beiden Aufnahmen gesorgt.*
Beide Bilder: 1/500 Sek. | f/3,2 | ISO 4000 | 80 mm | +1 EV

Viele Neonröhren, aber beispielsweise auch handelsübliche Tageslichtlampen, die gerne als Dauerlicht im Heimstudio eingesetzt werden, produzieren Licht durch pulsierendes Auf- und Entladen spezieller Gasgemische.

Zusammen mit der Netzspannung ergibt sich daraus eine bestimmte Flackerfrequenz, die in Deutschland 100 Hertz beträgt. Unserem Auge fällt das Flackern nicht auf, dazu ist es zu träge.

Bei den kurzen Belichtungszeiten, die die 5DS [R] liefern kann, kann sich das Flackern aber bemerkbar machen. Reihenaufnahmen sind dann farblich nicht identisch oder es sind dunkle grünliche oder violette Streifen im Bild zu sehen.

Beide Bilder: 1/500 Sek. | f/3,2 | ISO 4000 | 95 mm | +1 EV
▲ *Ungleichmäßige Helligkeit und Farbe ohne Flackerunterdrückung*

Wenn es nicht auf die Schnelligkeit ankommt, empfehlen wir Ihnen, bei Flackerbeleuchtung mit Belichtungszeiten von 1/100 Sek. oder länger zu fotografieren. Bei Sportaufnahmen kann die Anti-Flacker-Funktion der EOS 5DS [R] hingegen etwas Abhilfe schaffen.

Registriert die Kamera eine Flackerbeleuchtung, fängt das Warnsymbol **Flicker!** im Sucher an zu blinken. Dann ist es sinnvoll, im Aufnahmemenü 4 die *Anti-Flacker-Aufn* zu aktivieren. Die 5DS [R] versucht nun, den Zeitpunkt der Aufnahme so zu wählen, dass eine optimale Belichtung erzielt werden kann. Dies ist der Fall, sobald die Lampen ihre Leuchtspitze erreichen.

Die Aufnahme kann nach dem Durchdrücken des Auslösers aber etwas verzögert starten und die Reihenaufnahmegeschwindigkeit kann sinken oder auch ungleichmäßig werden. Aber das ist allemal besser als zu dunkle oder farblich total verschobene Bilder. Am besten funktioniert die Flackerunterdrückung, wenn Sie mit einer konstanten Belichtungszeit fotografieren. Stellen Sie also den Modus *Tv* (oder *M*) ein – ein bei Sportaufnahmen ohnehin empfehlenswertes Programm.

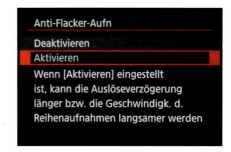

▲ *Einschalten der Anti-Flacker-Funktion*

Faszinierende Nah- und Makrofotografie

Kleines ganz groß abzubilden, ist eine sehr reizvolle fotografische Betätigung. Die faszinierenden Flügelschuppen eines Schmetterlings oder Detailaufnahmen von Blüten und Steinen begeistern immer wieder von Neuem. Auf solche Dinge wird im normalen Alltagsleben selten geachtet und viele Details sind mit bloßem Auge auch gar nicht so genau zu erkennen. So werden wir von guten Makroaufnahmen doch immer wieder überrascht.

1/500 Sek. | f/5,6 | ISO 400 | 100 mm | Speedlite 600EX-RT | LumiQuest Softbox III

▲ *Die Modi Av und M sind für Makroaufnahmen am besten geeignet. Hier haben wir den Blendenwert mit Av so gewählt, dass der Hintergrund zwar noch unscharf ist, aber die Heuschrecke genügend Schärfentiefe abbekommt.*

12.1 Die 5DS [R] im Makroeinsatz

In der Nah- und Makrofotografie rücken Sie Ihren Motiven mit der EOS 5DS [R] so nah wie möglich auf den Leib: je dichter der Abstand, desto stärker die Vergrößerung. Aufgrund der *Naheinstellgrenze* des Objektivs kann der Abstand allerdings nicht beliebig dicht gewählt werden, sonst lässt sich das Motiv nicht mehr scharf stellen. Achten Sie stets gut auf die Hinweise (Schärfenindikator ●, Piepton), mit denen die 5DS [R] eine erfolgreiche Scharfstellung signalisiert.

Geeignete Voreinstellungen

Wenn Sie hauptsächlich aus der Hand fotografieren möchten, können Sie in die Makrofotografie recht unkompliziert mit dem Modus *Av* einsteigen. Mit geringen Blendenwerten lassen sich schöne Freisteller erzielen. Verwenden Sie bei Zoomobjektiven hierfür die Teleeinstellung, denn so erzielen Sie stärkere Vergrößerungen und eine bessere Freistellung des Objekts vor einem diffusen Hintergrund.

Bei wenig Licht oder stärkeren Vergrößerungen muss bei Freihandaufnahmen jedoch der ISO-Wert erhöht werden, um Verwacklungen zu vermeiden. Das geht leider zulasten der im Makrobereich so wichtigen Detailauflösung, auch wenn die EOS 5DS [R] mit ihrer hohen Pixelzahl deutlich mehr Spielraum zur Verfügung stellt als Kameras mit schwächerer Auflösung.

▲ *Auf unsere geliebte Softbox III von LumiQuest möchten wir bei Freihand-Makroaufnahmen agiler Insekten nicht mehr verzichten.*

Viele Makrosituationen lassen sich daher vom Stativ aus besser bewältigen. Unsere bevorzugte Einstellung mit der EOS 5DS [R] ist der Modus *Av* mit ISO-Werten von 100 bis 400 für Aufnahmen ohne Blitz oder mit leichtem Aufhellblitz. Wenn es mehr Schärfentiefe sein soll und das Motiv still hält, drehen wir den Blendenwert bis auf f/11 oder manchmal auch f/16 hoch.

Hält das Motiv nicht still, schalten wir auf *M* um, setzen einen Systemblitz auf die 5DS [R] und fotografieren dann häufig mit diesen Werten: 1/100 Sek., f/4 bis f/11, ISO 100 bis 1600. Niedrige ISO-Werte kommen bei planen Motiven wie Schmetterlingsflügeln zum Einsatz, während wir höhere ISO-Werte nutzen, wenn der Hintergrund außerhalb der Blitzreichweite auch noch hell genug werden muss.

Das Licht kommt entweder aus einem großen Systemblitz wie dem Speedlite 600EX-RT oder 580EX II, an dem eine Softbox angebracht ist, die für eine gleichmäßige und weiche Ausleuchtung sorgt. Bei besonders geringen Abständen verwenden wir auch gerne einen speziellen Makroringblitz. Die Blitzröhren sitzen hierbei dicht neben der Frontlinse, was bei sehr geringen Aufnahmedistanzen für eine gleichmäßige Ausleuchtung sorgt. Hierbei können die Blitzlampen unterschiedliche Lichtmengen aussenden und auf diese

▲ *Ebenfalls sehr empfehlenswert für Makromotive dicht vor der Linse sind die Makroringblitzgeräte MR-14EX II von Canon oder das hier gezeigte Modell YN-MR14EX von Yongnuo.*

1/40 Sek. | f/11 | ISO 200 | 100 mm
| YN-MR14EX | Stativ

▲ *Vom Stativ aus konnten wir das Schneckenhaus mit hoher Schärfentiefe aufnehmen. Die Belichtung wurde im Modus* Av *herunterreguliert, damit das Sonnenlicht auf der Schale keine Überstrahlung erzeugte. Die Unterbelichtung wurde dann mit dem Makroringblitz kompensiert.*

Weise ein erstaunlich gutes Licht-Schatten-Spiel erzeugen. Aufgrund der semitransparenten Abdeckung der Blitzröhren streuen diese das Licht angenehm weich.

Bei Insekten muss nur ein wenig darauf geachtet werden, dass im Facettenauge nicht zwei Lichtpunkte und vielleicht auch noch die Sonne reflektieren, das wirkt sehr unnatürlich.

12.2 Der Abbildungsmaßstab

Nach allgemeinem Gusto kann eigentlich erst dann von Makrofotografie gesprochen werden, wenn das Fotomotiv in seiner realen Größe oder noch größer dargestellt wird. Die reale Größe entspricht hierbei dem Abbildungsmaßstab 1:1.

Bei dieser Vergrößerung wird das Motiv auf dem Sensor der 5DS [R] genauso groß dargestellt, wie es in der Realität ist.

Bei einem Maßstab von 2:1 wird das Objekt doppelt so groß abgebildet und bei 1:2 nur halb so groß. Achten Sie daher bei Objektiven, die die Bezeichnung „Makro" tragen, auf die Angaben zum Abbildungsmaßstab. Es handelt sich nicht wirklich um ein Makroobjektiv, wenn in den technischen Daten beispielsweise 1:3,9 steht.

▼ *Links: Maßstab 1:2*
Mitte: Maßstab 1:1
Rechts: Maßstab 2:1

Ein Vergleich: Der geringstmögliche Abstand zwischen der Bildebene ⊖ (siehe Markierung oben rechts neben dem Blitz auf dem Kameragehäuse ❶) und dem Motiv beträgt bei dem Canon EF 100 mm f/2 USM 90 cm und bei dem EF 100 mm f/2,8L Macro IS USM nur 30 cm.

Aufgrund der geringeren Naheinstellgrenze ist die Vergrößerungsleistung des Makroobjektivs mit einem maximalen Abbildungsmaßstab von 1:1 viel höher als die der normalen 100-mm-Festbrennweite, die nur auf einen Abbildungsmaßstab von etwa 1:7 kommt.

◄ *Makroobjektive bilden bis Maßstab 1:1 ab.*

▲ *Markierung der Bildebene*

4 Sek. | f/11 | ISO 100 | 75 mm | Stativ
▲ Ohne Vorsatzachromat

12.3 Nahlinsen für Makros mit jedem Objektiv

Vielleicht möchten Sie ja erst einmal testen, ob die Nah- und Makrofotografie für Sie ein interessantes Fotogebiet ist, ohne sich gleich ein Makroobjektiv zuzulegen.

Hierfür eignen sich Nahvorsatzlinsen oder Vorsatzachromate sehr gut, denn sie verringern den Abstand zwischen Kamera und Objekt. Dadurch wird das Motiv größer dargestellt.

3,2 Sek. | f/11 | ISO 100 | 75 mm | 3-Dioptrien-Achromat | Stativ

▲ *Versteinerung, gefunden auf einem Acker in der Nähe von Pottenstein und mit 3-Dioptrien-Achromat etwa 1,45-fach größer abgebildet als ohne Vorsatzlinse*

Auf diese Weise lässt sich selbst mit einem Standardzoomobjektiv schon eine ordentliche Vergrößerung erreichen. Das Schöne an den Nahlinsen ist, dass sich die Automatikfunktionen Ihrer 5DS [R] wie gewohnt nutzen lassen. Nur auf Unendlich können Sie damit nicht mehr fokussieren.

Die qualitativ besten Ergebnisse erzielen Sie mit sogenannten Achromaten. Diese sind in der Anschaffung teurer als einfache Nahlinsen, bieten aber aufgrund ihrer Vergütung und ihres zweiglasigen Aufbaus deutlich bessere Bildqualitäten. Farbsäume und Randunschärfen werden damit viel besser unterdrückt.

▲ *Canon EOS 5DS [R] mit 28–75-mm-Tamron-Objektiv und einem 3-Dioptrien-Vorsatzachromat*

Damit die Nahvorsatzlinse perfekt zum Objektiv passt, muss der Durchmesser des Filtergewindes übereinstimmen. Bei dem gezeigten Objektiv sind das beispielsweise 67 mm. Es kann aber durchaus sinnvoll sein, eine größere Linse mit einem Adapterring anzubringen. Dann treten eventuelle Randschwächen der Vorsatzlinse verringert zutage, weil sie sich außerhalb des Objektivbildkreises befinden.

▲ *Einfache Nahlinsen mit 4, 1 und 2 Dioptrien*

Wichtig ist auch, dass die Nahlinsenstärke zum Objektiv passt, damit es bei der Teleeinstellung nicht dazu kommt, dass Sie mit dem Objektiv fast am Motiv anstoßen und der fokussierbare Bereich auf wenige Zentimeter zusammenschrumpft.

Gute Kombinationen sind beispielsweise Nahlinsen mit 4–5 Dioptrien bei 50–70 mm Brennweite (zum Beispiel Marumi DHG Achromat +5, Canon 250D 4 dpt) und 2–3 Dioptrien bei 100–150 mm Brennweite (zum Beispiel Marumi DHG Achromat +3, Canon 500D 2 dpt) oder 1–2 Dioptrien bei 150–200 mm Brennweite.

 Achtung Vignettierung

Die relativ dicken Vorsatzachromate können dazu führen, dass die Bildecken deutlich sichtbar abgeschattet werden. Daher wird es oft notwendig sein, das Foto an den Rändern nachträglich etwas zu beschneiden. Wählen Sie den Bildausschnitt mit Blick darauf lieber etwas größer, damit kein wichtiges Detail verloren geht. Alternativ könnten Sie auch mit dem 1,3-fachen Ausschnitt arbeiten (Aufnahmemenü 4 **/Ausschn./Seitenverh.**).

12.4 Vergrößern mit Zwischenringen

Eine ebenfalls erschwingliche Alternative zum Makroobjektiv stellen Zwischenringe dar. Sie werden zwischen Gehäuse und Objektiv geschraubt. Da sie in der Mitte hohl sind, beeinflussen Zwischenringe die Abbildungsleistung des Objektivs, zumindest in der Bildmitte, nur wenig.

Dagegen ist Detailauflösung beim Einsatz von Nahlinsen sehr von deren Fertigungsqualität abhängig. Zu den Rändern hin kann aber schon verstärkte Unschärfe auftreten, insbesondere bei sehr starken Vergrößerungen.

▲ *Maximale Vergrößerung ohne Zwischenring*

1/125 Sek. | f/8 | ISO 100 | 50 mm | EF-25 Canon Extension Tube | YN-ST-E3-Transmitter (E-TTL) | Speedlite 600EX-RT im Funk-Slave-Modus

▶ Der hinter dem Blatt aufgestellte Blitz durchleuchtet die filigranen Strukturen, die dank des 25-mm-Zwischenrings im Vollformatmodus formatfüllend abgebildet werden konnten. Der Abstand zwischen Frontlinse und Blatt betrug hier nur etwa 2 cm.

▲ *Zwischenringsatz mit den Stärken 12 mm, 20 mm und 36 mm von Kenko*

Zwischenringe gibt es in verschiedenen Längen, die auch problemlos miteinander kombiniert werden können. So ergeben sich bei den handelsüblichen Sets aus drei verschiedenen Ringen (12, 20 und 36 mm) sieben verschiedene Auszugslängen.

Werden alle drei Ringe kombiniert, kommen Sie ohne Weiteres in den Vergrößerungsbereich eines Makroobjektivs, wohlgemerkt jedoch nicht mit der gleichen Qualität. Vor allem die Bildecken fallen oft unscharf ab und Farbsäume treten verstärkt auf. Mit Zwischenringen können Sie zudem nicht mehr auf Unendlich fokussieren.

Das Anbringen von Zwischenringen hat zwei Nachteile, die wir Ihnen nicht verschweigen möchten. Auf die Fläche des Sensors bezogen steht weniger Licht zur Verfügung als ohne den Ring. Daher muss die Belichtungszeit verlängert werden, um diesen Lichtverlust auszugleichen. Achten Sie beim Fotografieren mit Zwischenringen aus der Hand daher stets auf die Belichtungszeit, damit nichts unbeabsichtigt verwackelt. Hinzu kommt, dass mit zunehmender Tubuslänge sich der Abstand zum Motiv so stark verringern kann, dass die Frontlinse des Objektivs fast schon am Motiv anstößt. Das Objekt muss dann wirklich gut ausgeleuchtet oder mit einem kleineren Zwischenring weniger stark vergrößert aufgenommen werden.

> **Achtung Makroaufnahmen mit Zwischenringen**
> Wenn Sie einen Zwischenring verwenden, setzen Sie im Aufnahmemenü 6 die Option *Leise LV-Aufnahme* auf *Deaktivieren*. Es kann vorkommen, dass die Belichtungsmessung nicht einwandfrei abläuft.

Der Retroadapter-Trick

Starke Vergrößerungen sind auch mit einem umgekehrt an der 5DS [R] befestigten Objektiv möglich. Dafür wird ein Umkehradapter für die Retrostellung angebracht und das Objektiv über dessen Filtergewinde daran befestigt.

Die stärksten Vergrößerungen erzielen die Weitwinkelbrennweiten. Allerdings muss manuell fokussiert werden und die Blende lässt sich nur mit einem Trick einstellen.

Dafür stellen Sie die Blende im Modus *Av* ein, solange das Objektiv noch richtig herum angeschraubt ist.

▲ *Objektiv in Retrostellung*

Halten Sie dann die Abblendtaste gedrückt und schrauben Sie das Objektiv ab. So wird die Blendeneinstellung beibehalten.

Setzen Sie das Objektiv in Retrostellung an und achten Sie darauf, dass die nun freigelegten Kontakte nicht beschädigt werden. Es gibt aber auch Automatik-Umkehrringe, die die Steuerfunktionen der 5DS [R] übertragen, wie den Novoflex-AF-Retroadapter.

12.5 Makroobjektive: Spezialisten für die Nähe

Wer mit der EOS 5DS [R] ernsthaft in die Makrofotografie einsteigen möchte, kommt um eine passende Speziallinse nicht herum, die speziell für die benötigten geringen Auf-

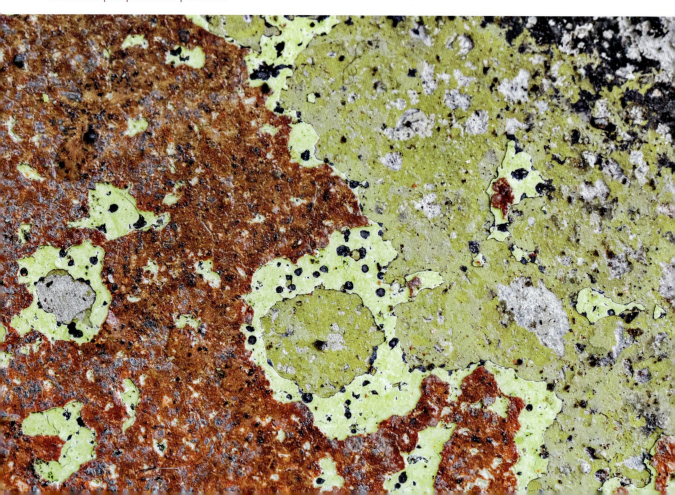

▼ Im Makrobereich kann man auch mal richtig abstrakt unterwegs sein. Hier sehen Sie die abblätternden Lackschichten auf einer ausgemusterten Messboje, aufgenommen mit dem Canon EF 100 mm f/2,8L Macro IS USM.
1/200 Sek. | f/8 | ISO 2000 | 100 mm

nahmeabstände konstruiert ist. Gute Makroobjektive bieten eine bestechende Schärfeleistung im Maßstab 1:1 und viel Spielraum für die Gestaltung der Schärfentiefe.

Am vielseitigsten einsetzbar sind Makroobjektive mit Brennweiten um die 100 mm. Nicht nur, dass die Naheinstellgrenze für die meisten Insekten – vorsichtiges Anschleichen vorausgesetzt – ausreichend hoch ist, die Objektive eignen sich zudem hervorragend für Porträtaufnahmen. Vielseitiger, als zunächst gedacht, nehmen sie als lichtstarke Festbrennweite mit zusätzlichen Makroeigenschaften eine sehr nützliche Rolle im Fotoequipment ein.

▲ Perfekte Kombination, EOS 5DS [R] plus Canon EF 2,8/100 mm Macro L IS USM

Wer häufig technische Geräte oder andere leblose Objekte vor der Linse hat und viel Schärfentiefe benötigt, kann von Makroobjektiven mit Brennweiten von 60–70 mm profitieren. Der Arbeitsabstand ist zwar geringer, dafür lässt sich bei gleicher Blende mehr Schärfentiefe herauskitzeln. Umgekehrt ist die Freistellung bei geringen Blendenwerten nicht so ausgeprägt. Empfehlenswerte Makroobjektive für die EOS 5DS [R] finden Sie in der beigefügten Tabelle.

Objektiv	Durchmesser	Stabilisator	Naheinstellgrenze	IF	Stativschelle	Gewicht
Sigma 70 mm f/2,8 EX DG Makro	62 mm	nein	25,7 cm	nein	nein	527 g
Canon EF 2,8/100 mm Macro L IS USM	67 mm	ja	30 cm	ja	ja	625 g
Sigma EX 2,8/105 mm DG OS HSM Macro	67 mm	ja	31,2 cm	ja	nein	725 g
Tamron AF 2,8/90 mm Di SP VC USD Macro	67 mm	ja	29 cm	ja	nein	550 g

▲ Empfehlenswerte Makroobjektive für die EOS 5DS [R]

Bei Modellen mit Innenfokussierung (IF) bleiben die Tubuslänge und der Abstand zwischen Frontlinse und Objekt beim Scharfstellen konstant. Bei den ±100-mm-Objektiven hebt sich das Canon-Modell durch die praktische Stativschelle und einen sehr schnellen Autofokus leicht von der Konkurrenz ab.

12.6 Kleine Tiere groß herausbringen

Eine der aus unserer Sicht spannendsten Thematiken im Makrobereich ist das detailgetreue Aufnehmen von kleinen und kleinsten Tieren. Dabei lassen sich immer wieder faszinierende Einblicke gewinnen, die das häufig etwas mühsame Fotografieren, das mitunter auch mal an Yoga mit Kamera erinnert, schnell wieder vergessen lassen. Hier hat Canon übrigens definitiv vergessen, der EOS 5DS [R] ein Klappdisplay zu verpassen, im Makrobereich ein immer wieder nerviger Umstand. Wir lassen es uns aber trotzdem nicht vermiesen, Insekten aller Art ins rechte Licht zu setzen, und

▼ Mit dem entfesselten Blitzgerät und einer kleinen Softbox konnten wir den Mistkäfer gestochen scharf auf den Sensor bannen, obwohl es im Wald schon beinahe dunkel war.
1/100 Sek. | f/11 | ISO 400 | 100 mm | Transmitter YN-E3-ST (E-TTL) | Speedlite 600EX-RT | Stativ

zeigen Ihnen hier, dass ein ganz gewöhnlicher Mistkäfer beispielsweise schon völlig ausreicht, um Betrachter nachhaltig zu beeindrucken.

Unser Exemplar hat uns bei bedecktem Himmel auf dunklem Waldboden Modell gestanden. Bei solch finsteren Bedingungen verwenden wir die manuelle Belichtung. Mit einem hohen Blendenwert wird die notwendige Schärfentiefe erzielt, und mit einer kurzen Belichtungszeit lässt sich Bewegungsunschärfe eliminieren. Ein Systemblitzgerät dient zudem als alleinige Lichtquelle, an dem eine Mini-Softbox befestigt wird, um eine weichere Lichtstreuung zu erhalten.

Um die Beleuchtung des Krabblers möglichst natürlich zu gestalten, wurde der Blitz entfesselt betrieben und aus der Hand auf den Käfer gerichtet. Als Master diente ein Funktransmitter YN-E3-RT von Yongnuo, mit dem sich das Canon Speedlite 600EX-RT problemlos im E-TTL-Modus als Funk-Slave-Blitz fernsteuern ließ.

▲ *Vorderes Auge scharf*

Schließlich gefiel uns die Ausleuchtung am besten, wenn wir das Blitzlicht von links oben auf den Käfer ausrichteten – mit der Softbox sehr dicht am Insekt (große Leuchtfläche, weiches Licht) – und eine Blitzbelichtungskorrektur von +1 verwendeten.

Für eine möglichst präzise Scharfstellung wurde manuell fokussiert. Denn bei Tieren, und seien sie noch so klein, sollte der Fokus immer exakt auf den Augen liegen, damit das „Gesicht" im Zentrum der Betrachtung steht.

▲ *Hinteres Auge scharf*

Ist es nicht möglich, beide Augen scharf abgebildet zu bekommen, stellen Sie am besten auf das vordere Auge scharf. Bei unserem Käferprojekt fiel bei genauer Betrachtung dann auch auf, dass wir die Schärfe zuerst versehentlich auf das hintere Auge gelegt hatten, was wir aber dank der Geduld des Käfers und dem manuellen Fokus problemlos korrigieren konnten. Dass Mistkäfer nur schwarz und unattraktiv sind, hoffen wir jedenfalls widerlegt zu haben.

12.7 Beugungsunschärfe vermeiden

Die Schärfentiefe steigt zwar mit zunehmender Blendenzahl. Die Schärfe der Aufnahme, auch die des fokussierten Bereichs, nimmt aber ab einem gewissen Blendenwert wieder ab. Grund ist die *Beugungsunschärfe*.

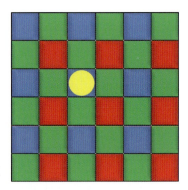

▲ *Scharfes Bild*

Ein Teil des Lichts wird an den Blendenkanten abgelenkt und trifft unkontrolliert auf den Sensor. Es entstehen Unschärfekreise anstatt klar umgrenzter Bildpunkte, und diese erzeugen sichtbare Unschärfe, wenn sie größer werden als der Pixeldurchmesser.

Im Makrobereich macht sich Beugungsunschärfe aufgrund der starken Vergrößerungen und des dichten Aufnahmeabstands besonders bemerkbar.

Rein rechnerisch ergibt sich für die EOS 5DS [R] eine förderliche Blende von f/6,7. Das ist der Wert, bis zu dem die Schärfentiefe durch Abblenden zunimmt, ohne durch Beugung wieder zu schrumpfen.

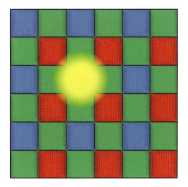

▲ *Unschärfe durch Beugung*

Was bedeutet das aber für die Praxis? Kann mit der 5DS [R] nur bis Blende 7 vernünftig fotografiert werden? Nun, aus unserer Erfahrung können Sie aufgrund der kamerainternen Bildverarbeitung oder der angepassten RAW-Bearbeitung ruhig etwas stärker abblenden.

Vergleichen Sie dazu einmal die Fotos mit der Versteinerung. Die Bilder zeigen 100 %-Ausschnitte der Originalgröße.

Bei Blende 11 ist der fokussierte Bereich noch scharf, während bei Blende 32 alles sehr schwammig wirkt. Wer absolut kein Quäntchen Schärfe einbüßen möchte, merkt sich bei der EOS 5DS [R] am besten eine Obergrenze bei Blende f/8–f/11.

Dieser Wert sollte weder im Makro- noch im Weitwinkel- oder Telebereich überschritten werden. Wenn Sie Vergrößerungen über den Maßstab 1:1 hinaus anfertigen, kann es sogar notwendig werden, bereits bei f/5,6 einen Riegel vorzuschieben.

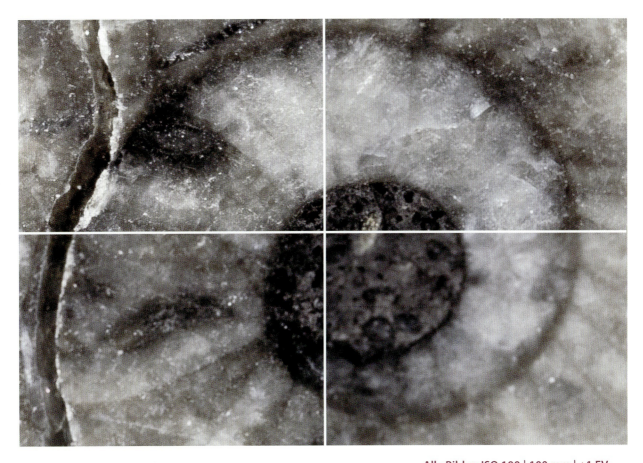

Alle Bilder: ISO 100 | 100 mm | +1 EV

▲ *Bei f/11 (oben links, 0,6 Sek.) beginnt die Schärfe durch Beugung zu sinken. Bei f/16 (oben rechts, 1,3 Sek.) sieht das Bild schon unschärfer aus, und bei f/22 (unten links, 2,5 Sek.) und f/32 (unten rechts, 5 Sek.) ist die Unschärfe kaum mehr zu übersehen.*

Test zur Beugungsunschärfe

Am besten testen Sie Ihr eigenes Equipment einmal selbst durch, um die Schärfeeigenschaften der für Sie wichtigen Objektive in Abhängigkeit von der Beugung zu erfassen. Dazu fokussieren Sie im Modus *Av* vom Stativ aus manuell auf ein planes Objekt mit vielen feinen Details. Wählen Sie ISO 100 und lösen Sie im Livebild-Modus mit dem 2-Sek.-Selbstauslöser Bilder mit verschiedenen Blendeneinstellungen aus. Vergleichen Sie die Ergebnisse in der

100 %-Vergrößerung am Computerbildschirm. Achten Sie insbesondere auf den Schärfeabfall im fokussierten Bereich.

 Blendenbereich einschränken

Damit Sie im Eifer des Fotografierens nicht versehentlich zu hohe Blendenwerte einstellen, gibt es die Möglichkeit, den Blendenbereich einzuschränken. Dazu öffnen Sie im Individualmenü 2 den Eintrag **Einstellung Blendenbereich** und wählen bei **Kleinste Blende** beispielsweise f/11 und lassen **Größte Blende** auf f/1 stehen. In den Modi **P** bis **C3** können nun keine höheren Blendenwerte als f/11 zum Einsatz kommen.

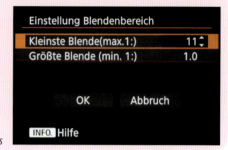

▶ *Einschränken des nutzbaren Blendenbereichs*

12.8 Knackig scharf mit Spiegelverriegelung

Wenn Ihr Foto – zumindest im Fokusbereich – bis ins kleinste Detail wirklich scharf werden soll, müssen Sie alle Register ziehen. Denn ob man es glaubt oder nicht, selbst das Umklappen des motorgetriebenen Spiegelschlags der EOS 5DS [R] kann minimale Erschütterungen auslösen, die zu Unschärfe im Bild führen.

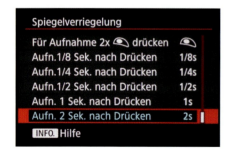

▲ *Aktivieren der Spiegelverriegelung*

Eine praktische Methode, die zudem ganz ohne Fernsteuerung auskommt, ist die **Spiegelverriegelung** aus dem Aufnahmemenü 4 mit der Einstellung **Aufn. 2 Sek. nach Drücken**. Lösen Sie das Bild sanft per Auslöser aus und lassen Sie die Kamera auf dem Stativ dann vorsichtig los, damit sie nicht in Schwingung gerät. Der Spiegel klappt direkt nach dem Auslösen hoch, aber die Aufnahme startet erst nach 2 Sek. Wartezeit. Danach klappt der Spiegel wieder herunter. Fertig ist die superscharfe Aufnahme. Die Spiegelverriegelung ist allerdings nur notwendig bei Belichtungszeiten von etwa 2 Sek. bis 1/50 Sek. Wir handeln aber meist getreu dem Motto: Steht die 5DS [R] auf dem Stativ, bewegt sich

0,8 Sek. | f/16 | ISO 100 | 100 mm

▲ *Vom Stativ aus mit aktivierter Spiegelverriegelung (2 Sek. Vorlauf) wurden alle Bildbereiche, die sich im Schärfentiefe-Bereich befinden, knackig scharf abgebildet.*

das Motiv nicht und ist genügend Zeit für die Aufnahme, dann wird die Spiegelverriegelung auch genutzt. Übrigens, wenn Sie mit einer kabelgebundenen Fernbedienung arbeiten, können Sie auch den Eintrag *Für Aufnahme 2x* 👁 *drücken* wählen. Mit dem ersten Fernauslösersignal klappt er Spiegel hoch und Sie können länger als 2 Sek. warten, denn erst dann, wenn der Fernauslöser erneut betätigt wird, startet die Aufnahme.

 Livebild als Alternative

Im Livebild-Modus wird der Spiegel dauerhaft oben gehalten, sprich, Unschärfe durch den Spiegelschlag kann nicht vorkommen. Daher stellt die Liveansicht, verknüpft mit dem 2-Sek.-Selbstauslöser, für einen verzögerten und erschütterungsfreien Aufnahmestart eine gute Alternative zur Spiegelverriegelung dar. Allerdings gilt dies nicht für Fotos mit Blitz. Denn der Spiegel wird beim Blitzen kurzzeitig wieder heruntergeklappt. Wenn Sie vom Stativ aus mit Zeiten von 1/30 Sek. und länger blitzen, ist die Spiegelverriegelung dem Livebild daher vorzuziehen.

12.9 Fokussieren mit der Lupenfunktion

Bei Makroaufnahmen kann es schwer zu erkennen sein, ob der Fokus auch richtig sitzt. Fotografieren Sie dann am besten im Livebild-Modus und aktivieren Sie die Lupenfunktion. Der Bildbereich kann nun an beliebiger Stelle vergrößert angezeigt werden. Hierzu drücken Sie während der Livebild-Ansicht einfach die Vergrößerungstaste Q. Es wird ein querformatiges Auswahlfeld eingeblendet. Dieses können Sie mit dem Multi-Controller an die Stelle befördern, an der Sie das Bild vergrößert betrachten möchten.

▲ Die erste Vergrößerungsstufe liegt bei ×1.

Wenn Sie ein- oder zweimal weiter auf die Vergrößerungstaste drücken, wird das Livebild um den Faktor ×6 oder ×16 vergrößert dargestellt. Mit dem Multi-Controller lässt sich der Bildausschnitt erneut verschieben. Lösen Sie nun am besten aus der vergrößerten Ansicht heraus aus, damit sich die Schärfeeinstellung nicht wieder verschieben kann. Wenn Sie hingegen nach der 16-fachen Vorschau wieder die Vergrößerungstaste betätigen, gelangen Sie zurück zur unvergrößerten Ausgangsansicht.

▲ Vergrößerung ×6

Verfügbar ist die Lupenfunktion allerdings nur bei Wahl der AF-Methode FlexiZone Single, die Gesichtsverfolgung erlaubt keine vergrößerte Vorschau. Sie lässt sich aber auch im manuellen Modus nutzen, daher verwenden wir die Kombination aus Livebild, manuellem Fokus und vergrößerter Ansicht sehr häufig für Makroaufnahmen.

▲ EOS 5DS auf dem Einstellschlitten CASTELL-CROSS von Novoflex

 Einstellschlitten

Besonders flexibel und leicht lässt sich die EOS 5DS [R] auf besonders dichte Aufnahmeabstände bringen, wenn Sie sich eine lange Schnellwechselschiene gönnen, die in der Stativkupplung vor und zurück geschoben werden kann. Noch flexibler sind Einstellschlitten, bei denen die Kamera mit Drehrädern millimetergenau vor und zurück – und bei Kreuzeinstellschlitten auch seitlich – bewegt werden kann.

1/200 Sek. | f/5,6 | ISO 200 | 135 mm | Stativ

▲ *Mithilfe der Lupenfunktion im Livebild-Modus ließ sich der Fokus perfekt auf dem Auge der still sitzenden Libelle platzieren.*

Die 5DS [R] in allen Lagen professionell einsetzen

Die Fotobedingungen außerhalb des Studios machen es nicht immer leicht, zu Bildern mit optimal ausgewogenem Kontrast und perfekter Schärfe zu kommen. Doch mit ein paar Tricks und den passenden Spezialfunktionen lassen sich Gegenlicht, hohe Kontraste oder Motive in dunkler Umgebung problemlos in schöne Bilder wandeln.

1/500 Sek. | f/5 | ISO 1000 | 50 mm | +⅔ EV

▲ *Der Dynamikumfang unserer Netzhaut erfasst solche Situationen spielend, der 5DS [R]-Sensor benötigt Kontrastkorrekturen während der Aufnahme oder eine nachträgliche Bildbearbeitung.*

13.1 Kontraste managen

Unsere Augen sind in der Lage, ein sehr großes Spektrum an hellen und dunklen Farben auf einmal wahrzunehmen. Daher können wir kontrastreiche Situationen wie eine Nebellandschaft im Gegenlicht, Motive im gleißenden Licht der Mittagssonne oder Ähnliches ohne Fehlbelichtung wahrnehmen. Alles sieht durchzeichnet aus, besitzt erkennbare Strukturen. Gut, dass wir uns für die tolle Performance unserer Augen nicht einmal großartig anstrengen müssen.

Dynamikumfang des 5DS [R]-Sensors

Der Helligkeitsumfang, den wir mit unseren Augen mit einem Blick wahrnehmen können, wird auch mit dem Begriff

Kontrast- oder *Dynamikumfang* beschrieben und in Blendenstufen unterteilt. So hat die Natur in etwa einen Dynamikumfang von 22 Blendenstufen. Unser Auge erfasst davon etwa 14. Der Sensor der EOS 5DS [R] ist leider weniger dynamisch veranlagt, er bewältigt nur etwa 12,4 (ISO 100) bis 8 Stufen (ISO 12800).

▲ *Dynamikumfang der EOS 5DS [R] im Vergleich zu Auge und Natur*

◄ *Unbearbeitetes Original mit zu dunklen Schatten und überstrahlten Wolken*

So kann es vorkommen, dass ein kontrastreiches Motiv im Foto von der eigenen Wahrnehmung abweicht. Meist macht sich dies in zu hellen oder total unterbelichteten Bildpartien bemerkbar. Doch es gibt ein paar Praxistipps, mit denen selbst hoch kontrastierte Motive ausgewogen auf dem 5DS [R]-Sensor landen.

Überstrahlung vermeiden mit der Tonwert-Priorität

Manchmal können bei kontrastreichen Motiven nur die kleinen, ganz hellen Reflexionsstellen das Ergebnis ein wenig schmälern, indem sie überstrahlt und zeichnungslos abgebildet werden.

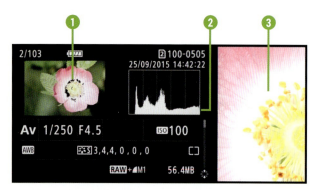

▲ Überstrahlte Bereiche ohne Tonwert-Priorität

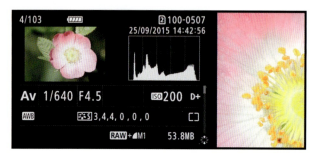

▲ Weniger Überstrahlung mit eingeschalteter Tonwert-Priorität

Vergleichen Sie dazu einmal die herausvergrößerten Heckenrosen-Ausschnitte ❸. Passend dazu blinkt im ersten Bild die Überbelichtungswarnung ❶ und das Histogramm stößt am rechten Rand an ❷. Im zweiten Bild reißen die hellen Areale indes nicht mehr aus und das Histogramm wird rechts nicht mehr beschnitten.

Worin liegt der Unterschied zwischen den beiden Aufnahmen? Nun, das zweite Bild haben wir mit der sogenannten Tonwert-Priorität **D+** aufgenommen. Diese lässt sich im Aufnahmemenü 3 aktivieren, wenn Sie in den Modi **P** bis **C3** fotografieren oder filmen.

Die Tonwert-Priorität schafft es ganz gut, die Spitzlichter im Bild zu schützen. Im Histogramm ist dies an der leichten Linksverschiebung der hellen Farbtöne zu erkennen. Die Tonwert-Priorität erreicht diesen Effekt softwaregestützt und durch die automatische Einschränkung der Lichtempfindlichkeit auf einen Bereich von ISO 200 bis ISO 6400. Sie wirkt sich auch nur auf JPEG-Bilder aus. Wenn Sie im RAW-Format fotografieren, können leichte Überstrahlungen bequem beim Konvertieren gerettet werden. In dem Fall benötigen Sie die Tonwert-Priorität gar nicht und können im Gegenzug wieder ISO 100 verwenden.

> **⊗ Einschränkungen**
>
> Achten Sie stets gut auf die Grundbelichtung, denn die Tonwert-Priorität kann keine überbelichteten Bilder retten. Sie ist zudem wirklich nur bei JPEG-Bildern und sehr kontrastreichen Motiven sinnvoll und sollte sonst eher abgeschaltet werden, da sie ein etwas erhöhtes Bildrauschen in den dunkleren Bildpartien bewirken kann. Daher ist es ganz praktisch, die Funktion für den schnellen Zugriff ins *My Menu* zu legen.

Was leistet die Automatische Belichtungsoptimierung?

Eine weitere Hilfe zur Optimierung von Bildhelligkeit und Kontrast hat die EOS 5DS [R] in Form der *Automatischen Belichtungsoptimierung* (Auto Lighting Optimizer) an Bord. Hierüber hellt die Kamera vor allem dunkle Bereiche etwas auf. Bei kontrastreichen Motiven kann die Belichtungsoptimierung eine etwas ausgewogenere Gesamtwirkung erzeugen.

Bedenken Sie jedoch, dass sich das Bildrauschen in den dunklen Bereichen erhöhen kann, weil die Belichtungsoptimierung nachträglich auf die Bilder angewandt wird. Die Funktion ersetzt somit keinesfalls die Notwendigkeit einer korrekten Belichtung. In vielen Situationen sind die Unterschiede zudem mehr als marginal und wir würden sie eher als leichte Schattenaufhellung denn als Belichtungsoptimierung bezeichnen.

Auch bei der 5DS [R] enttäuscht uns diese Funktion mehr, als dass wir sie als nützlich empfinden. Schade, vielleicht bessert Canon sie ja mal mit einem Firmware-Update nach.

Beide Bilder: 1/8 Sek. | f/16 | ISO 100 | 100 mm | +⅓ EV | Stativ

◂ *Links: Ohne automatische Belichtungskorrektur*
Rechts: Automatische Belichtungskorrektur **Stark**

Aber es gibt ja auch noch den HDR-Modus des nächsten Abschnitts ...

Aktivieren und in der Stärke anpassen können Sie die Automatische Belichtungsoptimierung übrigens in den Modi *P* bis *C3*. Rufen Sie die Funktion entweder über das Schnellmenü oder über das Aufnahmemenü 2 auf.

▲ *Anpassen der Automatischen Belichtungsoptimierung*

Sie steht aber nur dann zur Verfügung, wenn die Tonwert-Priorität (siehe vorheriger Abschnitt) ausgeschaltet ist. Am besten belassen Sie die Einstellung auf *Standard* und verwenden die Einstellung *Stark* nur bei Motiven mit sehr hohem Kontrast. Im Modus wird die Belichtungsoptimierung automatisch angewandt.

Zu empfehlen ist es auch, den Haken bei *Deakt. im Modus: M o. B* zu belassen, dann wird die Funktion in den Modi *M* und *B* nicht angewandt. Die manuelle Belichtung kann somit auch nicht durch eine nachträgliche Veränderung der Bildhelligkeit beeinflusst werden. Sonst könnte es passieren, dass die Helligkeit von Bild zu Bild schwankt. Der Vorteil einer konstanten manuellen Belichtung wäre nicht mehr zuverlässig gegeben.

> **Flexible RAW-Anpassung**
>
> Während sich die Automatische Belichtungsoptimierung auf JPEG-Bilder direkt auswirkt, können Sie die Funktion bei RAW-Fotos im Canon-eigenen Konverter Digital Photo Professional selbst ein- oder ausschalten und die Effektstärke bestimmen.
>
>
>
> ▲ *Anpassen der Automatischen Belichtungsoptimierung in Digital Photo Professional*

Ästhetische Aufnahmen bei Dämmerung und blauer Stunde

Motive in der Dämmerung, zur Zeit der blauen Stunde oder Nachtaufnahmen beleuchteter Gebäude gehören für viele Fotografen zu den besonders reizvollen Aufnahmesituationen. Das Spiel mit Farbe und Struktur kommt hier voll zur Geltung.

Mit der Automatischen Motiverkennung besitzt die EOS 5DS [R] zwar eine passende Vollautomatik für Bilder bei Sonnenuntergang bis in die Nacht hinein und es lassen sich damit auch viele gute Fotoergebnisse erzielen.

1/30 Sek. | f/3,5 | ISO 3200 | 24 mm

◄ *Ergebnis der Automatischen Motiverkennung mit unten links scharf abgebildeten Passanten*

Die Bilder werden aber mit hohen ISO-Werten aufgezeichnet und haben daher eine weniger gute Detailauflösung. Hinzu kommt, dass die meisten Bewegungen scharf abgebildet werden. Menschen, die bei einer Veranstaltung durchs Bild laufen, werden gut erkennbar eingefangen, was ja nun nicht immer dem Wunsch des Fotografen entspricht.

Auch Wasser von Flüssen oder Seen wirkt dadurch eher unruhig. Wer die Qualität seiner Bilder weiter steigern möchte, ist wie so oft mit einem der Modi *P* bis *C3* besser bedient.

Daher fotografieren wir persönlich nächtliche Motive im Modus *M* mit einem Blendenwert von etwa f/8, einem ISO-Wert von ISO 100–400 und mit der Bildqualität RAW+◢L, um den Weißabgleich und die Belichtung nachträglich noch optimieren zu können.

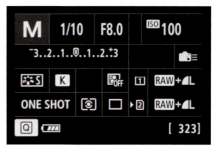

▲ *Unsere Grundeinstellungen für Bilder bei Dämmerung und in der Nacht, die situationsbedingt dann noch etwas angepasst werden*

Da die Belichtungszeit meist im Bereich von Sekunden liegt, nehmen wir ein Stativ zu Hilfe und lösen mit dem 2-Sek.-Selbstauslöser oder per Fernbedienung bei aktivierter Spiegelverriegelung aus. Auf Dauer gewöhnt man sich einfach an die qualitativ hochwertigeren Ergebnisse und nimmt dann ein wenig Stativschleppen gerne in Kauf.

6 Sek. | f/7,1 | ISO 100 | 24 mm | Stativ

▲ *Bessere Bildqualität im manuellen Modus mit unten rechts nur noch sehr unscharf erkennbaren Passanten*

Bei der zweiten Aufnahme des Konzerthauses haben wir übrigens extra einmal genau dann ausgelöst, als unten rechts mehrere Passanten durchs Bild liefen. Diese werden aber stark verwischt und damit fast nicht mehr erkennbar abgebildet. Wenn Menschen mit normal schnellem Schritt von links nach rechts oder umgekehrt durchs Bild gehen, sind sie bei mehreren Sekunden Belichtungszeit im Bild meist gar nicht zu sehen.

 Blaue-Stunde-Zeit herausfinden

Wenn Sie nicht auf gut Glück losziehen wollen, können Sie den Sonnenauf- und -untergang sowie die blaue Stunde einplanen. Es gibt interessante und zum Teil kostenfreie Tools für Smartphones, wie z. B. PhotoBuddy, Sundroid, Solar and Moon Calculator, Golden Hour Photos, The Photographer's Ephemeris und viele mehr. Eine gut gemachte Website dazu finden Sie auch hier:
http://jekophoto.de/tools/daemmerungsrechner-blaue-stunde-goldene-stunde

Der besondere Trick: Exposure to the right

Bei vielen Aufnahmen in schwachem Licht wird nicht das gesamte Tonwertspektrum ausgenutzt. Zu erkennen ist dies am Histogramm. Häufig tummeln sich viel mehr Werte im dunklen (linke Histogrammseite) als im hellen Bereich (rechte Histogrammseite). Bei der anschließenden Entwicklung werden die Tonwerte dann auch noch etwas angehoben, damit das Bild in seiner Helligkeit stimmig aussieht. Vor allem das Aufhellen der dunklen Partien verstärkt jedoch das vorhandene Rauschen nochmals.

Dieser Tatsache kann man in Maßen begegnen, indem das Bild einfach etwas heller aufgezeichnet wird. „Exposure to the right", also zur rechten Histogrammseite belichten, ist hier das Stichwort.

Belichten Sie so stark über, dass das Histogramm am rechten Rand ganz leicht angeschnitten wird. Etwas Anschnitt, also Detailverlust in den Lichtern, ist deshalb in Ordnung, weil das Histogramm nur die Werte für JPEG-komprimierte Bilder anzeigt. Das ist selbst dann so, wenn Sie nur im RAW-Format fotografieren, weil jeder RAW-Datei ein kleines Vorschau-JPEG beigefügt ist. Da das RAW-Format im hellen Tonwertbereich aber mehr Reserven hat als JPEG, können Sie mit einem kleinen Anschnitt des Histogramms das Optimum an Signalen herausholen, ohne dabei einen Strukturverlust zu riskieren. Im Fall der Seebrücke konnten wir +2 Stufen überbelichten. Vergleichende 100 %-Ausschnitte der Bilder mit den dazugehörigen Histogrammen sind hier zu sehen:

 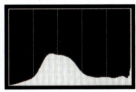

1/30 Sek. | f/5,6 | ISO 12800 | 28 mm | +2 EV

▲ *100%-Ausschnitt des überbelichteten Bilds mit anschließender Korrektur um -2 EV im RAW-Konverter; rechts das Histogramm der Aufnahme.*

 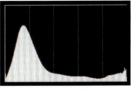

1/125 Sek. | f/5,6 | ISO 12800 | 28 mm

▲ *100 %-Ausschnitt bei Standardbelichtung und das Histogramm der Aufnahme*

1/30 Sek. | f/5,6 | ISO 12800 | 28 mm | +2 EV
Durch die Überbelichtung, die anschließend im RAW-Konverter zurückgenommen wurde, ist das Bild trotz ISO 12800 ausgesprochen rauscharm.

Um nun das fertige Foto zu generieren, nehmen Sie die Überbelichtung im RAW-Konverter wieder zurück. Das Bildrauschen ist in Anbetracht der Höhe des ISO-Wertes wahrlich auf erstaunlich niedrigem Niveau.

 Vorteil der Multi-Shot-Rauschreduzierung

Das Maximum an Bildqualität erzielen Sie bei High-ISO-Bildern mit der Exposure-to-the-right-Technik. Aber auch die Multi-Shot-Rauschreduzierung liefert überzeugende Resultate.

Letztere hat den Vorteil, dass auch ohne Belichtungskorrektur sehr rauscharme Fotos entstehen. Das bedeutet, dass Sie mit der Multi-Shot-Rauschreduzierung den besten Kompromiss aus kurzer Belichtungszeit und guter Bildqualität erzielen.

13.2 Mit dem HDR-Style glänzen

Sicherlich ist Ihnen das Kürzel HDR schon häufiger über den Weg gelaufen. Es steht für **H**igh **D**ynamic **R**ange und bedeutet übersetzt in etwa: „einen hohen Dynamikumfang ins Bild bringen".

Grundsätzlich geht es darum, ein und dasselbe Motiv unterschiedlich hell zu fotografieren und die Einzelbilder dann so zu fusionieren, dass alle Helligkeitsstufen perfekt durchzeichnet sind.

Geeignete Motive für solch ein Vorhaben sind zum Beispiel Landschaften oder Architekturmotive bei Gegenlicht, Sonnenauf- und -untergänge, Bilder zur blauen Stunde bzw. Nachtaufnahmen oder Innenaufnahmen mit hellen Fenstern oder hellen Lampen im Bild.

Was nicht so gut funktioniert, sind Aufnahmen bewegter Objekte, da eine Grundvoraussetzung für HDR die absolute Deckungsgleichheit der einzelnen Ausgangsbilder ist.

1/25 Sek. , 1/125 Sek., 1/640 Sek. | f/11 | ISO 100 | 12 mm

▲ HDR-Aufnahme eines alten Bootes aus drei unterschiedlich belichteten Bildern

Damit ist zum Beispiel die Tier- und People-Fotografie nicht das beste Feld, um HDR Aufnahmen anzufertigen.

Mit der EOS 5DS [R] haben Sie prinzipiell vier Möglichkeiten, HDR-Bilder zu erstellen:

- Erzeugen Sie ein HDR-Ergebnis direkt in der Kamera ohne zusätzliche Software mit *HDR-Modus*.
- Fertigen Sie manuell beliebig viele Ausgangsbilder einzeln an und verarbeiten Sie diese mit einer speziellen Software zur HDR-Fotografie.
- Kombinieren Sie die Serienaufnahme mit der AEB-Belichtungsreihe und fertigen Sie eine Reihe von bis zu sieben unterschiedlich hellen Bildern an, die nachträglich zum HDR verarbeitet werden können.

- Entwickeln Sie unterschiedlich helle Bildvarianten aus einer RAW-Datei und verarbeiten Sie diese zum HDR-Image.

Was der HDR-Modus leistet

Bei der kamerainternen HDR-Verarbeitung nimmt die EOS 5DS [R] automatisch drei Bilder mit unterschiedlicher Belichtung auf und verschmilzt diese zu einem Ergebnis mit erhöhtem Dynamikumfang. Die Bildgestaltung können Sie hierbei anhand von fünf künstlerischen Effekten beeinflussen.

Die Vorgabe *Natürlich* liefert einen sehr authentischen Bildeindruck, allerdings mit verbesserter Durchzeichnung gegenüber einem einfachen Bild. Es treten auch keine störenden hell oder dunkel scheinenden Lichthöfe an den Kontrastkanten (Halos) auf.

Der Effekt *Standard* erzeugt bereits einen gemäldeartigen Bildeindruck, und die Effekte *Gesättigt* (hohe Sättigung, illustrationsartige Darstellung), *Markant* (ausgeprägte Ränder, ähnelt Ölgemälden) und *Prägung* (ausgeprägte Ränder, wenig Sättigung, düstere Wirkung) verfremden die HDR-Aufnahmen recht stark, indem sie die Farben anheben oder deutliche Ränder um die Kontrastkanten einfügen. Aber sehen Sie selbst:

Während der Effekt *Natürlich* die beste Durchzeichnung liefert und sich gut für die individuelle Nachbearbeitung der Kontraste und Farben im Bildbearbeitungsprogramm eignet, erhöhen die anderen Effekte den Kontrast und teilweise auch die Farben sehr stark.

Es kann vorkommen, dass schattige Bildpartien dadurch zeichnungslos schwarz werden. Daher gehen Sie mit diesen Effekten vorsichtig um, wenn es Ihnen auf eine besonders gute Zeichnung Ihrer Motive ankommt.

▲ *HDR-Modus nicht angewandt*

▲ *HDR-Effekt* Natürlich

▲ *HDR-Effekt* Standard

▲ *HDR-Effekt* Gesättigt

▲ *HDR-Effekt* Markant

▲ *HDR-Effekt* Prägung

Wenn Sie sich gleich einmal selbst ein Bild vom HDR-Modus machen möchten, stellen Sie eines der Programme *P*, *Tv*, *Av* oder *M* ein. Drücken Sie die Taste und bestätigen Sie die Vorgabe *HDR* mit *SET*.

Im HDR-Menü wählen Sie bei *Dynbereich einst.* aus, wie stark die Helligkeit der Bilder differieren soll: *Auto*, *±1 EV*, *±2 EV* oder *±3 EV*.

Unserer Erfahrung nach eignen sich bei hoch kontrastierten Motiven die Vorgaben *Auto* und *±3 EV* am besten für natürlich wirkende Ergebnisse mit hoher Durchzeichnung.

Als Nächstes wählen Sie einen der beschriebenen Effekte aus. Mit der Option *HDR fortsetzen* können Sie festlegen, ob die Funktion nach der Aufnahme wieder deaktiviert werden oder für weitere Bilder zur Verfügung stehen soll (*Jede Aufn.*).

Auto Bildabgleich sollten Sie immer dann aktivieren, wenn Sie das Foto aus der Hand aufnehmen. Die EOS 5DS [R] gleicht dann leichte Motivverschiebungen prima aus und die HDR-Wirkung kommt voll zum Tragen.

Aber Achtung, das Motiv wird an den Rändern etwas beschnitten. Richten Sie den Bildausschnitt daher etwas großzügiger ein oder kontrollieren Sie das Motiv vorher im Livebild.

Toll ist auch die Möglichkeit, bei *Quellbild. speich* die drei Ausgangsbilder (JPEG und RAW möglich) parallel zum bearbeiteten HDR-Ergebnis (JPEG) sichern zu können. Dann können Sie die Ausgangsbilder auch nachträglich noch mit HDR-Spezialsoftware bearbeiten.

Achten Sie auch darauf, dass die Belichtungszeit nicht zu lang wird, damit die Bilder aus der Hand zügig ausgelöst werden können und es nicht zu stärkeren Verschiebungen kommt. Vom Stativ aus spielt das natürlich keine Rolle.

▲ *HDR-Modus aktivieren*

▲ *Einstellungsmöglichkeiten des HDR-Modus*

▲ *Bei aktivem Auto Bildabgleich wird der Randbeschnitt im Livebild sichtbar gemacht.*

HDR mit Digital Photo Professional

Die drei unterschiedlich hellen Bilder können mit der mitgelieferten Software Digital Photo Professional zum HDR-Bild fusioniert werden.

Dazu markieren Sie ein bis drei Bilder und wählen dann *Extras*/*HDR-Werkzeug starten*. Bei Freihandbildern aktivieren Sie die Option *Automatischer Abgleich* und starten die Verarbeitung mit der Schaltfläche *HDR starten*. Wenden Sie danach einen der fünf Stile an und verfeinern Sie das Ergebnis mit den Reglern.

▶ *HDR-Bearbeitung mit Digital Photo Professional*

Auch aus einer einzigen RAW-Datei können mit der Software HDR-Bilder entwickelt werden, aber die Qualität liegt weit unter den Möglichkeiten der HDR-Verarbeitung dreier unterschiedlich heller Aufnahmen.

Das Ausgangsbild sollte auch keine überstrahlten Bereiche besitzen und zur Vermeidung starken Bildrauschens mit ISO-Werten zwischen 100 und 400 aufgenommen sein.

HDR-Bilder mit der Belichtungsreihenautomatik

Es gibt sehr viele Situationen, in denen nicht viel Zeit zum Fotografieren vorhanden ist oder auch keine Möglichkeit besteht, ein Stativ aufzubauen. Da ist es gut zu wissen, wie Sie mit der EOS 5DS [R] quasi im Handumdrehen schnell und leicht drei bis sieben unterschiedlich helle Ausgangsbilder erstellen können. Diese können Sie für die spätere HDR-Bearbeitung einsetzen, aber natürlich auch einfach dazu verwenden, das Bild mit der besten Belichtung daraus auszusuchen.

2,5 bis 1/6 Sek. | f/8 | ISO 100 | 50 mm

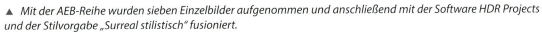

▲ *Mit der AEB-Reihe wurden sieben Einzelbilder aufgenommen und anschließend mit der Software HDR Projects und der Stilvorgabe „Surreal stilistisch" fusioniert.*

▲ Making-of der HDR-Aufnahme

Wenn Sie nicht möchten, dass die Bilder mit unterschiedlichen ISO-Werten aufgenommen werden, bestimmen Sie eine feste ISO-Zahl, bei Helligkeit zum Beispiel ISO 100–200. Dann variieren bei *Av* die Zeit, bei *Tv* die Blende und bei *P* beide Werte.

Bei wenig Licht empfehlen wir die ISO-Automatik, da Sie damit mehr Belichtungsspielraum haben und es weniger schnell zu Verwacklungen kommt.

Wenn Sie vom Stativ aus fotografieren, wie wir es hier getan haben, können Sie den 2-Sek.-Selbstauslöser in Kombination mit dem Livebild nutzen, um garantiert nichts zu verwackeln. Bei Aufnahmen aus der freien Hand sollten Sie die Reihenaufnahme aktivieren, um schnell hintereinander alle Bilder aufzunehmen, sodass sich der Bildausschnitt nur wenig verschiebt.

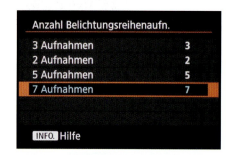

▲ Aufnahmeanzahl bestimmen

Entscheiden Sie sich nun für die Anzahl an Aufnahmen. Dazu navigieren Sie im Individualmenü 1 zur Funktion *Anzahl Belichtungsreihenaufn.* und geben die gewünschte Anzahl an Aufnahmen an.

Sinnvoll ist es zudem, die Option *Automatisches Bracketingende* auszuschalten. Sonst wird die Belichtungsreihe nach der Aufnahme wieder deaktiviert und Sie müssten sie für weitere Aufnahmen neu programmieren. Die AEB-Reihe deaktiviert sich übrigens auch durch Ein-/Ausschalten der 5DS [R] oder den Wechsel zwischen Movie- und Fotomodus.

▲ Automatisches Bracketingende deaktivieren

Zusätzlich empfiehlt es sich, die Reihenfolge zu ändern, in der die Belichtungsstufen aufgezeichnet werden. Jedenfalls finden wir die Reihenfolge Unterbelichtung/Standard/Überbelichtung intuitiver.

Wenn Sie das auch so sehen, stellen Sie im Individualmenü 1 bei *Bracketing-Sequenz* die Option *–, 0, +* ein.

Die Reihenaufnahmen gestalten sich dann wie folgt:

- *3 Aufnahmen*: Belichtung 0, –, +
- *2 Aufnahmen*: Belichtung 0, – oder 0, +
- *5 Aufnahmen*: Belichtung –, –, 0, +, +
- *7 Aufnahmen*: Belichtung –, –, –, 0, +, +, +

Je mehr Aufnahmen angefertigt werden sollen, desto ruhiger müssen Sie die 5DS [R] halten, um möglichst wenig Motivverschiebungen zu riskieren, desto besser wird die Durchzeichnung Ihres Motivs aber auch werden.

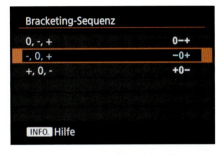

▲ *Reihenfolge der Belichtungsstufen*

Das Optimum erzielen Sie vom Stativ aus, aber es geht auch ohne, sofern die später verwendete HDR-Software die minimalen Verschiebungen ausgleichen kann (Photomatix und HDR Projects schaffen das zum Beispiel sehr gut). Möglich ist es auch, die Bilder erst mit Photoshop/Photoshop Elements auszurichten und sie dann in die HDR-Software zu übertragen.

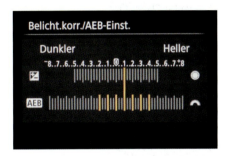

▲ *AEB-Reihe mit sieben Bildern im Abstand von je 1 EV und um –1 EV in Richtung Unterbelichtung verschoben*

Aktivieren Sie schließlich die *AEB-Reihenautomatik* (AE = **A**uto **E**xposure = automatische Belichtungsanpassung, B = **B**racketing = Reihenautomatik). Dazu navigieren Sie im Schnelleinstellungsmenü zur Belichtungsstufenanzeige und drücken die *SET*-Taste.

Drehen Sie das Hauptwahlrad anschließend nach rechts, sodass neben der mittleren Strichmarkierung die Belichtungsstufen der AEB-Reihe angezeigt werden. Bei sieben Aufnahmen empfehlen wir Ihnen Helligkeitssprünge von jeweils ±1 EV, bei fünf Aufnahmen ±1,7 EV und bei drei Bildern ±3 EV. Insgesamt erlaubt die EOS 5DS [R] Belichtungswerte von ±8 EV, ausgehend von der gemessenen Standardbelichtung bei 0 EV.

Das dunkelste Bild vorab bestimmen

Professionell ans HDR-Projekt gehen Sie heran, wenn Sie die Belichtung für das dunkelste Bild der Reihe vorab bestimmen. Dieses Foto sollte die hellsten Motivstellen ohne Überstrahlung abbilden. Ausgehend davon dienen alle anderen Reihenfotos nur noch dazu, die dunkleren Motivbereiche aufsteigend heller abzubilden. Um dies zu tun, führen Sie eine ganz normale Belichtungskorrektur durch und prüfen mit dem Histogramm oder der Überbelichtungswarnung die hellsten Bildstellen. Der Belichtungskorrekturwert stellt dann in der AEB-Reihe die linke Begrenzung dar.

Mit dem Schnellwahlrad lässt sich die ganze Reihe zudem im Stil einer Belichtungskorrektur nach links oder rechts verschieben, um die Bilder allesamt etwas dunkler oder heller aufzunehmen.

Nach der Aufnahme müssen die Ausgangsbilder nur noch softwaregestützt miteinander verschmolzen werden. Um eine versehentlich zu früh abgebrochene Belichtungsreihenaufnahme zu stornieren, drehen Sie das Modus-Wahlrad einfach kurz auf ein anderes Programm und dann wieder zurück.

HDR-Software in der Übersicht

Im Folgenden haben wir Ihnen geeignete Softwareprogramme für das manuelle Erstellen von HDR-Bildern zusammengestellt. Alle Programme sind in der Lage, die verschieden hellen Bildbereiche der Ausgangsfotos lokalgenau miteinander zu fusionieren und eine insgesamt harmonische Gesamtbeleuchtung zu erzeugen.

Software	Photomatix	HDR Projects	Oloneo PhotoEngine	Luminance HDR	Digital Photo Professional
Testversion	ja	30-Tage-Demo	30-Tage-Demo	Freeware	mitgeliefert
Sprache	Deutsch	Deutsch	Englisch	Deutsch	Deutsch
Autom. Bildausrichtung	ja	ja	ja	ja (langsam)	ja
Tonemapping	ja	ja	ja	ja	ja, maximal 3 Bilder
HDR aus RAW-Datei	ja	ja	ja	ja	ja
HDR-Stile	ja	ja	ja	ja	ja
Geisterbilder unterdrücken	ja	ja	ja	ja	nein
Stapelverarbeitung	in Pro-Version	ja	ja	nein	nein

▲ *Übersicht über empfehlenswerte HDR-Software*

6 Sek. | f/8 | ISO 100 | 120 mm | Stativ

▲ Mit dem Blendenwert ließ sich die Helligkeit der Raketenlichter so regulieren, dass die Lichtspuren nicht überstrahlen.

13.3 Lichter am Himmel und auf der Erde

Wenn die Nacht hereinbricht, können künstliche Lichtquellen wie vorbeifahrende Autos und Busse oder das Feuerwerk einer Abendveranstaltung besonders effektvoll ihre Spuren auf dem Sensor der EOS 5DS [R] hinterlassen. Aber auch der Sternenhimmel hat in Sachen Lichtspuren so einiges zu bieten.

Feuerwerke gekonnt in Szene setzen

Das Feuerwerk einer Abendveranstaltung kann besonders effektvoll seine Spuren auf dem Sensor Ihrer 5DS [R] hinterlassen.

▲ Aufnahmeeinstellungen für das gezeigte Feuerwerksbild

5 Sek. | f/6,3 | ISO 100 | 12 mm | Stativ

◀ Mit erhöhtem Blendenwert ließ sich das Feuerwerk besser belichtet in Szene setzen.

▼ Aufgrund des zu geringen Blendenwerts überstrahlen bei dieser Szene die weißen Raketenschweife.

4 Sek. | f/4,5 | ISO 100 | 12 mm | Stativ

Am besten werfen Sie vorab einen Blick auf eine interaktive Internetkarte und Fotos von den Vorjahren der Veranstaltung, um den besten Standort dafür ausfindig zu machen.

An Ort und Stelle fixieren Sie die 5DS [R] auf Ihrem Stativ und richten das Objektiv schon einmal grob auf die Szene aus. Stellen Sie nun, um besonders flexibel agieren zu können, den Modus *Bulb* ein. Setzen Sie die Lichtempfindlichkeit auf ISO 100, wenn es noch dämmert, oder ISO 200–400 bei sehr dunklem Hintergrund.

Der Blendenwert sollte sich an den vorhandenen Bedingungen orientieren. Mit Werten von f/3,5 bis f/6,3 können kürzere Belichtungszeiten genutzt werden. Das ist praktisch bei starkem Wind.

Wenn jedoch viele helle oder weiße Raketen hochgehen oder bei Windstille mit langer Belichtungszeit besonders viele Raketenschweife in einem Bild versammelt werden sollen, sind Blendenwerte von f/8 bis f/16 besser geeignet.

Geht nun die erste Rakete hoch, bestimmen Sie den Bildausschnitt final und fokussieren auf die Raketenlichter. Schalten Sie danach den Fokus auf Manuell um. Wenn jetzt die nächste Rakete zündet, starten Sie die Belichtung, warten die gewünschte Zeit ab und beenden die Belichtung wieder. Zum Auslösen verwenden Sie am besten einen Fernauslöser, der für solche Langzeitbelichtungen geeignet ist (siehe ab Seite 387).

> ✅ **Keine Zeit verlieren**
>
> Um so schnell wie möglich nach der ersten Aufnahme die nächste zu starten, stellen Sie im Aufnahmemenü 1 die *Rückschauzeit* auf *Aus*. Das Bildergebnis wird nach der Aufnahme nun nicht mehr am Monitor angezeigt.
>
> Auch die Funktion *Rauschred. bei Langzeitbel.* können Sie zu diesem Zweck im Aufnahmemenü 3 deaktivieren.
>
> Sonst verlieren Sie durch die kamerainterne Bildbearbeitung wertvolle Sekunden.

Sternenbahnen mit dem Intervall-Timer

Die ultimativ aufwendigste Langzeitbelichtung für Bilder mit Lichtspuren, die man sich vorstellen kann, sind wohl Aufnahmen von Sternenbahnen. Dank des Intervall-Timers der EOS 5DS [R] sind Sternenbahnfotos dennoch recht einfach realisierbar. Dabei reicht es aus, nur noch in Zyklen von 30 bis 60 Sekunden zu belichten. Ziel ist es, mit

▲ *Die Aufnahmeeinstellungen des gezeigten Sternenbahnbilds*

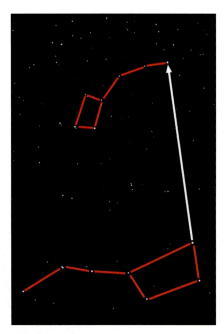

▲ *Wird die rechte Seite des Großen Wagens fünfmal verlängert, stößt die gedachte Linie auf den Polarstern, der wiederum am Gabelende des Kleinen Wagens liegt.*

dieser Belichtungszeit eine perfekte Grundbelichtung hinzubekommen. Anschließend folgt einfach nur noch eine x-fache Wiederholung der Aufnahme. Am Schluss werden die Fotos dann per Software übereinandergelegt.

Dennoch, auf ein paar Dinge müssen Sie natürlich achten. So sollte der Himmel möglichst sternenklar sein, sonst verschmieren die Wolken einen Teil der Lichtspuren.

Wenn Sie um den Neumond herum unterwegs sind, treten die Sterne besonders deutlich hervor. Weit ab von Städten lässt sich sogar die Milchstraße abbilden.

Bodennebel ist jedoch sehr ungünstig, da die Objektivlinse schnell beschlägt und alles dahin ist. Es gibt zwar Zeitgenossen, die dem Beschlagen mit Elektroheizöfchen entgegenwirken, aber nicht jeder möchte diesen Aufwand betreiben. Also lieber in klaren Nächten ohne Nebel auf Tour gehen.

Die ungefähre Kenntnis der Sternenkonstellation ist natürlich ebenfalls von Vorteil, vor allem dann, wenn Sie vorhaben, kreisrunde Sternenbahnen um den Polarstern herum aufzuzeichnen.

Wenn Sie Ihr Vordergrundobjekt selbst aufhellen möchten, nehmen Sie einen Systemblitz oder eine Taschenlampe mit und strahlen das Objekt an (den Blitz einfach während der Belichtung über die Kontrolltaste einmal oder mehrfach von verschiedenen Stellen aus zünden).

Es reicht aus, dieses nur für das erste Bild durchzuführen und dieses Foto als Basis für den digitalen Sternenbildstapel zu verwenden.

Haben Sie eine geeignete Nacht und einen schönen Standort gefunden, befestigen Sie die 5DS [R] auf dem Stativ, richten Sie den Bildausschnitt ein und fokussieren Sie manuell in die Ferne.

30 Sek. | f/4 | ISO 800 | 17 mm | Stativ

Über einen Zeitraum von 46 Minuten wurden mit dem Intervall-Timer im Abstand von einer Sekunde 82 Einzelbilder belichtet. Die RAW-Dateien wurden in Photoshop entwickelt und mit der Ebenenfüllmethode Aufhellen übereinandergestapelt, sodass sich aus den hellen Punkten die Sternspuren ergaben.

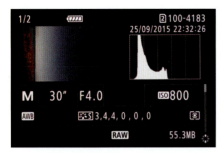

▲ Eines der Einzelbilder in der Histogrammansicht

▲ Intervall-Timer aktivieren

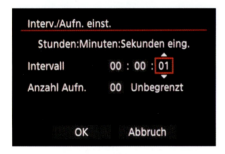

▲ Intervalleinstellungen vornehmen: Hier vergeht zwischen den Aufnahmen nur eine Sekunde.

Geben Sie die Belichtungswerte im manuellen Modus vor und lösen Sie eine Probeaufnahme aus. Das Histogramm des Bilds sollte im linken Bereich möglichst nicht abgeschnitten werden, da sonst eine zu starke Aufhellung der RAW-Datei notwendig wird und sich das Bildrauschen stark erhöht. Erhöhen Sie lieber den ISO-Wert etwas, um das Motiv heller aufzuzeichnen.

Sind die Sterne gut zu sehen und scharf abgebildet? Dann öffnen Sie im Aufnahmemenü 4 den Eintrag *Intervall-Timer*. Setzen Sie ihn auf *Aktiv.* und drücken Sie anschließend die *INFO.*-Taste, um die Aufnahmeparameter festzulegen.

Mit *Intervall* können Sie die Zeit in Stunden, Minuten und Sekunden festlegen, die zwischen den Bildern verstreichen soll. Mit *Anzahl Aufn.* wird die Anzahl an Bildern bestimmt. Wenn Sie *00* wählen, ist die Anzahl unbegrenzt und Sie können die Aufnahmeprozedur einfach durch Ausschalten der 5DS [R] beenden, wenn Sie genügend Bilder gesammelt haben. Bestätigen Sie anschließend die Schaltfläche *OK* mit der *SET*-Taste. Danach lösen Sie aus und lassen die 5DS [R] einfach machen.

Wieder zu Hause konvertieren Sie alle RAW-Bilder in JPEG-Fotos und stapeln diese im Bildbearbeitungsprogramm als Ebenen übereinander. Der Trick besteht nun darin, alle überlagerten Bilder auf die Ebenenfüllmethode *Aufhellen* zu setzen (zu finden in Photoshop und Photoshop Elements, andere Bildbearbeitungsprogramme mit Ebenentechnik

 Weitere Motive für Intervallaufnahmen

Mit dem Intervall-Timer können Sie auch die Ausgangsbilder für Zeitraffer erstellen, oder neudeutsch Timelapse-Videos, in denen die Bewegungen von Menschen oder vorbeiziehenden Wolken stark verkürzt ablaufen und alles durch die Gegend wuselt. Oder halten Sie langsame Prozesse in mehreren Bildern fest, um beispielsweise das Aufblühen einer Knospe oder das Schlüpfen eines Schmetterlings zu dokumentieren. Im manuellen Modus bleibt die Belichtung konstant. Ein Abendhimmel wird dann über die Zeit hinweg erwartungsgemäß immer dunkler. In den anderen Programmen wird die Belichtung an sich ändernde Lichtverhältnisse angepasst.

besitzen analoge Methoden). Dadurch scheinen nur die Sterne aller Bilder auf das unterste durch, und es werden die gewünschten Bahnen sichtbar.

13.4 Panoramafotografie

Nach einer langen Wanderung breitet sich eine grandiose Landschaft vor Ihnen aus? Bei einer Städtetour treffen Sie auf einen schön gelegenen Platz, umringt von historischen Gebäuden?

Oder Sie stehen dicht vor einem Gebäude und bekommen es selbst mit dem weitesten Weitwinkel nicht vernünftig auf den Sensor? Spätestens dann ist es Zeit für die Panoramafotografie.

Freihändig und unkompliziert

Auch wenn es sich bei der EOS 5DS [R] um eine Kamera handelt, die höchst professionellen Ansprüchen genügt, wünschen wir persönlich uns doch in vielen Situationen eine schnelle und trotzdem bildqualitativ optimale Lösung, um spontan zum guten Panorama zu kommen.

Wir gehen dann einfach so vor: Im Modus *Av* stellen wir den gewünschten Blendenwert ein und legen den ISO-Wert so fest, dass die Belichtungszeit für schnell hintereinander durchgeführte Aufnahmen aus der freien Hand kurz genug ist. Das Fotografieren mit *P* oder *Tv* wäre aber genauso möglich.

Danach richten wir die 5DS [R] im Hochformat auf das Motiv aus, stellen scharf und schalten auf den manuellen Fokus um.

Als Nächstes messen wir die Belichtung in einem mittelhellen Bereich des geplanten Panoramas mit halbem Auslöserdruck.

▲ *Im Sucher ist die aktive AE-Speicherung am Sternsymbol zu erkennen. Hier wurde außerdem die Gitteranzeige aktiviert.*

Alle Bilder: 1/250 Sek. | f/3,5 | ISO 200 | 35 mm | +1/3 EV

▲ Mit 14 freihändig fotografierten Hochformataufnahmen konnten wir den Sonnenuntergang als weitläufiges Panorama inszenieren.

Ohne den Bildausschnitt zu verändern, wird die Belichtung mit der Sterntaste gespeichert, auch als *AE-Speicherung* bezeichnet. Die Belichtungszeit, der Blendenwert und der ISO-Wert sind jetzt fixiert und die Taste kann losgelassen werden.

Anschließend nehmen wir die Bilder fürs Panorama mit den gespeicherten Werten nacheinander auf. Wenn Sie im Einstellungsmenü 2 im Bereich *Sucheranzeige* den Eintrag *Gitteranzeige* aktivieren, können Sie die Überlappung der Bilder anhand der Gitteranzeige optisch gut kontrollieren.

Wichtig ist es, zügig vorzugehen, denn die Belichtungsspeicherung wird nach jeder Aufnahme nur für vier Sekunden

aufrechterhalten. Auch achten wir darauf, dass die Drehung eng um die Körperachse erfolgt, damit sich die Perspektive der Einzelfotos nur wenig verschiebt. Das ist besonders wichtig, wenn sich Objekte dicht vor der Kamera befinden.

Die Bilder überlappen sich etwa um ein Drittel bis zur Hälfte, damit das softwaregestützte Verschmelzen später fehlerfrei ablaufen kann.

Um die Überlappung in der Wiedergabeansicht noch einmal genau zu prüfen, können Sie hierfür praktischerweise im Wiedergabemenü 3 bei *Wiedergaberaster* das Gitter *3×3* aktivieren.

 Livebild: Messtimer und Gitteranzeige

Beim Fotografieren im Livebild-Modus können Sie die Dauer der Belichtungsspeicherung erhöhen, indem Sie im Aufnahmemenü 6 bei *Messtimer* die Zeit beispielsweise auf *16 Sek.* verlängern. Für die Kontrolle der Überlappung ist im Aufnahmemenü 5 die *Gitteranzeige* mit der Option *3×3* empfehlenswert.

Übersicht über geeignete Panoramasoftware

Nachdem nun eine entsprechende Anzahl von Bildern erstellt wurde, müssen diese mithilfe spezieller Software zusammengesetzt werden. Empfehlenswerte Programme sind beispielsweise PTGui (*www.ptgui.com*, deutsche Anleitung unter *www.dffe.at/panotools/ptgui5-01d.html*), Photoshop/Photoshop Elements (*www.adobe.com/de/*), Autopano Pro (*www.kolor.com*) oder PanoramaStudio (*www.tshsoft.de*). PTGui arbeitet unserer Erfahrung nach sehr zuverlässig und schafft sogar 360°-Panoramen aus nicht-Nodalpunkt-justierten Einzelfotos, mit Bildern also, die nicht wirklich optimal überlappen und zudem perspektivisch verschoben sind.

	PTGui	Photoshop/ Photoshop Elements	Autopano Pro	Panorama-Studio
Einzeilige Panoramen	ja	ja	ja	ja
Mehrzeilige Panoramen	ja	ja	ja	in Pro-Version
Verarbeitet Freihandpanoramen	ja	ja	ja	ja
Korrektur von Vignettierung	in Pro-Version	ja	ja	ja
Korrektur perspektivischer Verzerrung	ja	ja	ja	ja
Manuelle Korrektur der Überlappung	ja	ja	ja	in Pro-Version
Ausgabe interaktiver Panoramen fürs Internet	ja	nein	Panotour-Software	ja
HDR-Verarbeitung	in Pro-Version	separat möglich/ nein bei Elements	ja	nein

▲ *Empfehlenswerte Panoramasoftware im Überblick*

Bevor Sie sich aber schließlich entscheiden, testen Sie die Programme, die in Ihre engere Wahl kommen, anhand der erhältlichen Demoversionen am besten mit Ihren eigenen Bildern einmal durch. So wird schnell klar, welche Software für Ihre Bedürfnisse passend ist.

Anspruchsvolle Panoramen realisieren

Wer die Panoramafotografie professioneller angehen möchte, sollte nicht achtlos über einen wichtigen Punkt hinwegsehen: den Nodalpunkt respektive die richtige Drehachse.

Der Nodalpunkt ist entscheidend dafür, dass die Einzelbilder perfekt miteinander überlappen und keine Verschiebungen zwischen Vorder- und Hintergrundobjekten entstehen.

Das gilt insbesondere für Panoramen, bei denen Motive dicht vor der Kamera erscheinen, also zum Beispiel in Innenräumen. Nicht immer ist der Nodalpunkt ein K.-o.-Kriterium, aber für professionelle Panoramen eindeutig ein Muss.

Bei Freihandpanoramen besteht immer das Risiko, dass sich die Einzelbilder perspektivisch zu stark verschieben und die Software dies nicht ausgleichen kann.

▼ *Dank Nodalpunkt-Einstellung hatte die Software PTGui keine Probleme, das Straßenpflaster im Vordergrund fehlerfrei zu verschmelzen. Die Aufnahme entstand aus acht hochformatigen Einzelbildern.*
Alle Bilder: 3,2 Sek. | f/4 | ISO 100 | 17 mm | Stativ

Was Sie zum Ausrichten der Drehachse benötigen, ist ein Stativkopf, der sich horizontal drehen lässt ❷, und eine Schnellkupplung ❶, auf der Sie eine lange Stativplatte ❸ vor- und zurückschieben können. Richten Sie die 5DS [R] darauf exakt horizontal aus. Dazu können Sie prima die elektronische Wasserwaage im Sucher oder den Digitalkompass des Livebilds verwenden. Stellen Sie die gewünschte Brennweite am Objektiv ein. Peilen Sie anschließend zwei vertikale Objekte an, zum Beispiel eine Stehlampe oder ein Lampenstativ etwa 1,5 m von der Kamera entfernt und einen Türrahmen noch mal etwa 1,5 m dahinter. Stellen Sie die 5DS [R] dann so auf, dass beide Objekte übereinanderliegen. Danach drehen Sie die Kamera nach rechts und links. Wenn sich die Objekte dabei gegeneinander verschieben, stimmt die Drehachse nicht.

▲ EOS 5DS [R] mit eingestelltem Nodalpunkt

▶ Links: Linksdrehung
Mitte: Mitte
Rechts: Rechtsdrehung
Die Drehachse stimmt nicht.

▶ Links: Linksdrehung
Mitte: Mitte
Rechts: Rechtsdrehung
Die Drehachse ist optimal ausgerichtet.

Schieben Sie die Kamera auf der Wechselschiene vor oder zurück. Der Abstand, bei dem die Objekte sich nicht mehr verschieben, ist der Nodalpunkt. Markieren Sie den Punkt an der Schiene oder notieren Sie sich den Abstand. Dieser Punkt gilt allerdings nur für diese spezielle Kamera-Objektiv-Brennweiten-Kombination, muss also für andere Zoompositionen oder Objektive getrennt eingerichtet werden.

Panoramaköpfe in der Übersicht

„Einfache" Panoramaköpfe, bestehend aus einer Winkelschiene und einem Einstellschlitten, ermöglichen die hoch- oder querformatige Anbringung der 5DS [R]. Der Nodalpunkt wird durch Verschieben des Einstellschlittens justiert. Geeignete Panoramaköpfe gibt es beispielsweise von Novoflex (VR-System II) oder Manfrotto (Panoramakopf 303).

Sollten Sie sich eingehender mit der Panoramafotografie beschäftigen wollen, empfiehlt sich gleich ein sphärischer Panoramakopf. Dieser besteht aus zwei drehbaren Panoramaplatten. Darüber kann die 5DS [R] hochformatig eingesetzt und dann nach oben oder unten geneigt werden, sodass mehrzeilige Einzelbildabfolgen, sogenannte Multirow-Panoramen, entstehen.

▲ *Panorama-VR-System II (Bild: Novoflex)*

▲ *EOS 5DS R auf VR-System PRO*

Geeignete sphärische Panoramaköpfe gibt es beispielsweise von Novoflex (VR-System PRO 2), Manfrotto (303SPH oder 303Plus), Nodal Ninja (3 MKII) oder Walimex (Pro Panoramakopf mit Nodalpunkt-Adapter).

Videoprojekte mit der 5DS [R] realisieren

Sind Sie bereits videografisch unterwegs oder möchten Sie mit dem Filmen erst in Kürze beginnen? Dann wird Ihnen dieses Kapitel sicherlich einige nützliche Tipps und Informationen rund um den Movie-Modus liefern. Obwohl die Filmoptionen der EOS 5DS [R] nicht gerade umfangreich sind, es handelt sich in erster Linie um eine Fotokamera, kommt der Spaßfaktor beim Videodreh trotzdem bestimmt nicht zu kurz.

14.1 Filmen mit der automatischen Belichtung

Um spontan und unkompliziert ein Video aufzuzeichnen, aktivieren Sie gleich einmal die Automatische Motiverkennung. Schieben Sie den Movie/Livebild-Schalter auf die Movie-Position . Danach kann es mit dem Videodreh im automatischen Movie-Modus gleich losgehen.

▲ Aktivieren des Movie-Modus

Das Livebild wird aufgerufen und der Bildausschnitt verschmälert sich auf das für Movies übliche Seitenverhältnis 16:9.

Durch mehrfaches Drücken der **INFO.**-Taste können Sie die Monitoranzeige so einstellen, dass entweder nur das Videobild zu sehen ist oder mehr Informationen eingeblendet werden, unter anderem der Autofokusmodus ❶, die Aufnahmequalität ❷ und die mögliche Aufnahmezeit ❸.

▲ Vorbereiten der Videoaufnahme

Stellen Sie scharf. Zum Fokussieren können Sie die bekannten Livebild-Optionen *Gesichtsverfolgung* oder *FlexiZone Single* (siehe ab Seite 135) verwenden.

Wenn Sie die AF-Methode ändern möchten, um beispielsweise mit dem kleineren Fokusfeld von FlexiZone Single präziser scharf zu stellen, drücken Sie die Schnelleinstellungstaste und navigieren auf das AF-Symbol oben links im Monitor.

▲ Auswahl der AF-Methode

Mit dem Schnellwahlrad können Sie die Option rasch auswählen und danach durch Antippen des Auslösers das Menü wieder verlassen. Wenn alles passt, stellen Sie noch einmal scharf, bis das AF-Messfeld grün leuchtet. Starten können Sie die Movie-Aufnahme anschließend durch Drücken der START/STOP-Taste.

Der rote Punkt und die Aufnahmezeit im Display verdeutlichen die laufende Filmaufnahme. Halten Sie die 5DS [R] während der Aufnahme möglichst ruhig.

Im Movie-Aufnahmemenü 2 bei [A⁺] (bzw. 4 in den anderen Programmen) kann der *Movie-Servo-AF* aktiviert werden. Dieser führt die Schärfe im gewählten Fokusbereich kontinuierlich nach und ist erkennbar am quadratischen AF-Feld. Damit könnten Sie sich für eine ruhige Kameraführung mitsamt der Kamera Ihrem Motiv nähern oder sich von ihm entfernen, anstatt zu zoomen, was meist zu ruckelig abläuft.

▲ *Laufende Movie-Aufnahme*

Da die EOS 5DS [R] aber aus unerklärlichen Gründen von Canon keinen Livebild-Phasenautofokus spendiert bekommen hat, wie ihn beispielsweise die EOS 7D Mark II hat, wird der Autofokus teilweise stark hin und her schwanken. Somit ist es häufig besser, manuell zu fokussieren. Mehr dazu erfahren Sie weiter hinten in diesem Kapitel.

Um Störgeräusche im Film zu vermeiden, betätigen Sie am besten auch keine Tasten und Rädchen. Beendet wird die Filmsequenz, indem Sie die START/STOP-Taste erneut drücken. Die Aufzeichnung wird dann sofort gestoppt.

 Maximale Movie-Aufnahmedauer

Die Movie-Aufnahmedauer ist bei der 5DS [R], wie bei allen anderen Fotokameras auch, auf maximal 29:59 Minuten Film am Stück begrenzt. Danach müssen Sie die Aufnahme neu starten. Ähnliches gilt für die Dateigröße. Wird die Maximalgröße von 4 GByte erreicht, läuft die Aufnahme zwar weiter, aber in Form einer neuen Datei. Um die Movies später am Stück betrachten zu können, müssen Sie sie nacheinander aufrufen oder am Computer, zum Beispiel mit der Canon-Software EOS MOVIE Utility, zu einer Filmdatei zusammenschneiden. In den meisten Fällen stellt die Zeitbegrenzung aber kein allzu großes Problem dar, denn viele Filme setzen sich ohnehin aus kürzeren Abschnitten zusammen. Achten Sie einmal speziell auf die Szenendauer bei Kino- oder Fernsehfilmen.

14.2 Welches Format für welchen Zweck?

Auch wenn die voreingestellte Aufnahmequalität ᴱFHD 25.00P IPB für viele videografische Aktionen gut geeignet ist, kann es nicht schaden, auch die anderen Optionen einmal unter die Lupe zu nehmen. Die 5DS [R] bietet dazu die in der Tabelle aufgeführten Möglichkeiten an.

Aufnahme-format	Vollbildrate (Bilder pro Sekunde)		Qualität	Bildgröße	Seiten-verhältnis
	PAL	NTSC			
MOV FHD	25p	29,97p	ALL-I, IPB	1.920 × 1.080	16:9
MOV FHD		23,98p	ALL-I, IPB	1.920 × 1.080	16:9
MOV HD	50p	59,94p	ALL-I, IPB	1.280 × 720	16:9
MOV VGA	25p	29,97p	IPB	640 × 480	4:3

▲ *Videoaufnahmeformate der 5DS [R]*

Grundlegend werden die Movies aus der 5DS [R] im Dateiformat **MOV** aufgezeichnet. MOV ist gut für die Nachbearbeitung der Videos am Computer.

Um Videos zu erhalten, die möglichst kompatibel mit vielen Wiedergabegeräten sind, ist es sinnvoll, die MOV-Dateien in MP4-Dateien umzuspeichern, was mit der mitgelieferten Canon-Software EOS MOVIE Utility problemlos möglich ist, aber beispielsweise auch mit Photoshop oder Lightroom erledigt werden kann. Wenn Sie die 5DS [R] mit einem HDMI-Kabel am Fernseher anschließen, ist das Abspielen der Videos in beiden Formaten aber problemlos möglich.

▲ *Einstellen der Movie-Aufnahmegröße*

Neben dem Aufnahmeformat spielt die **Movie-Aufnahmegröße** (**VGA**, **HD** oder **FHD**) eine wichtige Rolle. Die Movie-Aufnahmegröße können Sie flink im Schnellmenü wählen oder im Movie-Aufnahmemenü 4 (bzw. 2 bei A⁺) einstellen.

Die FHD-Formate mit 1.920 × 1.080 Pixeln Auflösung bieten sich natürlich für die Wiedergabe am Full-HDTV-Gerät an. Sie bieten generell die höchste Bildqualität. Die HD-Größen eignen sich hingegen gut für das direkte Hochladen ins Internet, zum Beispiel bei YouTube oder Facebook.

Bedenken Sie aber, dass sich die FHD-Filme mit der Software EOS MOVIE Utility oder mit anderen Videoschnittprogrammen problemlos von FHD in HD herunterskalieren lassen. Wenn Sie vor der Konvertierung nicht zurückschrecken, spricht eigentlich nur noch der etwas höhere Speicherplatzbedarf gegen die Verwendung der FHD-Aufnahmegröße.

▲ *Videoaufnahmegrößen FHD (1.920 × 1.080 Pixel), HD (1.280 × 720 Pixel) und VGA (640 × 480 Pixel)*

 Standbilder aufnehmen

Wenn Sie den Auslöser während der laufenden Filmaufnahme ganz durchdrücken, kann die 5DS [R] ein Standbild aufnehmen. Um zu verhindern, dass sie hierfür erneut fokussiert, was im Film meist sehr unruhig wirkt, stellen Sie im Movie-Menü 5 (bzw. 3 bei A⁺) die Funktion des Auslösers bei ⌾-*Tasten-Funkt.* auf *Halb drücken*: *Nur Messung* und *Voll drücken*: *Foto aufnehmen*. Das Filmbild wird jedoch stets für etwa eine Sekunde eingefroren, das Auslösegeräusch ist zu hören und das Filmbild ruckelt bei Freihandaufnahmen enorm. Auch lassen sich bewegte Elemente nicht scharf einfangen, wenn Sie mit den beim Filmen optimalen längeren Belichtungszeiten arbeiten. Daher empfehlen wir Ihnen, entweder zu filmen oder zu fotografieren.

Wissenswertes über die Bildrate

Die Bildrate, auch als Framerate bezeichnet und mit *p* (progressiv) abgekürzt, ist bei den Movie-Formaten der EOS 5DS [R] immer mit angegeben. Sie bestimmt die Anzahl an Vollbildern, die pro Sekunde aufgenommen werden, und ist abhängig vom eingestellten Videosystem. Im System *PAL* stehen Ihnen die Bildraten 50p und 25p zur Verfügung und im System *NTSC* die Bildraten 59,94p, 29,97p und 23,98p.

▲ *Umstellen des Videosystems*

Spezialfall 23,98p

Mit der Bildrate 23,98p im Videosystem NTSC wird die Bildrate von Kinofilmen nachempfunden. Dieser historische Standard ist aber mit etwas Vorsicht zu genießen. Nicht jedes Abspielgerät kann diese Signale auslesen. Das kann dazu führen, dass die Bildgröße nicht richtig angezeigt wird, Tonabweichungen oder Ruckler auftauchen oder sich der Film gar nicht abspielen lässt.

Die Videonormen PAL und NTSC stammen noch aus Analogzeiten, als die Fernsehbilder auf die unterschiedlichen Stromfrequenzen abgestimmt waren (PAL für 50-Hertz-Wechselspannung in Europa). Im digitalen Zeitalter ist dies nicht mehr ausschlaggebend für eine funktionierende Filmwiedergabe. Daher können Sie das **Videosystem** im Einstellungsmenü 3 problemlos von PAL auf NTSC umstellen – es sei denn, Ihr Auftraggeber verlangt einen bestimmten Standard. Bedenken Sie auch, dass sich Filmabschnitte mit verschiedenen Bildraten nicht problemlos zusammenschneiden lassen.

Daher ist es sinnvoll, in einem Videosystem und bei einer Bildrate zu bleiben oder zumindest Bildraten zu verwenden, die sich um den Faktor zwei unterscheiden, also 25p und 50p oder 29,97p und 59,94p.

Als flexibler und guter Standard empfehlen sich die Bildraten 25p/29,97p. Die höheren Bildraten von 50p/59,94p sind zwar noch besser darin, actionreiche Bewegungen flüssiger wiederzugeben. Auch für Kameraschwenks oder für die

▼ Die FHD-Bildgröße, kombiniert mit der Bildrate 29,97p (NTSC) und der Kompression ALL-I, ist für die meisten Situationen ein sehr guter Standard.

verlangsamte Wiedergabe von Sequenzen in Zeitlupe sind die höheren Bildraten besser geeignet. Aber sie sind nur mit der kleineren HD-Bildgröße verwendbar.

Was es mit der Kompressionsmethode auf sich hat

Zusätzlich zu den Bildraten stellt die 5DS [R] auch zwei Kompressionsmethoden zur Verfügung: *ALL-I* (für Bearbeitungen/I-only) und *IPB* (Standard). Diese wirken sich aber nicht sichtbar auf die optische Qualität des Videos aus, sie haben jedoch teils Einfluss auf die Bearbeitungsmöglichkeiten der Filme.

Die Methode *IPB* (Interframe-Kompression, B = **b**idirektional) komprimiert mehrere Videobilder auf einmal. Dabei werden gleichbleibende Inhalte, beispielsweise ein unifarbener Studiohintergrund, nicht in jedem Einzelbild neu gespeichert. Nur die sich ändernden Inhalte, wie zum Beispiel das sich bewegende Model vor dem Studiohintergrund, werden hinzugespeichert. Diese Art der Aufzeichnung ist für die 5DS [R] recht ressourcenschonend und kann daher zügig ablaufen. Die höchste Datenrate liegt bei 225 MB/Min. für alle FHD-Größen, und die Schreibgeschwindigkeit der Karte muss nicht die allerschnellste sein, 10 MB/Sek. bei CF-Karten und 6 MB/Sek. bei SD-Karten reichen.

Nachteilig bei *IPB* ist, dass Sie beim späteren Videoschnitt in der EOS 5DS [R] nur in ganzen Sekundenabschnitten schneiden können. Auch fordern IPB-komprimierte Videos den Computerprozessor stärker, was sich bei einem eher schwächeren PC-System in Sachen flüssiges Abspielen und Vor-/Zurückspulen auf der Timeline nachteilig auswirkt. Zudem dauert das Umspeichern (Rendern) des fertigen Films länger.

ALL-I führt hingegen eine Komprimierung Bild für Bild durch. Daraus ergibt sich eine etwa dreifach höhere Datenrate (654 MB/Min.) bei allen FHD-Qualitäten, die sich vor allem

▲ Mit der Kompressionsmethode ALL-I lassen sich die Videos besser nachbearbeiten als mit IPB.

 Bildstil für Nachbearbeitungen

Möchten Sie Ihre Filme gerne nachträglich weiterbearbeiten, ist es günstig, wenn die Movie-Aufnahme kameraintern hinsichtlich Kontrast und Farbe nicht stark nachbearbeitet wird. Stellen Sie hierfür im Schnellmenü am besten den Bildstil **Neutral** ein oder programmieren Sie einen eigenen Bildstil mit wenig Kontrast, wenig Schärfe und geringer Sättigung. Um den Kontrast und die Farben später optimal anpassen zu können, eignen sich spezielle Videoschnitt-Programme wie Photoshop Premiere Elements, Video Studio, Magix Video deluxe oder Final Cut Pro.

auf die mögliche Aufnahmedauer auswirkt, aber auch eine ausreichend schnell schreibende Speicherkarte erfordert (mindestens 20 MB/Sek. bei SD-Karten und 30 MB/Sek. bei CF-Karten).

Bei der anschließenden Videoverarbeitung bringt ALLI eigentlich nur Vorteile mit sich: Die Verarbeitung erfordert weniger Prozessorleistung, geht in der Regel zügiger voran und die Filme benötigen weniger Zeit fürs Rendern. Daher können wir Ihnen die ALL-I-Komprimierung empfehlen, insbesondere dann, wenn Sie die Videos später schneiden und optisch nachbearbeiten möchten.

14.3 Die Aufnahmebedingungen optimieren

Bei Videoaufnahmen kommt der Belichtungszeit eine wichtige Rolle zu, denn es gilt, die Bewegungen der Motive flüssig und ohne Ruckler darzustellen.

Einfluss der Belichtungszeit

Am besten filmen Sie mit Werten zwischen 1/50 Sek. und 1/250 Sek. Stellen Sie beispielsweise im Modus *Tv* oder *M* eine Belichtungszeit von 1/125 Sek. ein und aktivieren Sie im Fall von *M* die ISO-Automatik, damit die Helligkeit an Motivänderungen angepasst wird.

◀ *Bei 1/125 Sek. Belichtungszeit sind die Einzelbilder bewegungsunscharf, was im Film aber nicht zu sehen ist. Vielmehr laufen die Bewegungen dadurch flüssiger ab.*

◀ *Mit 1/1000 Sek. werden die Einzelbilder des Films zwar scharf abgebildet, die Bewegung wirkt im laufenden Film aber weniger flüssig.*

Bei *Tv* (und *Av*) passt sich die Helligkeit automatisch an, wenn sich die Lichtverhältnisse während der Filmaufnahme ändern. *M* hat den Vorteil, dass Sie auch noch den Blendenwert niedrig halten können, um mit geringer Schärfentiefe den Blick des Betrachters gezielt auf die Hauptmotive im Bildausschnitt zu leiten. Das funktioniert natürlich auch mit **Av**, aber dabei haben Sie dann keinen Einfluss mehr auf die Belichtungszeit.

In heller Umgebung kann die relativ lange Belichtungszeit allerdings dazu führen, dass Sie für eine korrekte Belichtung höhere Blendenwerte benötigen oder, wenn das nicht reicht, auch die Belichtungszeit weiter verkürzen müssen. An eine gute Bildgestaltung mit niedriger Schärfentiefe ist dann nicht mehr zu denken.

Daher ist es bei häufigem Videoeinsatz sehr empfehlenswert, sich einen Neutraldichtefilter der Stärke ND4 oder ND8 anzuschaffen (siehe Seite 256). Er reduziert die Lichtmenge und macht das Filmen mit geringer Schärfentiefe bei der gewünscht langen Belichtungszeit wieder möglich.

In dunkler Umgebung werden hingegen häufig hohe ISO-Werte benötigt, da die Belichtungszeit in allen Programmen nicht länger als 1/30 Sek. gewählt werden kann.

 Vorsicht! Banding-Effekte

Auch beim Filmen unter Kunstlichtbeleuchtung ist es sinnvoll, die Belichtungszeit auf 1/100 Sek. oder länger einzustellen. Sonst kann die rhythmische Gasentladung bei Neonlampen zum sogenannten Banding- oder Flicker-Effekt führen und eine streifenförmige Belichtung der Filmaufnahme entstehen. Die Anti-Flacker-Technik aus dem Fotobereich greift hier nicht (siehe ab Seite 291).

▲ Banding verhindert mit 1/100 Sek. ▲ Banding-Effekt bei 1/250 Sek.

Die Belichtung anpassen

Die Bildhelligkeit der Videoaufnahme passt sich beim Kameraschwenk ganz von selbst an die veränderte Situation an. Das gilt für die Modi *A⁺*, *P*, *Tv* und *Av* und bei *M*, wenn die ISO-Automatik eingestellt ist.

Sollte die Belichtung jedoch einmal nicht stimmen, gibt es die Möglichkeit einer Belichtungskorrektur um ±3 EV-Stufen. Diese können Sie vor der Movie-Aufzeichnung durch Drehen am Schnellwahlrad einstellen.

▲ *Touchpad für die geräuschlose Bedienung*

Während der Filmaufnahme lässt sich die Helligkeit ebenfalls variieren. Das Drehen am Wahlrad erzeugt aber Störgeräusche, daher gehen Sie hierbei lieber wie folgt vor: Aktivieren Sie im Movie-Modus zunächst im Movie-Aufnahmemenü 5 (bzw. 3 bei *A⁺*) die Option **Leiser Betrieb**. Wenn Sie anschließend die Filmaufnahme starten, können Sie vorsichtig die Taste Q drücken und danach durch Antippen des *Touchpads* nach oben oder unten zum Symbol für die Belichtungskorrektur navigieren.

▲ *Leisen Betrieb aktivieren*

Durch Antippen der rechten oder linken Seite des Touchpads lässt sich die Belichtung in Drittelstufen anpassen. Im manuellen Modus können Sie zudem die Belichtungszeit, den Blendenwert und den ISO-Wert per Touchpad geräuscharm regulieren. Mit Q beenden Sie den Vorgang.

▲ *Belichtungskorrektur einstellen*

Filmen mit konstanter Belichtung

Die automatische Anpassung der Bildhelligkeit ist an sich ganz schön und gut, führt aber häufig auch zu starken Schwankungen, die zum Beispiel einen Kameraschwenk sehr unausgeglichen wirken lassen. Gerade bei kontrastreichen Situationen mit Gegenlicht oder bei einem Schwenk über hell und dunkel eingefärbte Gegenstände können Belichtungsänderungen störend sein. Gleiches gilt für Studioaufnahmen. Also legen Sie die Belichtung am besten fest.

▲ Speichern der Belichtung

Dazu richten Sie die EOS 5DS [R] auf einen Bildausschnitt des geplanten Videos, der Ihnen besonders wichtig ist und daher auf jeden Fall richtig belichtet werden soll.

Drücken Sie nun die Sterntaste ✱. Damit werden die Belichtungszeit, die Blende und der ISO-Wert fixiert, was am Sternsymbol unterhalb des Livebilds zu erkennen ist. Richten Sie den Bildausschnitt ein, mit dem der Film beginnen soll, und starten Sie die Aufzeichnung. Die Belichtung bleibt nun konstant und Sie können über Ihr Motiv fahren, ohne Helligkeitsschwankungen in Kauf nehmen zu müssen.

Möchten Sie die Belichtungsspeicherung während der Filmaufnahme beenden, um wieder die automatische Helligkeitsanpassung zu nutzen, drücken Sie die Taste ⊞. Um die Belichtung erneut zu speichern, betätigen Sie wieder die Sterntaste ✱. Für Flexibilität ist also gesorgt.

> **Konstante manuelle Belichtung**
>
> Auch im Modus **M** können Sie mit den Tasten ✱ und ⊞ zwischen fixierter und flexibler Belichtung wechseln, sofern der ISO-Wert auf **AUTO** steht. Bei festen ISO-Zahlen ist die Belichtung fixiert, bis die Belichtungszeit, der Blendenwert oder der ISO-Wert geändert werden.

Die Motive im Fokus halten

Die Aufnahme bewegter Bilder erfordert einen Autofokus, der das anvisierte Motiv genau und zuverlässig scharf stellt. In allen Programmen können Sie dazu beispielsweise die AF-Methode FlexiZone Single einsetzen, um genau das gewünschte Detail in den Fokus zu bekommen. Auch während der Aufnahme lässt sich der AF-Bereich im Bildausschnitt verschieben – allerdings verbunden mit Geräuschen durch das Betätigen des Multi-Controllers.

Beim eigentlichen Scharfstellvorgang lässt sich dank des *Movie-Servo-AF* eine konstante Schärfenachführung verwenden. Schalten Sie die Funktion dazu im Movie-Aufnahmemenü 4 (bzw. 2 bei) ein.

Die Schärfe wird nun über ein etwas größeres AF-Feld auf sich ändernde Motivabstände adaptiert. Wenn Sie hierbei das Canon EF 24-105 mm f/3,5-5,6 IS STM verwenden, läuft das Scharfstellen schön lautlos ab. Bei anderen STM-Ob-

▲ Ein- oder Ausschalten des kontinuierlichen Autofokus

▲ Mit dem Movie-Servo-AF konnten wir den „Rasenden Roland" kontinuierlich im Fokus halten.

jektiven (EF 40 mm f/2,8 STM, EF 50 mm f/1,8 STM) oder Modellen mit USM- oder Mikromotoren sind die Fokusvorgänge hingegen deutlich im Film zu hören.

Der Movie-Servo-AF schafft es aber ganz gut, die Schärfe mit einem sich in konstanter Geschwindigkeit annähernden Motiv mitzuführen, wie bei dem hier gezeigten „Rasenden Roland" auf der Insel Rügen.

Als der Zug an uns vorbeifuhr, mussten wir jedoch den Auslöser halb herunterdrücken und die Schärfe auf diese Weise fixieren. Sonst hätte der Kontrastautofokus aufgrund der starken Helligkeitsschwankungen der Waggons angefangen, hin und her zu pumpen, und die Schärfe dabei immer wieder verloren.

Ähnliches passiert auch, wenn Sie schnell von einem nahen auf ein fernes Objekt schwenken und mit dem Movie-Servo-AF oder dem Auslöser fokussieren. Selbst die STM-Objektive schaffen es dann leider nicht, die Schärfe ruckelfrei umzustellen.

▲ In dieser Phase des Videos haben wir den Movie-Servo-AF außer Kraft gesetzt, indem der Auslöser auf halber Stufe gedrückt gehalten wurde.

Das liegt daran, dass die EOS 5DS [R] im Livebild, das ja auch für Filmaufnahmen herangezogen wird, nur einen Kontrastautofokus nutzen kann. Dabei ruckeln sich die Objektivlinsen in kleinen Schritten an den Fokuspunkt heran, was im Film natürlich alles zu sehen ist.

Um die Schärfe über größere Distanzen umzustellen, eignet sich der manuelle Fokus daher besser.

Filmen mit Timecode

Die Option **Timecode**, die Sie im Movie-Aufnahmemenü 5 (bzw. 3 bei [A+]) aufrufen können, ermöglicht es, mehrere 5DS [R]-Kameras oder andere Modelle mit Timecode-Einstellungsoption auf die exakt gleiche Videostartzeit einzurichten. Die Movies, die aus verschiedenen Perspektiven parallel aufgenommen werden, sind so bereits „out of the cam" perfekt synchronisiert, was das anschließende Zusammenschneiden der Filme erleichtert. Auch die kamerainterne Wiedergabe kann auf Basis des Timecodes erfolgen, wenn Sie im Wiedergabemenü 3 bei **Movie Wg.-Zähler** die Option **Timecode** einstellen.

Manuell zur richtigen Schärfe

Die Nachteile des automatischen Fokussierens können Sie jedoch teilweise umgehen, indem Sie manuell fokussieren. Stellen Sie den Fokussierschalter dazu auf **MF**. Dann können Sie die Schärfe im Verlauf der Aufnahme manuell über den Fokussierring nachregulieren, um beispielsweise von einer Person in der Nähe auf eine andere Person etwas weiter hinten zu schwenken.

Das Drehen am Fokussierring des Objektivs kann dabei ganz langsam erfolgen. Das wirkt meist viel ruhiger und Schärfesprünge bleiben aus, es erfordert aber auch ein wenig Übung. Am besten funktioniert das manuelle Scharfstellen, wenn die 5DS [R] auf dem Stativ steht.

◀ Der Videoneiger MVH500AH trägt ca. 5 kg Gewicht, wiegt selbst 900 g und erlaubt sehr weiche Neige- und Schwenkbewegungen (Bild: Manfrotto).

Mit einem Videoneiger kann sie dann sehr ruhig geschwenkt werden und das Bild wackelt nicht, wenn am Fokussierring gedreht wird. Dann können Sie auch den Bildstabilisator ausschalten, um dessen Störgeräusche zu unterbinden. Der Neiger sollte einen möglichst langen Griff besitzen, damit sich die Kamera während der Filmaufnahme ruhig und präzise lenken lässt.

Hat er zudem eine sogenannte Fluid-Dämpfung, laufen die Schwenk- und Neigungsbewegungen sehr flüssig und butterweich ab. Der Fluid-Videoneiger Manfrotto MVH500AH Kompakt oder der Benro S4 wären beispielsweise empfehlenswerte Modelle für Vielfilmer.

▲ Follow-Focus-Einheit FF2 (Bild: Quenox)

Für das manuelle Scharfstellen beim Filmen gibt es auch ganz praktische Schärfezieheinrichtungen (zum Beispiel Quenox FF1, Edelkrone FocusONE, Lanparte Follow Focus). Der Fokussierring des Objektivs wird dabei über eine Art Zahnradkombination mit einem Hebel verbunden, über den die Scharfstellung sehr fein reguliert werden kann.

▲ Video-Rig (Bild: Quenox)

▲ *Für sanfte Schärfeverlagerungen im Nahbereich eignet sich der manuelle Fokus sehr gut.*

Solche Follow-Focus-Einrichtungen können Sie mit einer sogenannten Video-Rig koppeln, auf der die Schärfezieh-einrichtung beim Fokussieren vor- oder zurückfährt (z. B. Quenox DSLR Rig).

 Movies fernauslösen

Möchten Sie eine Filmaufnahme per Fernsteuerung starten? Kein Problem. Stellen Sie hierfür mit der Taste DRIVE•AF zunächst die Betriebsart 🖥⌚ oder 🖥⌚₂ ein.

Aktivieren Sie den Movie-Modus und öffnen Sie anschließend das Movie-Aufnahmemenü 5 (bzw. 3 bei [A⁺]). Wählen Sie bei ⊙-*Tasten-Funkt.* den Eintrag ⊙AF/🗎 oder ⊙/🗎.

Im ersten Fall stellt die 5DS [R] vor dem Aufnahmestart erneut scharf, im zweiten beginnt die Movie-Aufnahme direkt. Standbildaufnahmen während des Filmens sind dann aber nicht mehr möglich.

▲ *Funktion des Auslösers im Movie-Modus*

14.4 Alles wuselt: Zeitraffer-Movies gestalten

Langsame Prozesse in Zeitraffer-Videos festzuhalten, ist voll en vogue. Da tanzen die Kräne einer Baustelle wie wild umher, Menschen wuseln durch die Einkaufspassage und Autos zuckeln im Stakkato über Straßen und Autobahnen.

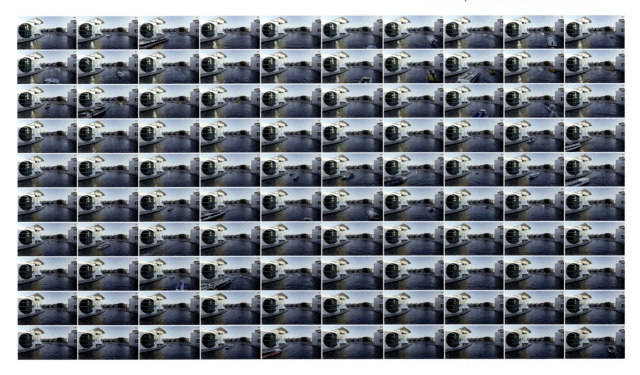

▼ *Im Modus Zeitraffer-Movie entstand aus 100 Aufnahmen mit einem Intervall von 15 Sek. ein vier Sekunden langer Zeitraffer. Die Einzelbilder haben wir mit Photoshop aus dem Video extrahiert.*

Auch mit der EOS 5DS [R] lassen sich solche Timelapse-Videos leicht in die Tat umsetzen. Dazu benötigen Sie eigentlich nur den neu implementierten Modus *Zeitraffer-Movie*, der sich im Movie-Aufnahmemenü 5 (bzw. 3 bei [A⁺]) einschalten lässt.

Setzen Sie die Funktion einfach auf *Aktiv.* und drücken Sie anschließend die *INFO.*-Taste, um die Parameter einzustellen.

▲ *Zeitraffer-Movie aktivieren*

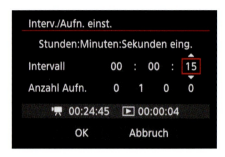

▲ *Intervall und Aufnahmeanzahl bestimmen: Die Aufnahmedauer und die Abspielzeit des fertigen Zeitraffers werden berechnet.*

▲ *Probeaufnahmen anfertigen und danach die Zeitraffer-Movie-Aufnahme starten*

Bei **Intervall** legen Sie die Pausen zwischen den Bildern in Stunden, Minuten und Sekunden fest. Darunter wird bei **Anzahl Aufn.** die Bildanzahl bestimmt. Durch Auswählen und Bestätigen der Schaltfläche **OK** mit **SET** wird die 5DS [R] in Bereitschaft versetzt. Tippen Sie anschließend den Auslöser an und bestätigen Sie den Informationsbildschirm mit **OK**.

Anschließend können Sie das Aufnahmeprogramm einstellen und die Bildaufnahmewerte wählen, wenn Sie dies nicht zuvor bereits getan haben. Durch Herunterdrücken des Auslösers können Sie Probeaufnahmen machen.

In unserem Beispiel haben wir manuell belichtet, damit sich von Bild zu Bild an der Helligkeit nichts ändert, einmal abgesehen vom langsam sinkenden Sonnenstand am Nachmittag. Die manuelle Belichtung ist immer dann sinnvoll, wenn Sie Änderungen der vorhandenen Lichtintensität auch in den Bildern darstellen möchten, um beispielsweise einen Sonnenaufgang im Lauf der Aufnahmezeit immer dunkler abzubilden.

Wenn dies nicht gewünscht ist, nehmen Sie eines der anderen Programme. Diese verhalten sich wie beim Fotografieren. In den Modi **Tv** und **M** sind daher auch Belichtungszeiten bis 30 Sek. möglich. Achten Sie darauf, dass die Belichtungszeit kürzer ist als das Intervall, sonst entstehen Lücken in der Serie.

 Timelapse-Videos aus Intervall-Fotoaufnahmen

Die Zeitraffer-Movies sind maximal 1.920 × 1.080 Pixel groß, weil das größte Aufnahmeformat FHD ist. Wenn Sie eine höhere Auflösung benötigen, können Sie alternativ die Intervall-Timer-Funktion des Fotomodus einsetzen (siehe Seite 337). Nehmen Sie die benötigte Anzahl an Einzelbildern damit auf. Anschließend können die Bilder mit Programmen wie Photoshop, Lightroom (mit dem Plug-in LRTimelapse) oder mit Videoschnitt-Software wie Final Cut Pro in Zeitraffer-Videos umgewandelt werden. Bedenken Sie jedoch, dass im Unterschied zum Zeitraffer-Movie bei jedem Bild ein Spiegelschlag erfolgt, wie beim normalen Fotografieren auch. Der Auslösemechanismus wird also auf Dauer viel stärker belastet, wenn Timelapse-Projekte mit 250 Bildern pro Szene vermehrt durchgeführt werden.

Befestigen Sie die 5DS [R] am besten auch auf einem Stativ, damit ein unkontrolliertes Verschieben der Kameraposition zwischen den Intervallen nicht zu viel Unruhe in die Videos bringt. Wenn die Belichtung steht, starten Sie die Zeitraffer-Movie-Aufnahme mit der START/STOP-Taste. Warten Sie, bis die Aufnahme beendet ist. In der Wiedergabeansicht können Sie den Zeitrafferfilm anschließend gleich prüfen. Wie lang der Zeitrafferfilm sein wird, hängt von der Movie-Aufnahmequalität ab. Wenn beispielsweise FHD mit der Bildrate 25p eingestellt ist, liefern 250 Bilder ein Video von 10 Sek. Länge. Und wenn Sie diese Bilder mit einem Intervall von 10 Sek. aufnehmen, beträgt die Aufnahmedauer knapp 42 Minuten.

Praktischerweise gibt Ihnen die 5DS [R] die Werte der Aufnahme- und Abspieldauer im Menü des Zeitraffer-Movies gleich mit an, sodass nicht erst groß gerechnet werden muss. Damit die Filme nicht zu kurz werden, peilen Sie am besten ein Minimum von 4 Sek. oder besser noch etwas länger an. Mit der Software EOS MOVIE Utility können die Zeitraffer später immer noch gekürzt werden.

14.5 Den richtigen Ton treffen

Zu den bewegten Bildern gehört natürlich auch ein Ton. Daher besitzt Ihre EOS 5DS [R] auf der Vorderseite ein eingebautes Monomikrofon ❶ und auf der Rückseite einen Lautsprecher ❷.

▲ *Monomikrofon*

Im automatischen Tonaufnahmemodus reguliert die EOS 5DS [R] die Tonaufzeichnung entsprechend der vorhandenen Lautstärke. In vielen Fällen funktioniert das gut, aber es kann auch zu Lautstärkeschwankungen kommen bzw. zu einem erhöhten Rauschen, wenn die Redner bei einem Interview beispielsweise eine Pause einlegen und die Automatik denkt, sie müsse die Sensitivität der Tonaufnahme anheben. Wenn Sie die Tonsituation also gut einschätzen können, empfiehlt es sich, den Tonpegel manuell zu regeln.

▲ *Lautsprecher*

Stellen Sie dazu in den Modi *P* bis *C3* im Movie-Aufnahmemenü 4 die *Tonaufnahme* auf *Manuell*. Dann lässt sich der *Aufnahmepegel* mit der *SET*-Taste auswählen und mit dem Multi-Controller oder per Touchpad manuell anpassen.

Beobachten Sie hierbei die Skala des Lautstärkemessers ein paar Sekunden und stellen Sie den Aufnahmepegel so ein, dass das Maximum bei dem Wert *12* ❸ nur selten erreicht wird. Die Lautstärke sollte nicht bei *0* anschlagen, da der Ton sonst verzerrt wird. Wer gar keinen Sound aufnehmen möchte, kann die Tonaufnahme aber auch komplett untersagen (*Tonaufnahme/Deaktivieren*).

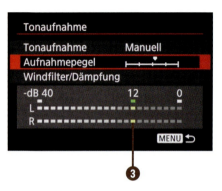

▲ *Einstellen des Aufnahmepegels*

Mit dem *Windfilter* sollen Störgeräusche, wie sie von leichten Windböen ausgelöst werden, unterdrückt werden. Da dies nur in Maßen gelingt, ist es generell besser, bei starkem Wind das Mikrofon abzuschirmen und lieber mit einem externen Gerät und manuellem Windschutz bessere Tonqualitäten zu erzielen. Als Standardeinstellung sollte der *Windfilter* ausgeschaltet bleiben, da sonst auch die normale Tonaufzeichnung verzerrt werden kann.

Mit der Option *Dämpfung* soll verhindert werden, dass kurzzeitige lautere Geräusche zu Tonverzerrungen führen. Dazu wird die Empfindlichkeit des Mikrofons etwas heruntergeregelt.

Dies unterdrückt zwar auch das allgemeine Rauschen stärker, aber der Ton wirkt insgesamt dumpfer. Daher ist die Dämpfungsfunktion nur bei wirklich lauten Geräuschen oder Musikaufnahmen zu empfehlen.

> **Tonanpassung beim Filmen**
>
> Wenn Sie den *Leisen Betrieb* aktiviert haben, können Sie bei laufender Aufnahme die Taste [Q] drücken und per Touchpad das Symbol unten in der linken Menüleiste auswählen und die Lautstärke anpassen.

Verwendung eines externen Mikrofons

Die Qualität der kamerainternen Tonaufzeichnung ist zwar recht ordentlich, die Position im Gehäuse bringt es jedoch mit sich, dass das Hantieren am Zoomring des Objektivs oder das Betätigen von Tasten die Tonqualität schon extrem stören können.

Für alle, die viel filmen, ist daher die Anschaffung eines externen Mikrofons zu empfehlen, das auf dem Zubehörschuh der 5DS [R] befestigt werden kann. Es sollte einerseits das Grundrauschen gut unterdrücken und wenig anfällig für die Geräusche der Kamera sein. Andererseits sollte das externe Gerät auch zum Einsatzzweck passen, für den es am meisten gebraucht wird.

Für Sprachaufnahmen eignen sich Richtmikrofone sehr gut (zum Beispiel Røde Videomic/ Videomic Pro, Beyerdynamic MC 86 S II, Sennheiser MKE 400, Shure VP83 Lenshopper), weil sie darauf ausgelegt sind, frontal eintreffende Schallwellen stärker aufzufangen und seitliche zu dämpfen. Wer den Sound bei Naturaufnahmen dagegen aus allen Richtungen einfangen möchte, ist mit einem Stereomikrofon gut beraten (zum Beispiel Røde Stereo VideoMic Pro, Tascam TM-2X (*http:// www.thomann.de/de/tascam_tm_2x.htm*) Beyerdynamic MCE 72 CAM).

▲ *Richtmikrofon Røde Videomic mit Windschutz (Deadcat), auf der EOS 5DS montiert*

Allerdings bleiben Sie bei einem direkt mit der Kamera verbundenen Mikrofon auf die Tonaufnahmeoptionen der EOS 5DS [R] beschränkt. Das ist nicht jedermanns Sache. Kameraunabhängige externe Mikrofone bieten hier noch professionellere Möglichkeiten für die qualitativ hochwertige Tonaufnahme. So könnten Sie beispielsweise mobile Digitalrekorder, wie zum Beispiel das Zoom H1 V2 oder H2N oder das Tascam DR-05 V2, vor ein Rednerpult stellen und den Ton ganz unabhängig von der Filmaufnahme festhalten.

Weder die Kamerageräusche noch die unterschiedliche Distanz zum Redner, die beim Wechseln der Filmposition entstünde, beeinflussen dann den Ton. Anschließend muss die Tonspur nur noch mit der Filmspur im Schneideprogramm zusammengeführt werden.

▲ *Tascam DR-05 V2, vielseitiger mobiler Digitalrekorder mit sehr guter Tonqualität zum günstigen Preis (Bild: Tascam)*

Interessantes aus dem Zubehöruniversum

Mehr Zusatzteile zu kaufen, ist kein Problem, schließlich gibt es rund um Ihre 5DS [R] fast nichts, was es nicht gibt. Die Frage ist nur: Was ist sinnvoll, was vielleicht sogar wichtig und welche erschwinglichen Alternativen sind möglich? Kommen Sie mit auf einen Streifzug quer durch den Zubehördschungel und erfahren Sie darüber hinaus, wie Sie die bereits integrierte GPS-Funktion erfolgreich einsetzen können.

15.1 Rund um Objektive & Co.

Genauso wie die Güte Ihrer Augen das eigene Sehempfinden bestimmt, hängt die rein optische Qualität der Bilder aus Ihrer EOS 5DS [R] maßgeblich vom angesetzten Objektiv ab. Wie vielseitig die Möglichkeiten sind, Ihre Kamera mit einem qualitativ hochwertigen „Auge" zu versehen, erfahren Sie in den folgenden Abschnitten.

▲ Ob Auge oder 5DS [R], die Güte der Linsen entscheidet über die Bildqualität.

Verbindungselement Bajonett

Das Bajonett ist die Verbindungsstelle zwischen Kamerabody und Objektiv. Seit 1987 verwendet Canon das EF-Bajonett (**E**lectro-**F**ocus). An der EOS 5DS [R] können darüber alle EF-Objektive von Canon oder kompatible Modelle von Drittherstellern, wie zum Beispiel Sigma, Tamron oder Tokina, angebracht werden. EF-Objektive besitzen einen roten Punkt, der als Markierung für das richtige Ansetzen des Objektivs am Bajonett dient.

 EF-S-Objektive ausgeschlossen

Mit Einführung der EOS-Modelle mit kleineren Sensoren im APS-C-Format – die EOS 300D war die erste Kamera aus dieser Reihe – kam eine weitere Bajonettform hinzu, der sogenannte EF-S-Anschluss (S steht für **S**hort Back). Dieser ist jedoch nicht kompatibel mit dem Body der EOS 5DS [R], sodass EF-S-Objektive leider nicht verwendet werden können.

▶ EF-Objektive werden mit der roten Markierung am Gehäuse der 5DS [R] angesetzt.

Bemerkungen zur Lichtstärke

Mit der Lichtstärke wird die maximale Blendenöffnung eines Objektivs bezeichnet, die Sie durch Einstellen des niedrigsten Blendenwertes nutzen können. Je höher die Lichtstärke ist, desto größer die Objektivöffnung und desto mehr Licht wird in die 5DS [R] bis zum Sensor durchgelassen. Da die Schärfentiefe auch von der Blendenöffnung abhängig ist, fällt diese bei lichtstarken Objektiven mit Blendenwerten von f/1,2 bis f/2,8 besonders gering aus. Daher sind lichtstarke Objektive vor allem in der Makro- und Porträtfotografie sehr begehrt. Sie bieten einige entscheidende Vorteile:

- Weniger Gefahr von Verwacklung in dunkler Umgebung
- Geringe Schärfentiefe, bestens geeignet für prägnante Freisteller
- Hervorragende optische Unschärfequalität, auch als gelungenes Bokeh bezeichnet
- Viele Objektive haben ihr Leistungsmaximum, wenn sie um 1–2 Stufen abgeblendet werden. Wenn Sie dies mit einem lichtstarken Objektiv tun, ist der Blendenwert immer noch gering und die Hintergrundfreistellung besser als bei lichtschwächeren Objektiven.
- Nur mit lichtstarken Objektiven, die eine Offenblende zwischen f/1 und f/2,8 besitzen, können Sie den hochsensiblen mittleren Dualkreuzsensor der EOS 5DS [R] nutzen, um beispielsweise in dunkler Umgebung weiterhin schnell und präzise scharf zu stellen. Bei Objektiven mit geringerer Lichtstärke verhält sich der Dualkreuzsensor so wie einer der ihn flankierenden Kreuzsensoren.

1/800 Sek. | f/2,8 | ISO 400 | 135 mm
▲ *EOS 5DS fotografiert EOS 5DS R und erzielt dank des lichtstarken Objektivs eine besonders prägnante Motivfreistellung.*

Geeignete Objektive für die 5DS [R]

Leider gibt es sie nicht, die Superlinse, die alle gewünschten Brennweiten vereint und Bilder in höchster Qualität zu

Objektivabhängige AF-Messfelder

Die unterschiedlichen Objektive unterstützen die 61 AF-Messfelder Ihrer 5DS [R] nicht alle gleich. Daher hat Canon die Systemobjektive in die Gruppen A bis I mit absteigender Kompatibilität eingeteilt. Die jeweilige Kategorie haben wir in der Liste der empfohlenen Objektive vermerkt. Was hinter den Kategorien steckt, lesen Sie ab Seite 107.

erzeugen vermag. In gewissem Maße müssen also Kompromisse eingegangen und für verschiedene Situationen unterschiedliche Objektive eingesetzt werden.

Bei der EOS 5DS [R] kommt noch ein weiterer Aspekt hinzu. Die hohe Sensorauflösung erfordert auch ein Höchstmaß an Auflösungsvermögen aufseiten des Objektivs. Wenn die Optik die feinen Motivstrukturen nicht detailliert genug auflösen kann, wird wertvolle Qualität verschenkt. Canon schränkt in diesem Zusammenhang die eigene Objektiv-

Weitwinkelobjektive

TS-E 17 mm f/4L (C)

TS-E 24 mm f/3,5L II (C)

EF 24 mm f/1,4L II USM (A)

EF 24 mm f/2,8 IS USM (B)

EF 28 mm f/2,8 IS USM (B)

EF 35 mm f/2 IS USM (A)

Standardobjektive

EF 40 mm f/2,8 STM (D)

EF 50 mm f/1,8 STM (A)

EF 50 mm f/1,2L USM (A)

EF 50 mm f/1,4 USM (A)

EF 50 mm f/2,5 Compact Macro (C)

Teleobjektive

EF 85 mm f/1,2L II USM (A)

EF 85 mm f/1,8 USM (A)

TS-E 90 mm f/2,8 (A)

EF 100 mm f/2 USM (A)

EF 100 mm f/2,8 Macro USM (E)

EF 100 mm f/2,8L Macro IS USM (C)

EF 135 mm f/2L USM (A)

EF 200 f/2L IS USM (A)

EF 200 f/2,8L II USM (A)

EF 300 mm f/2,8L IS II USM (A)

EF 400 mm f/2,8L IS II USM (A)

EF 400 mm f/4 DO IS II USM (C)

EF 500 mm f/4L IS II USM (C)

EF 600 mm f/4L IS II USM (C)

EF 800 mm f/5,6L IS USM (F)

Zoomobjektive

EF 8-15 mm f/4L Fisheye USM (C)

EF 11-24 mm f/4L USM (I)

EF 16-35 mm f/4L IS USM (C)

EF 24-70 mm f/2,8L II USM (A)

EF 24-70 mm f/4L IS USM (C)

EF 70-200 mm f/2,8L IS II USM (A)

EF 70-200 mm f/4L IS USM (C)

EF 70-300 mm f/4-5,6L IS II USM (E)

EF 100-400 mm f/4,5-5,6L IS II USM (E)

EF 200-400 mm f/4L IS USM EXTENDER 1,4x (I)

palette ein und empfiehlt nur die auf der linken Seite aufgeführten Modelle für die 5DS [R]. Die Buchstaben hinter den Namen weisen auf die nutzbaren Autofokusmessfelder hin (siehe Seite 107).

Objektivvergleich

Im Großen und Ganzen können wir den Einschränkungen, die Canon vorgenommen hat, zustimmen. Dennoch möchten wir hier nicht unerwähnt lassen, dass auch Objektive, die nicht mehr in der Empfehlungsliste auftauchen, durchaus tolle Bilder liefern, etwa das EF 70-200 mm f/2,8L IS USM in der ersten Version oder das 16-35 mm f/2,8L USM.

Es ist eben nur so, dass das Maximum an Schärfe und Auflösung mit einigen älteren Objektiven nicht ganz erreicht werden kann. Ob man das den Bildern ansieht, hängt vor allem von der Betrachtungsgröße ab.

Bei großformatigen Fine-Art-Drucken werden die Unterschiede eher augenfällig als bei der Darstellung in der Zeitung oder im Internet. Meist machen sich Unterschiede durch ein Nachlassen der Schärfe an den Bildrändern bemerkbar.

Vergleichen Sie dazu einmal die beiden Ausschnitte, die wir aus Bildern extrahiert haben, die bei 24 mm Brennweite mit dem TS-E 24 mm f/3,5L II (empfohlen) und dem 16-35 mm f/2,8L USM (nicht empfohlen) vom Stativ aus unter identischen Bedingungen aufgenommen wurden.

Die Bildschärfe ist im Zentrum vergleichbar hoch. Am Rand kann aber das empfohlene TS-E-Objektiv besser überzeugen. Beim 16–35-mm-Objektiv nimmt die Schärfe zum Rand hin deutlicher ab.

Im Folgenden haben wir Ihnen ein paar Objektive zusammengestellt, die aus unserer Erfahrung gut bis sehr gut mit der EOS 5DS [R] zusammenarbeiten.

60 Sek. | f/8 | ISO 100 | 24 mm
Das Berliner Stadtschloss mit einer Projektion der zukünftigen Fassade beim Festival of Lights im Ganzen, fotografiert mit dem Canon-Objektiv EF 16-35 mm f/2,8L USM

▲ TS-E 24 mm f/3,5L II: Bildmitte

▲ EF 16-35 mm f/2,8L USM: Bildmitte

▲ TS-E 24 mm f/3,5L II: Rand

▲ EF 16-35 mm f/2,8L USM: Rand

Normalzoomobjektiv mit hoher Lichtstärke

Normalzooms decken als handliche Allrounder von der perfekten Porträtaufnahme über den gekonnt abgelichteten Verkaufsgegenstand bis hin zur Detailaufnahme einen sehr großen Bereich fotografischer Möglichkeiten ab.

Das **Canon EF 24-70 mm f/2,8L II USM** vereint in diesem Segment eine hervorragende Bildqualität mit einer durchgehend hohen Lichtstärke von f/2,8.

Die Bildschärfe ist auch bei Offenblende von der Mitte bis zu den Rändern hin sehr hoch. Allerdings wurde leider kein Bildstabilisator implementiert und der Anschaffungspreis ist mit ca. 1.700 Euro auch nicht gerade günstig.

▲ *EF 24-70 mm f/2,8L II USM (Bild: Canon)*

Ebenfalls empfehlenswert erscheint uns das **Tamron SP 24-70 mm f/2,8 Di VC USD**, wenngleich wir das Objektiv selbst noch nicht testen konnten. Es besitzt eine sehr gute Abbildungsleistung, kommt in der Schärfe an den Bildrändern aber nicht ganz an das Canon-Pendant heran. Dafür besitzt es einen Bildstabilisator und ist mit ca. 790 Euro um einiges günstiger.

Der Bildstabilisator macht das Tamron-Objektiv interessant für Situationen, in denen bei wenig Licht aus der Hand fotografiert werden muss. Mit dem Canon-Objektiv werden bei 70 mm für verwacklungsfreie Aufnahmen bei sehr ruhiger Hand mindestens 1/80 Sek. benötigt und mit Sicherheitspuffer 1/160 Sek. oder kürzer. Mit dem Tamron-Objektiv bei 70 mm kann die Belichtungszeit auf bis zu 1/20 Sek. verlängert werden.

▲ *SP 24-70 mm f/2,8 Di VC USD (Bild: Tamron)*

 Tamron-Reparaturservice

Bei einigen Tamron-Objektiven kann es vorkommen, dass der Autofokus im Livebild-Modus nicht funktioniert. Folgende Vollformatmodelle sind betroffen: SP 15-30 mm f/2,8 Di VC USD (Modell A012), SP 70-200 mm f/2,8 Di VC USD (Modell A009), SP 150-600 mm f/5-6,3 Di VC USD (Modell A011), SP 90 mm f/2,8 Di MACRO 1:1 VC USD (Modell F004) und 28-300 mm f/3,5-6,3 Di VC PZD (Modell A010). Tamron bietet jedoch einen Reparaturservice an (*www.tamron.eu/de/service/service-news/*). Prüfen Sie dazu erst die Seriennummer Ihres Objektivs und wenden Sie sich dann an den Tamron-Service.

Allerdings werden bei Events und Hochzeiten auch oftmals kürzere Belichtungszeiten notwendig, um die Bewegungen scharf einzufangen. Der Bildstabilisator-Vorteil erübrigt sich dann ein wenig. Wer sowieso öfter vom Stativ fotografiert und ein Maximum an Schärfe auch bei f/2,8 haben möchte, ist mit dem Canon-Objektiv sicherlich besser beraten.

Superweitwinkel-Zoomobjektive

Mit speziellen Weitwinkelzoomobjektiven können Bilder mit besonders dramatischer Perspektivwirkung entstehen. Und für ein Rundumpanorama sinkt mit ihnen die Anzahl notwendiger Einzelaufnahmen. In diesem Bereich präsentiert sich das neue **Canon EF 11-24 mm f/4L USM** als empfehlenswert, wenngleich es kein Schnäppchen ist (ca. 3.000 Euro). Zudem ist es mit 1.180 g ziemlich schwer, und wegen der gewölbten Linse können keine Schraubfilter oder Standard-Filteradapter verwendet werden. Die Schärfeleistung ist aber sehr überzeugend. Wie zu erwarten treten bei 11 mm zwar tonnenförmige Verzeichnungen auf, die sich kameraintern oder bei RAW-Bildern im Konverter sehr gut korrigieren lassen.

▲ *EF 11-24 mm f/4L USM (Bild: Canon)*

Eine etwas günstigere Alternative (ca. 880 Euro), die den Sensor der EOS 5DS [R] in Sachen Schärfeleistung bestens unterstützt, ist das **Canon EF 16-35 mm f/4L IS USM**.

Mit 16 mm Brennweite werden Ultraweitwinkelansichten möglich. Für Architektur- und Landschaftsmotive oder größere Personengruppen ist die 24-mm-Einstellung sehr empfehlenswert, weil die Verzeichnungen dann minimal sind.

Die 35-mm-Position eignet sich für Hochzeit-, Event- und Reportageprojekte. Praktischerweise liefert das Objektiv auch gleich noch einen Bildstabilisator mit.

▲ *EF 16-35 mm f/4L IS USM (Bild: Canon)*

Telezoomobjektive

Fernes näher heranzuholen und dabei im Bildausschnitt flexibel zu bleiben, das ist die Domäne der 70–200-mm-Zoomobjektive. Kein Wunder, dass viele Porträt- und Sportfotografen eine lichtstarke 70–200-mm-Brennweite ihr Eigen nennen.

Absolut empfehlenswert für die EOS 5DS [R] ist hier vor allem das **Canon EF 70-200 mm f/2,8L IS II USM**. Die Schärfe- und Kontrastleistung ist bereits bei offener Blende sehr gut. Die hohe Lichtstärke hat allerdings ihren Preis (ca. 1.800 Euro) und schlägt auch deutlich aufs Gewicht (ca. 1.490 g). Daher sollte bei Stativaufnahmen auf eine ausreichende Stabilität des Systems geachtet werden.

Das etwas lichtschwächere, aber ebenso der Profiklasse angehörende **Canon EF 70-200 mm f/4L IS USM** (760 g, ca. 980 Euro) sowie das **Canon EF 70-300 mm f/4-5,6L IS USM** (1.050 g, ca. 1.125 Euro) stellen kostengünstigere, aber ebenfalls empfehlenswerte Alternativen dar. Sie sind zudem etwas leichter und damit noch besser als Reiseobjektive einsetzbar. Wenn Sie das ältere **Canon EF 70-200 mm f/2,8L IS USM** Ihr Eigen nennen, muss das Objektiv nicht in den Ruhestand versetzt werden. Nehmen Sie die Bilder damit aber am besten im RAW-Format auf und schärfen Sie sie etwas nach.

▲ *Canon EF 70-200 mm f/2,8L IS II USM (Bild: Canon)*

 Probleme mit Sigma-Objektiven

Bei einigen Sigma-Objektiven, darunter das 70–200-mm-Telezoom, funktioniert der Autofokus im Livebild-Modus an der EOS 5DS [R] nicht. Der Autofokus surrt zwar hin und her, findet aber den Fokuspunkt nicht. Folgende Vollformatobjektive, die vor dem 11. Mai 2015 gekauft wurden, sind betroffen: APO 70-200 mm f/2,8 EX DG OS HSM, APO 50-500 mm f/4,5-6,3 DG OS HSM, 120-300 mm f/2,8 DG OS HSM | Sports, APO 150-500 mm f/5-6,3 DG OS HSM, APO 120-300 mm f/2,8 EX DG OS HSM, APO 120-400 mm f/4,5-5,6 DG OS HSM. Sigma gibt aber an, demnächst Firmware-Updates zur Verfügung zu stellen (*www.sigma-foto.de/service/servicehinweise/aktuelle-serviceinfos/*). Wenden Sie sich gegebenenfalls direkt an Ihren Fotohändler oder den Sigma-Service.

1/1600 Sek. | f/4 | ISO 100 | 200 mm | +⅓ EV

▲ Eine hohe Schärfe im fokussierten Bereich und ein angenehmes Bokeh zeichnen die 70–200er-Telezoomobjektive aus.

Wann sich Telekonverter lohnen

An dafür kompatiblen Objektiven können Sie mit einem Telekonverter eine noch stärkere Vergrößerung erzielen. Empfehlenswert ist die Verwendung aber nur an Tele(zoom)objektiven, die eine Lichtstärke von f/2,8 oder f/4 besitzen. Mit einem 1,4-fachen Konverter verringert sich die Lichtstärke an diesen Objektiven auf f/4 oder f/5,6, was für den Autofokus kein Problem darstellt und die Bildqualität schont. Mit einem 2-fachen Konverter sinkt die Lichtstärke jedoch von f/4 auf f/8. In dem Fall ist nur noch der mittige Dualkreuzsensor für den Autofokus verfügbar (oder der Livebild-Autofokus) und die Bildqualität nimmt stärker ab. Passende Modelle gibt es von Canon (**Extender EF 1,4× III** oder **Extender 2× III**) oder von Kenko (**TELEPLUS PRO 300 AF 1,4X DGX**).

▲ Extender 1,4× III (Bild: Canon)

Porträtobjektive

Im Bereich der klassischen 85-mm-Brennweite für Schulter- und Kopfporträts kristallisieren sich drei empfehlenswerte Objektive heraus: **Canon EF 85 mm f/1,2L II USM** (ca. 1.660 Euro), **Canon EF 85 mm f/1,8 USM** (ca. 320 Euro) und das **Sigma AF 85 mm f/1,4 EX DG HSM** (ca. 800 Euro). Optisch liegen alle auf hohem Niveau, die höhere Lichtstärke von f/1,2 muss man sich aber teuer erkaufen. Die Alternative wäre ein 90-, 100- oder 105-mm-Makroobjektiv mit Lichtstärke f/2,8 (siehe ab Seite 304). Porträtobjektive mit 50 mm Brennweite eignen sich für Zweidrittel- oder Ganzkörperporträts, Eventaufnahmen, Reisefotografie oder auch für viele Produktabbildungen. Empfehlenswert sind hier beispielsweise das **Canon EF 50 mm f/1,2L USM** (ca. 1.230 Euro) und das **Sigma 50 mm f/1,4 DG HSM Art** (ca. 730 Euro).

▲ *Sigma AF 85 mm f/1,4 EX DG HSM (Bild: Sigma)*

> ### STM-Objektiv beim Abschalten einziehen
> Bei mechanischen STM-Objektiven, wie dem EF 40 mm f/2,8 STM und dem 50 mm f/1,8 STM, fährt der Tubus beim Scharfstellen aus dem Objektiv heraus ❶. Damit er beim Abschalten der Kamera automatisch wieder in das Objektivgehäuse eingezogen wird, ist es sinnvoll, im Individualmenü 3 die Option *Obj. b. Abschalt. einziehen* zu aktivieren.

Eine weitere, sehr interessante Alternative stellt das **Canon EF 50 mm f/1,8 STM** (ca. 120 Euro) dar. Zum günstigen Preis gibt es eine erstaunlich gute Abbildungsqualität. Die beste Schärfeleistung erzielen Sie damit ab f/4. Bei offener Blende sollte die Vignettierung (Randabdunkelung) nachträglich entfernt werden. Allerdings fokussiert das Objektiv trotz STM-Motor nicht geräuschlos. Für die 5DS [R] ist der nur 160 g schwere 50-mm-Lichtriese aber eine empfehlenswerte Festbrennweite.

▲ *EOS 5DS R mit dem Objektiv Canon EF 50 mm f/1,8 STM*

1/500 Sek. | f/4 | ISO 100 | 50 mm | –1 EV

▶ Eine wirklich tolle Schärfe und ein angenehmes Bokeh lassen sich mit dem Canon EF 50 mm f/1,8 STM erzielen. Das Bild wurde mit der EOS 5DS R aufgenommen. Der Ausschnitt zeigt die Schärfe im Fokusbereich bei 100 %.

15.2 Das Stativ: der beste Freund der 5DS [R]

Es ist zwar nicht immer die bequemste Art zu fotografieren, ein wenig Schlepperei ist auch damit verbunden, und man fällt mit auch schneller auf als ohne, aber erst mit einem stabilen Stativ lassen sich die Qualitätsvorteile der EOS 5DS [R] richtig ausschöpfen. Denken Sie an Aufnahmen in der Dämmerung oder an Architekturaufnahmen mit Tilt-Shift-Objektiven oder an die starken Vergrößerungen im Makrobereich.

Eine zentrale Grundanforderung ist natürlich die Solidität des Dreibeins. Dabei darf es aber auch nicht zu viel wiegen, vor allem dann, wenn es zum Einsatz in der freien Natur dienen soll. Absolut empfehlenswert sind die leichteren, aber dennoch stabilen Carbonstative. Sie sind aber auch etwas teurer als ihre Pendants aus Aluminium. Der zweite wichtige Punkt betrifft die Arbeitshöhe. Wer nicht ständig gebückt durch den Sucher schauen möchte, achtet auf eine Auszugslänge, die der eigenen Körpergröße angepasst ist. Wobei es wichtig zu wissen ist, dass Stative beim Herausziehen der

▲ Das Carbonstativ Sirui N-2205X hat ein extrem kleines Packmaß und ein Bein kann abgeschraubt als Einbeinstativ verwendet werden (Bild: Sirui).

Mittelsäule in der Regel immer etwas an Stabilität einbüßen. Das Dreibein ist daher bestenfalls auch ohne ausgezogene Mittelsäule schon hoch genug. Achten Sie auch darauf, dass sich die Beinauszüge möglichst flexibel verstellen und von der Mittelsäule aus unterschiedlich weit abspreizen lassen, um es auf unebenem Boden stabil aufstellen zu können.

Damit das Stativ beispielsweise die EOS 5DS [R] mit dem Canon EF 16-35 mm f/4L IS USM (insgesamt etwa 1.460 g) stabil halten kann, sollte es mindestens eine Nutzlast von 4 kg aufweisen. Besitzt es noch mehr Haltefähigkeit, ist die Stabilisierung noch mal deutlich besser und Sie haben Reserven für schwerere Telezoomobjektive und eventuell zusätzliche Systemblitzgeräte. Am besten planen Sie nicht allzu knapp. Eine kleine Auswahl empfehlenswerter Modelle haben wir Ihnen in der Tabelle einmal zusammengestellt.

▼ *Eine kleine, keinesfalls allumfassende Auswahl interessanter Stative für die EOS 5DS [R]*

Stativ	Packmaß (cm)	Gewicht/ Nutzlast (kg)	Maximale Höhe (cm)	Mittelsäule umkehr- oder kippbar
Feisol CT-3441S (Carbon)	43	1,15/10	178	ja
Gitzo GK2580TQR (Carbon)	43	1,72/7	154	ja
Manfrotto MT190CXPRO4 (Carbon)	52,5	1,65/7	160	ja
Manfrotto MT055XPRO3 (Alu)	61	2,5/9	170	ja
Rollei Stativ C5i II+T3S (Alu/Magnesium)	44,5	1,8/10	159	ja
Sirui N-2205X (Carbon)	43,5	1,47/12	166	ja
Sirui N-3204X (Carbon)	58	1,81/18	175	ja

Bodennahes Fotografieren

Ein kleiner Tipp für alle, die gerne ausgiebig Makrofotografie betreiben möchten: Aufnahmen knapp über dem Erdboden werden leichter möglich, wenn sich die Mittelsäule des Stativs umgekehrt oder waagerecht montieren lässt und sich die Stativbeine sehr weit abspreizen lassen. Alternativ können auch sehr kurze Mittelsäulen verwendet werden.

▶ *Mittelsäulen-Kippmechanismus (Bild: Manfrotto)*

Auf den Stativkopf kommt es an

Kein Stativ ohne Kopf: Für die meisten fotografischen Aktivitäten mit der EOS 5DS [R] sind *Kugelköpfe* sehr empfehlenswert. Stabile Köpfe mit Schnellwechselsystem gibt es beispielsweise von Manfrotto (MH054M0-Q6), Sirui (G-10X), Triton (PH29) oder Feisol (CB-40D).

Bei Stativköpfen mit *Schnellkupplungssystem* wird eine Platte an der EOS 5DS [R] befestigt, die im Stativkopf einrastet. So lässt sich die Kamera schnell wieder vom Stativ lösen.

Am flexibelsten sind Arca-Swiss-kompatible Schnellkupplungen (Schwalbenschwanz-Klemmsystem), die es ermöglichen, verschieden lange Schnellwechselplatten, Winkelschienen oder ganze Panoramaköpfe zu befestigen.

▲ *Sehr leichter Kugelkopf Sirui G-10X (300 g) mit Schwalbenschwanz-Klemmung, der in Schrägstellung bis zu 2,5 kg Equipment stabil halten kann (Bild: Sirui)*

Neiger oder sogenannte Kardan- oder Gimbal-Stativköpfe eignen sich vor allem für schwere Fotoausrüstungen, wie sie in Form starker Teleobjektive in der Sport- oder Wildtierfotografie eingesetzt werden. Das Teleobjektiv kann damit perfekt austariert werden und bewegte Objekte lassen sich leichter verfolgen. Dies natürlich in Kombination mit einem sehr stabilen Stativ.

▲ *V-Holder mit zwei Stativplatten und einer Winkelschiene von Arca Swiss*

▶ *EOS 5DS R mit dem 500-mm-Objektiv von Canon auf dem Kardan-Kopf Wimberly Head II*

Bohnensack und Biegestative

Als kleines Immer-dabei-Stativ sind Stative mit biegsamen Beinen sehr interessant, wie zum Beispiel der GorillaPod SLR-Zoom (Traglast 3 kg) oder Focus (Traglast 5 kg). Diese Stative zeichnen sich durch ein geringes Eigengewicht und ziemlich viel Flexibilität in der Anbringung aus. Sie können an Ästen, Geländern, Rückspiegeln von Autos, Fahrrädern und vielem mehr befestigt werden.

Zugegeben, die 5DS [R] hält damit nicht immer so bombenfest wie mit einem gängigen Stativ. Wenn Sie jedoch mit dem Fernauslöser oder dem 2-Sek.-Selbstauslöser fotografieren, verwackelt trotzdem nichts – es sei denn, Sie fotografieren mitten im Orkan, aber dann wären auch die leichten Stative des vorherigen Abschnitts komplett überfordert. Eine ganz andere Methode der Kamerastabilisierung bietet der Bohnensack. Wird die EOS 5DS [R] auf einem solchen Sack platziert, lässt sie sich mitsamt Objektiv auch auf unebenem Untergrund flexibel ausrichten und für die Aufnahme fixieren.

▲ *GorillaPod SLR-Zoom (Bild: Joby)*

Den Bohnensack können Sie auch auf ein heruntergekurbeltes Autofenster legen und dann das Teleobjektiv darauf abstützen, um aus dem Tarnzelt auf vier Rädern ungestörte Tieraufnahmen zu machen. Zur Mitnahme auf Reisen ist das Kissen aus Wildleder oder Stoff ebenfalls prädestiniert, da es fast „schwerelos" ist, wenn man es leer mit sich führt und erst vor Ort mit Bohnen, Reis, Vogelfutter oder was man sonst so bekommen kann füllt.

15.3 Fernbedienungen für die 5DS [R]

▲ *EOS 5DS [R] auf dem Bohnensack in Hosenform*

Sobald Sie mit der EOS 5DS [R] vom Stativ aus mit längeren Belichtungszeiten als etwa 1/30 Sek. fotografieren, ist es sinnvoll, einen Fernauslöser zu verwenden, um jegliche Vibration, auch die des Auslöserdrückens, zu vermeiden.

Als Kabelfernauslöser für die Canon EOS 5DS [R] bieten sich der Canon RS-80N3 mit 60 cm Kabellänge oder vergleichbare Modelle mit teils längeren Kabeln zum Beispiel von Hama oder JJC an.

Da die EOS 5DS [R] aber auch einen vorderseitigen ❶ Infrarot-Empfänger besitzt, können zudem einfache, kabellose Infrarot-Auslöser verwendet werden. Mit dem IR-C2 von JJC oder dem Canon RC-1, RC-5 oder RC-6 sind diese Wireless-Modelle recht günstig zu haben. Die Reichweite beträgt etwa 5 m, kann in heller Umgebung aber auch wesentlich geringer ausfallen.

▲ Infrarot-Fernauslöser RC-6 (Bild: Canon)

▲ Infrarot-Sensor

▲ Fernauslöseknopf am Speedlite 270EX II

▶ EOS 5DS mit dem Funkfernauslöser aus dem DCC-System

Um die kabellosen Infrarot-Auslöser nutzen zu können, muss sich die EOS 5DS [R] in der Fernsteuerungsbetriebsart befinden. Stellen Sie dazu mit der Taste DRIVE·AF und dem Schnellwahlrad die Option *Selbstausl.:10Sek/Fern* oder *Selbstausl.:2Sek/Fern* ein. In beiden Fällen löst die 5DS [R] beim Betätigen des Fernauslösers direkt aus.

Kabellose Fernsteuerungen mit Funksystem bieten eine noch höhere Reichweite. Passend für die EOS 5DS [R] wäre zum Beispiel der gezeigte Funkfernauslöser DCCS von Hama, mit dem die 5DS [R] noch aus 10 m Entfernung ausgelöst werden kann.

▲ *Einschalten des Fernsteuerungsmodus*

Wenn Sie sich Funkblitzauslöser anschaffen, zum Beispiel von Yongnuo oder Pixel, können auch diese meist zum Fernauslösen der Kamera verwendet werden. Und selbst Blitzgeräte wie das Speedlite 270EX II von Canon können als Fernauslöser dienen.

Fernauslöser für Langzeitbelichtung

Wenn Sie sich die Option offenhalten möchten, Langzeitbelichtungen über 30 Sek. zu machen (Modus *B*), sollten Sie beim Kauf des Fernauslösers darauf achten, dass das Modell für Langzeitbelichtungen geeignet ist. Dazu lässt sich die Fernbedienungstaste entweder arretieren oder die Steuerung erfolgt über die Elektronik in der Fernauslösereinheit (Timer-Fernauslöser). Bei den Infrarot-Fernauslösern funktioniert die Langzeitbelichtung, indem Sie die Belichtung per Fernauslöser starten und am Ende der gewünschten Zeit nochmals auf die Fernbedienungstaste drücken, um die Aufnahme zu beenden.

15.4 Länger shooten mit dem Akkugriff

Eine zusätzliche Ladung Energie kann nie schaden. Dazu bietet Canon den Akkugriff BG-E11 an, der bereits für die EOS 5D Mark III entwickelt wurde. In dem Akkugriff können Sie zwei LP-E6N- oder LP-E6-Akkus unterbringen und etwa 1.400 Aufnahmen über den Sucher oder etwa 500 mit Livebild machen.

▲ EOS 5DS R mit Akkugriff BG-E11 (Bilder: Canon)

Alternativ ist auch das Bestücken mit sechs Mignon-Batterien (AA) möglich, die bei wenig Blitz- und Livebild-Einsatz aber nur etwa 140 Aufnahmen erlauben, und die Reihenaufnahmegeschwindigkeit sinkt auf 3 Bilder pro Sekunde. Wenn das Laden der Akkus im Urlaub nicht möglich ist, kann das schon mal sehr hilfreich sein.

Neben der Erweiterung der Energiereserven erleichtert der Akkugriff auch die Arbeit mit schweren Objektiven, wie sie zum Beispiel bei Teleaufnahmen verwendet werden.

Nicht zuletzt lässt sich damit besser im Hochformat fotografieren, denn der BG-E11 besitzt alle wichtigen Steuerelemente, die Sie auch beim Fotografieren im Querformat nutzen können, wie Auslöser, Hauptwahlrad, Multi-Controller, Sterntaste ✱ & Co.

15.5 Geeignete Speicherkarten für Ihre 5DS [R]

In der EOS 5DS [R] können die Bilder auf den grundlegenden Kartentypen *SD* oder *CF* gespeichert werden. Mit Modellen von SanDisk, Kingston, Lexar Media, Panasonic oder Toshiba sollten Sie hier in Sachen Zuverlässigkeit und Performance stets gut beraten sein.

▲ Schnelle und sehr schnelle UHS-1-Speicherkarte, die in der 5DS [R] zuverlässig arbeiten

Wichtig beim Kartenkauf ist einerseits die Kapazität. Auf einer Karte mit 32 GByte können Sie etwa 430 RAW-Bilder unterbringen. Die kommen schnell zusammen, wenn Sie im Urlaub oder auf einer Feier auf viele schöne Motive treffen und vielleicht auch noch Belichtungsreihen oder Panoramabilder anfertigen, die gleichen Motive also mehrfach aufnehmen.

Bei Sportevents, auf denen meist mit vielen Reihenaufnahmen zu rechnen ist, würde sich hingegen eine 64-GByte- oder gar 128-GByte-Karte bezahlt machen.

Achten Sie auf die Angabe der Schreibgeschwindigkeit oder bei SD-Karten auf die Geschwindigkeitsklasse *UHS-1* (höchste Stufe derzeit UHS-3) und bei CF-Karten auf die Angabe *300x* oder *UDMA* (höchste Stufe derzeit UDMA 7), dann kann eigentlich nichts schiefgehen. Die SDHC/SDXC-Karte sollte eine Schreibgeschwindigkeit von mindestens 20 MB/Sek. und die CF-Karte eine von mindestens 30 MB/Sek. ermöglichen.

▲ *Leistungsstarke CF-Karte (Bild: SanDisk)*

Ist die Speicherkarte zu langsam, riskieren Sie beim Filmen einen vorzeitigen Aufnahmestopp, da der Pufferspeicher schnell an seine Kapazitätsgrenze kommt. Auch müssen Sie länger warten, bis die 5DS [R] den Pufferspeicher geleert hat, um wieder mit voller Serienpower fotografieren zu können. Ein weiterer Vorteil ist eine flottere Datenübertragung vom Kartenleser zum Computer, vorausgesetzt, die Geräte werden über eine USB-3.0-Schnittstelle verbunden.

 SD oder CF?

CF-Speicherkarten sind in der Regel schneller als SD-Karten. Um die volle Leistungsfähigkeit der CF-Karte auszunutzen, schalten Sie im Einstellungsmenü 1 bei *Aufn.funkt. + Karte/Ordner ausw.* die Option *Auto.Kartenumsch.* ein und wählen die CF-Karte [1] für die Aufzeichnung aus. Alternativ können Sie aber auch einfach die SD-Karte aus der Kamera entnehmen.

Wi-Fi-fähige Speicherkarten

Ihre EOS 5DS [R] kann auch mit Eye-Fi-Speicherkarten betrieben werden. Damit können Sie die Daten beispielsweise mit der kostenlosen App *Eye-Fi-Mobil* kabellos per WLAN auf Ihren Tablet-PC oder das Smartphone übertragen. Damit die Datenübertragung erfolgen kann, müssen Sie im Einstellungsmenü 1 bei *Eye-Fi-Einstellungen* die Option *Eye-Fi-Übertrag.* aktivieren. Das ist möglich, sobald Sie die Karte in den SD-Kartenslot gesteckt haben. Im Monitor sehen Sie anschließend das Eye-Fi-Symbol. Es fängt an zu pulsieren, wenn die Datenübertragung aktiv ist.

▲ *Aktivierung der Eye-Fi-Funktion*

▲ Eye-Fi-Speicherkarte (Bild: eyefi)

Auf der Eye-Fi-Karte können JPEG-Bilder mit einer für die 5DS [R] ausreichenden Geschwindigkeit gespeichert werden. Die Karte eyefi mobiPRO ist in der Lage, auch RAW-Dateien drahtlos zu übertragen oder Videos bis zu 2 GByte Speichervolumen zu senden.

Neben den Eye-Fi-Karten gibt es eine weitere interessante Speicherkarte von Transcend, die Wi-Fi-SDHC-Karte mit 16 oder 32 GByte Speichervolumen. Um Bilder direkt auf den Tablet-PC oder das Smartphone zu übertragen, können Sie die App WiFi SD nutzen. Außerdem können Sie die Daten auch über einen Internet-Hotspot mit Ihrem Computer verbinden und RAW-Dateien können übertragen werden.

▲ Wi-Fi-SDHC-Karte mit 16 GByte Speichervolumen (Bild: Transcend)

 Formatieren nicht vergessen

Speicherkarten, die Sie zum ersten Mal in der 5DS [R] verwenden oder die zuvor in einer anderen Kamera eingesetzt wurden, sollten vor dem Gebrauch formatiert werden, wie auf Seite 44 beschrieben. Dann steht dem sicheren Speichern Ihrer Bilder und Movies nichts im Wege.

15.6 Bilder verorten mit dem GPS-Empfänger

Je umfangreicher die Fotosammlung wird, desto schwerer wird es, sich an all die Aufnahmeorte detailgenau zu erinnern. Die Einbindung von Ortsdaten in die Bilder wäre da doch ganz angenehm und ist bei der 5DS [R] auch bereits vorgesehen.

▲ GP-E2 (Bild: Canon)

Alles, was Sie benötigen, ist ein passender GPS-Empfänger, wie etwa den GP-E2 von Canon oder den Geotagger Pro2-EOS GPS von Solmeta. Die Geräte sorgen dafür, dass die Koordinaten (Längen-, Breitengrad und geografische Höhe) zum Zeitpunkt des Auslösens erfasst und in das Foto hineingerechnet werden.

Um den GP-E2-Empfänger zu verwenden, schalten Sie die 5DS [R] aus und befestigen das GPS-Gerät auf dem Blitzschuh. Schalten Sie die Kamera dann wieder ein und schieben Sie den Schalter am GPS-Gerät auf *ON*.

Das Symbol GPS erscheint im Monitor. Es hört auf zu blinken, wenn der GPS-Empfang steht. Die Menüoptionen für den GP-E2 finden Sie im Einstellungsmenü 2 bei *GPS-Geräteeinstellungen*. Setzen Sie darin die *Auto-Zeiteinstellung* auf *Auto-Update*, damit die GPS-Zeit mit der Zeiteinstellung in der Kamera abgeglichen werden kann. Das funktioniert jedoch nur, wenn der Empfänger Kontakt zu mindestens fünf GPS-Satelliten hat. Wenn Sie die *GPS-Informationsanzeige* auswählen, präsentiert Ihnen die 5DS [R] alle wichtigen Daten, die der GPS-Empfänger analysieren und speichern kann.

GPS-Informationsanzeige	
Breitengrad	N52°35'53.0"
Längengrad	E13°12'54.0"
Höhe	23m
Richtung	NW 334°
UTC	25/09/2015 15:22:39
Satellitenempfang	3D

◂ *Anzeige des aktuellen Standorts mit der GPS-Informationsanzeige*

Die Häufigkeit, mit der die GPS-Signale aktualisiert werden, können Sie im Menüpunkt *TimingPositionsaktualisierung* justieren. Je kürzer das Intervall, desto engmaschiger werden die Positionsdaten erfasst, desto schneller ist aber auch der Akku bzw. die Batterie des GPS-Empfängers leer. Ein Wert von 15 Sek. bietet hier einen guten Kompromiss.

Positionsintervall	Akkulebensdauer	
	ON	LOG (8 Stunden/Tag)
1 Sek.	10 Stunden	4–5 Tage
5 Sek.	27 Stunden	23 Tage
10 Sek.	37 Stunden	45 Tage
15 Sek	39 Stunden	68 Tage
30 Sek.	39 Stunden	128 Tage
1 Min.	54 Stunden	128 Tage
2 Min.	63 Stunden	128 Tage
5 Min.	92 Stunden	128 Tage

◂ *Akkulaufzeit in Abhängigkeit vom Positionsintervall*

▲ *Kalibrieren des Digitalkompasses*

Eine weitere praktische Funktion ist der Digitalkompass. Damit können Sie entweder die Himmelsrichtung herausfinden oder nachträglich sehen, in welche Richtung die 5DS [R] während der Aufnahme gehalten wurde. Der Digitalkompass muss aber erst einmal kalibriert werden. Dazu wählen Sie die Funktion *Digitalkompass* und anschließend *Digitalkompass kalibrieren*.

Drehen Sie die 5DS [R] vorsichtig in die gezeigten Richtungen: um 180° waagerecht, um 180° nach oben und unten und um 180° in einem Bogen, quasi um den Objektivmittelpunkt herum. Warten Sie anschließend ein paar Sekunden, bis *Digitalkompass-Kalibrierung abgeschlossen* erscheint.

Nachdem alle Einstellungen erledigt sind, können Sie Bilder mit GPS-Daten aufnehmen. Unter ungünstigen GPS-Bedingungen kann es allerdings sehr lange dauern, bis der GP-E2 Empfang hat.

Leider gibt es auch keinen Positionspuffer, der kürzere Verluste des GPS-Signals, wenn etwa in einem Gebäude fotografiert wird, ausgleichen kann. Ohne Signal werden somit keine GPS-Daten gespeichert.

Unterschied ON und LOG

Über den Schalter *ON* und *LOG* werden die beiden grundlegenden Betriebsarten des GPS-Empfängers aktiviert. Bei *ON* speichert das Gerät die empfangenen GPS-Daten nur dann, wenn ein Bild aufgenommen wird. Bei *LOG* werden die Positionsdaten zusätzlich im internen Speicher des GPS-Geräts gesichert. Das funktioniert auch dann, wenn das Gerät nicht mit der Kamera verbunden ist.

◄ *GPS-Empfänger mit den Einstellungsoptionen*

Firmware aktualisieren

Wenn Sie den GP-E2 nicht auf dem Blitzschuh befestigen können, weil dort vielleicht schon ein Blitzgerät steckt, lässt sich das Gerät auch mit dem mitgelieferten Schnittstellenkabel am Digital-Anschluss der 5DS [R] anschließen. Wichtig ist dann aber, dass Sie die Firmware des GP-E2 auf die Version 2.0.0 oder höher aktualisieren.

Dazu laden Sie sich die Firmware von der Supportseite *www.canon.de/support/consumer_products/products/cameras/accessories_battery_grips_etc/gp-e2.aspx* herunter. Schließen Sie den GP-E2 am Computer an und starten Sie die Map Utility.

Wählen Sie danach *Extras/GPS-Geräteeinstellungen* und klicken Sie im nächsten Dialogfenster auf *Aktualisieren*. Suchen Sie die Firmware aus dem Computerverzeichnis heraus und starten Sie die Aktualisierung mit *OK*.

Die erfassten GPS-Daten auslesen

Um die Koordinaten am Computer einzusehen, können Sie die mit dem GP-E2 mitgelieferte Software *Map Utility* verwenden. Wählen Sie oben links die Registerkarte *Bilder* aus. Über *Datei/Bilder hinzufügen* können Sie den Speicherordner aufrufen, der Ihre GPS-Fotos enthält. Markieren Sie dann alle Bilder, die in der Map Utility angezeigt werden sollen. Mit einem Klick auf die roten Pins in der Karte wird Ihnen das jeweilige Bild als kleine Vorschau angezeigt. Als Ansichtsform stehen Kartenansichten und die dazugehörigen Satellitenbilder zur Verfügung.

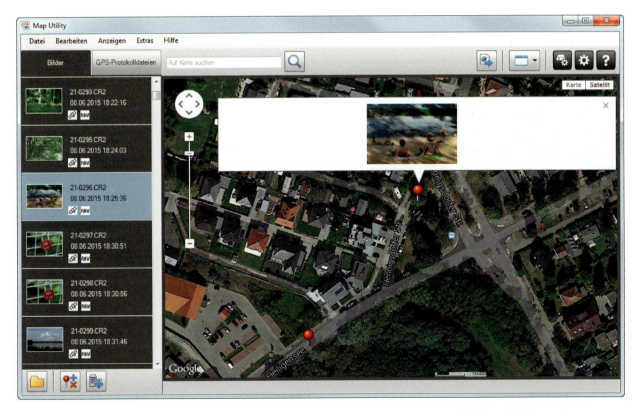

▲ Ansicht der GPS-Daten in der Map Utility

Wenn Sie die Registerkarte *GPS-Protokolldateien* wählen, können Sie die separat mit dem GP-E2 aufgezeichneten Logdaten mit den zur gleichen Zeit aufgenommenen Bildern synchronisieren. Dazu importieren Sie zuerst die Logdateien in die Map Utility, entweder aus dem an den Computer angeschlossenen GP-E2 (*Datei/GPS-Protokolldateien von GPS-Gerät importieren*) oder aus der auf dem Computer gespeicherten Logdatei mit der Endung *.LOG* (*Datei/Zu importierende GPS-Protokolldateien auswählen*). Anschließend sehen Sie den Bewegungspfad anhand einer roten Linie in der Kartenanzeige. Um die Bilder mit den Logdaten zu synchronisieren, wechseln Sie wieder zur Registerkarte *Bilder*. Rufen Sie die zeitgleich zur GPS-Protokollaufzeichnung aufgenommenen Bilder auf und wählen Sie dann *Bearbeiten/Standortinformationen automatisch hinzufügen*.

GPS-Daten in Adobe Lightroom

Adobe Lightroom bietet sehr vielseitige Optionen für Bilder mit GPS-Daten. Dazu können Sie über die Schaltfläche *Karte* ❶ eine geografische Kartenanzeige wählen und darauf alle

▼ *Kartenansicht von Adobe Lightroom*

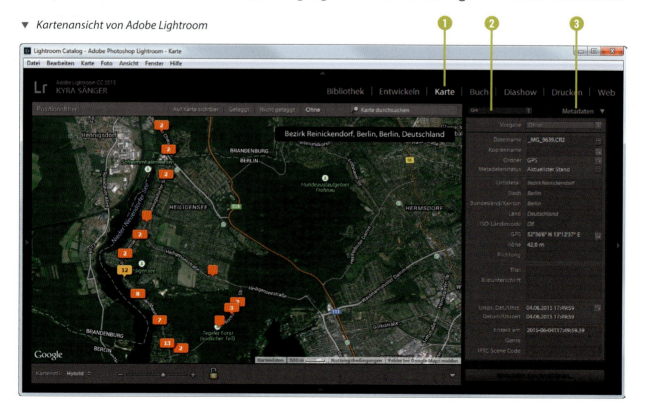

Orte mit GPS-markierten Bildern aufsuchen. Wählen Sie das Bild aus und suchen Sie sich bei *Metadaten* ❸ die Option *Ort* ❷ heraus. Lightroom gibt darin nicht nur die Koordinaten aus, sondern übersetzt diese auch gleich in die richtigen Ortsnamen. Hinzu gesellen sich die Möglichkeiten, die Ortsdaten in einer Diaschau mit einblenden zu lassen oder sie mit dem Bild auszudrucken.

15.7 Kabellose Datenübertragung mit dem WFT-E7

Die EOS 5DS [R] besitzt ja leider keine eingebaute WLAN-Funktion. Mit dem *Wireless File Transmitter* WFT-E7 oder dem neueren WFT-E7B (Version 2) können Sie Ihre Kamera jedoch WLAN-fähig machen, allerdings zu einem respektablen Preis (ca. 650 EUR).

▲ *Der Wireless File Transmitter WFT-E7 wird mit Akkus vom Typ LP-E6 oder LP-E6N betrieben (Bild: Canon).*

Das Gerät wird per USB-Anschluss mit der Kamera verbunden und kann unterhalb des Gehäuses am Stativgewinde befestigt werden. Unpraktischerweise ist das Stativgewinde dann nicht mehr zugänglich. Für Stativaufnahmen empfiehlt sich die Anbringung in der mitgelieferten Tragetasche, gegebenenfalls mit einem längern USB-Kabel, oder die seitliche Anbringung mit einer Blitzschiene, z. B. dem Modell AB-E1 von Canon.

Wenn Sie den WFT-E7 angeschlossen haben, sind im Einstellungsmenü 3 bei *Kommunikationseinstellungen* alle wichtigen Vorgaben auswählbar, unter anderem die folgenden fünf Verbindungsmethoden:

Der Transmitter erlaubt es, Daten zu FTP-Servern hochzuladen (*FTP-Übertragung*), was Berufsfotografen im fotojournalistischen Bereich gerne nutzen, um die Redaktionen schnell mit Bildmaterial zu beliefern. Möglich ist auch ein Verbindungsaufbau zum *WFT-Server*, um Bilder von der Kamera auf den Computer zu laden, oder die Kopplung mit

▲ *Mit der Stativbuchse an der Blitzschiene AB-E1 ist die Verwendung eines Stativs wieder möglich (Bild: Canon).*

Medienabspielgeräten (Fernseher, Spielekonsole, Web-TV-Box, Mediaplayer), die den DLNA-Standard unterstützen (*MediaServ.*).

Zudem können Sie die EOS 5DS [R] vom Computer oder Tablet-PC aus mit der Software *EOS Utility* fernsteuern oder die Kamera via Bluetooth mit GPS-fähigen Mobilgeräten verbinden, um Ortsdaten auszutauschen.

Auch können andere Kameras, die ebenfalls mit einem WFT-E7/WFT-E7B gekoppelt sind, gleichzeitig mit der Master-Kamera fernausgelöst werden (*Verkn.Aufn.*), was allerdings nicht für Filmaufnahmen gilt.

Einstellbar ist auch, welcher Dateityp übertragen werden soll. So könnten Sie beispielsweise nur die JPEGs übertragen (ca. 6 Sek. bei 10 MByte), was deutlich schneller vonstattengeht als der Transfer von RAW-Bildern.

 DLNA-Standard
DLNA (**D**igital **L**iving **N**etwork **A**lliance) ist ein Standard, der die unkomplizierte Kommunikation zwischen Mediengeräten unterschiedlicher Hersteller ermöglicht. Die Geräte benötigen als Basis ein Heimnetzwerk, auf das sie zugreifen, um JPEG-Bilder mittels WLAN von der 5DS [R] abspielen zu können.

15.8 Objektiv- und Sensorreinigung

Staub ist allgegenwärtig. Er setzt sich nicht nur gerne auf der gesamten Wohnungseinrichtung ab, sondern bahnt sich mit Vorliebe auch den Weg auf die Objektivlinsen oder in die Kamera, um sich genüsslich auf den Glaslinsen und dem Sensor zu platzieren. Daher wird es immer wieder einmal notwendig werden, die Gerätschaften behutsam, aber gründlich zu reinigen.

Behutsame Objektivreinigung

Am besten pusten Sie zunächst alle groben Staubpartikel oder Sandkörnchen mit einem Blasebalg von der Frontlinse. Sehr effektiv ist beispielsweise der Dust Ex von Hama oder der AgfaPhoto Profi Blasebalg.

▲ *Objektivreinigung mit dem Blasebalg*

Sollten danach noch Schlieren oder Fingerabdrücke vorhanden sein, helfen feine Mikrofasertücher, die nach Bedarf mit klarem Wasser etwas angefeuchtet werden können.

Für hartnäckige Verschmutzungen sind spezielle Reinigungsflüssigkeiten für Objektive zu empfehlen, wie zum Beispiel eine Kombination aus Reinigungslösung und Linsen-Reinigungspapier von Calumet, das AF Carl Zeiss Lens Cleaning Kit oder das SpeckGrabber Pro Kit SGK mit Reinigungsstift, -flüssigkeit und Antistatiktuch von Kinetronics.

▲ *Reinigungsset SpeckGrabber Pro Kit SGK (Bild: Kinetronics)*

Ist der Sensor sauber?

Wenn das Objektiv häufig gewechselt wird, erhöht sich die Gefahr, dass vermehrt Staubkörnchen unter den Spiegel gelangen und den Sensor belagern. Wenn Sie den Eindruck haben, dass Ihre Bilder zu viele kleine, dunkle Staubflecken aufweisen, die bei jedem Bild an der gleichen Stelle auftauchen, prüfen Sie einfach mal den Status Ihres Sensors mithilfe der folgenden Schritte:

1 Stellen Sie die Zeitautomatik *Av* ein und geben Sie den Blendenwert f/22 vor. Setzen Sie außerdem den ISO-Wert auf 100.

2 Stellen Sie den Fokussierschalter des Objektivs auf *MF* und drehen Sie den Entfernungsring ganz nach links auf die Unendlichkeitsstellung.

3 Nähern Sie sich einem strukturlosen, hellen Motiv auf etwa 10 cm, zum Beispiel einem weißen Blatt Papier. Die Aufnahme darf ruhig verwackeln. Die Staubpartikel werden Sie bei der Bildbetrachtung am Computer in der 100 %-Ansicht dennoch sehr genau erkennen ❶. Erhöhen Sie im Bildbearbeitungsprogramm gegebenenfalls den Bildkontrast, dann werden die Körnchen noch besser sichtbar.

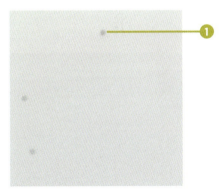

▲ *Einige Staubpartikel sind deutlich sichtbar.*

Staublöschungsdaten erstellen und anwenden

Absolut ohne Risiko für den Sensor läuft die digitale Staubentfernung ab. Dazu können Sie die Bilder entweder mit den Retusche-Werkzeugen Ihres bevorzugten Bildbearbeitungsprogramms bearbeiten. Oder Sie nutzen die automatische Staubentfernung aus Digital Photo Professional, die allerdings nur bei RAW-Aufnahmen anwendbar ist.

Dafür ist es notwendig, zuerst in der 5DS [R] eine Blaupause des Staubs anzufertigen, die zukünftig in den Bildern mitgespeichert wird und der Software mitteilt, an welchen Stellen Staubpartikel herausgerechnet werden müssen.

▲ *Starten der Datenaufnahme für die softwaregestützte Staubentfernung*

Stellen Sie hierfür einen der Modi *P*, *Tv*, *Av* oder *M* ein. Die Brennweite des Objektivs sollte mindestens 50 mm betragen. Anschließend wählen Sie im Aufnahmemenü 3 die Option *Staublöschungsdaten* aus und bestätigen die Schaltfläche *OK* mit der *SET*-Taste.

Richten Sie die 5DS [R] nun im Abstand von ca. 15–30 cm auf ein weißes Blatt Papier aus, sodass im Sucher nur die weiße Papierfläche zu sehen ist, und lösen Sie aus. Bestätigen Sie die Aktion nach dem Erscheinen der Meldung *Daten erhalten* mit *SET*.

▲ *Aufzeichnung der Staublöschungsdaten*

RAW-Bilder, die Sie anschließend fotografieren und mit Digital Photo Professional öffnen, können nun recht einfach nachträglich digital „entstaubt" werden.

Dazu wählen Sie das Bild im Ordnerverzeichnis aus, klicken die Schaltfläche *Bild bearbeiten* ❶ an und wählen die Registerkarte *Staub von Bildern entfernen* ❸ aus.

Mit einem Klick auf *Staublöschungsdaten anwenden* ❷ wird die Bearbeitung durchgeführt. Denken Sie daran, die kamerainternen Staublöschungsdaten vor wichtigen Shootings zu wiederholen, damit die Fotos immer mit dem aktuellen „Staubstatus" verknüpft werden können.

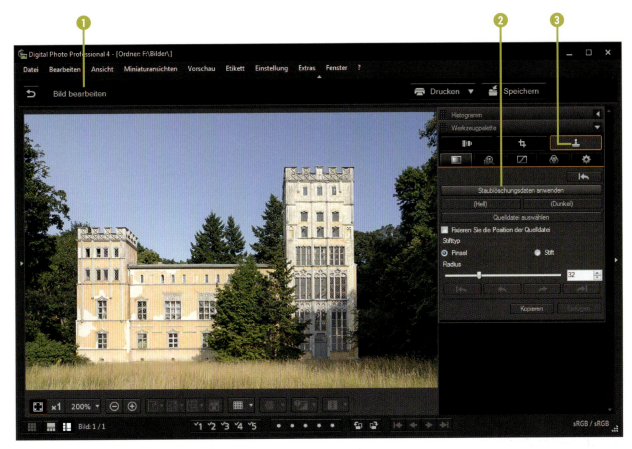

▲ Anwenden der in der 5DS [R] gespeicherten Staublöschungsdaten auf ein Bild in Digital Photo Professional

Sensorreinigung mit dem Blasebalg

Die automatische Entstaubung per Software läuft zwar zuverlässig und spart vor allem viel Zeit. Bei fest sitzendem Staub oder größeren Flecken wird eine manuelle Reinigung dennoch notwendig werden. Am einfachsten und sichersten blasen Sie den Staub mithilfe eines Blasebalgs vom Sensor.

Eine solche manuelle Sensorreinigung sollten Sie allerdings immer nur bei voll geladenem Akku durchführen. Ansonsten könnte der Spiegel während der Reinigungsprozedur zurückklappen und Kamerateile könnten dabei beschädigt werden.

▲ Starten der manuellen Sensorreinigung

▲ Berührungslose Sensorreinigung mit dem Blasebalg

▲ Einzeln verpackte Feucht- und Trockenreinigungsstäbchen sind vor allem auf Reisen sehr praktisch.

Stellen Sie am besten die Programmautomatik *P* ein und nehmen Sie das Objektiv ab. Danach steuern Sie im Einstellungsmenü 3 die Option *Sensorreinigung* und darin die Option *Manuelle Reinigung* an. Drücken Sie die *SET*-Taste und bestätigen Sie die Schaltfläche *OK* ebenfalls mit der *SET*-Taste.

Der Spiegel klappt daraufhin zurück und der Schlitzverschluss öffnet sich. Die Sensoreinheit ist nun freigelegt. Führen Sie nun das Ende des Blasebalgs in die Nähe des Sensors. Halten Sie dabei einen gewissen Sicherheitsabstand ein, damit er den Sensor auf keinen Fall berührt. Pumpen Sie einige Male kräftig.

Schalten Sie nun die 5DS [R] aus und bringen Sie das Objektiv danach gleich wieder an. Schalten Sie die Kamera dann wieder ein und nehmen Sie am besten gleich eine Kontrollaufnahme des weißen Papiers auf, wie zuvor beschrieben. Sind noch immer Flecken zu erkennen, wiederholen Sie den Vorgang oder erwägen eine Feuchtreinigung.

Feuchtreinigung des Sensors

Tipps zur Feuchtreinigung gibt es viele, doch eine große Anzahl davon ist nicht wirklich geeignet, den Sensor sicher und ohne Rückstände sauber zu bekommen.

Auf jeden Fall sollten Sie eine spezielle Reinigungsflüssigkeit verwenden, zum Beispiel von Green Clean, Eclipse oder VisibleDust.

Diese Mittel hinterlassen keine Schlieren. Ergänzend sollten nichthaarende Reinigungsstäbchen verwendet werden. Auch hier bietet der Markt leider teure, aber effektive Stäbchen an, wie etwa die Sensor Swabs.

Der Reinigungsablauf entspricht praktisch dem zuvor beschriebenen Prozedere der manuellen Reinigung: Führen Sie immer zu Beginn eine Luftreinigung mit dem Blasebalg durch. Streichen Sie dann das feuchte Reinigungsstäbchen sanft und ohne Druck über den Sensor. Trocknen Sie den Sensor anschließend mit dem Trocknungsstäbchen, am besten von den Sensorrändern zur Mitte hin.

Den Sensor günstig reinigen lassen

Auch die mehrfache Feuchtreinigung hat unserer Erfahrung nach keine negativen Folgen für den Sensor. Dennoch können wir Ihnen natürlich keine Garantie für Ihre Aktion abgeben. Sollten Sie unsicher sein und um das Wohl Ihres Sensors fürchten, können Sie Ihre 5DS [R] auch zu Canon senden bzw. eine Vertragswerkstatt oder einen Fotofachhändler mit dieser Aufgabe betrauen. Mit etwas Glück erwischen Sie aber auch den Canon Professional Service – zum Beispiel auf einem Fotofestival – und können die Reinigung vor Ort umsonst durchführen lassen.

Bildbearbeitung und Menükompass

Dieses Kapitel spannt einen Bogen von der kamerainternen Bildbearbeitung über die Bildübertragung von RAW-Aufnahmen bis hin zu Menüeinstellungen, die bislang noch nicht erwähnt worden sind. Zudem erfahren Sie, wie Sie mit dem My Menu schneller auf häufig benötigte Funktionen zugreifen können und wie Sie sich ein individuelles Schnellmenü aufbauen können.

> **✓ Erhalt der Originaldateien**
>
> Die kamerainterne Bildbearbeitung läuft ohne Verluste der Originaldateien ab. Jedwede Veränderung wird in Form einer neuen Datei auf der Speicherkarte abgelegt.

16.1 Bildbearbeitung in der Kamera

Wenn Sie nach einem schönen Fototag im Hotelzimmer, im Zug oder im Auto sitzen und ein wenig Zeit haben, die Bilder des Tages durchzusehen, fallen Ihnen eventuell hier und da einige Dinge auf, die verbesserungswürdig sind. Da passt es ganz gut, dass die 5DS [R] bereits im Kameramenü ein paar Bearbeitungsoptionen bereithält. Vielleicht ist ja die richtige dabei, mit der Sie das Foto gleich optimieren können und sich einige Arbeit am Computer sparen.

Bilder rotieren

In den allermeisten Fällen erkennt die 5DS [R] automatisch, ob Sie ein querformatiges oder ein hochformatiges Bild aufnehmen, und zeigt die Fotos bei der Wiedergabe entsprechend an. Der elektronische Orientierungssinn kann jedoch bei Überkopfaufnahmen oder wenn die Kamera in Richtung Boden geneigt wird, Probleme bekommen.

▲ *Bild rotieren über das Schnelleinstellungsmenü*

Mit der kamerainternen Bildbearbeitungsfunktion *Bild rotieren* können Sie die umgekippten Bilder aber schnell wieder gerade rücken. Dazu rufen Sie Ihr Foto in der Wiedergabeansicht auf. Drücken Sie anschließend die Schnelleinstellungstaste und steuern Sie das zweite Symbol von oben an.

Mit dem Schnellwahlrad können Sie das Bild nun um jeweils 90° nach links oder rechts drehen. Bei der Präsentation der Fotos in der EOS 5DS [R] wird es nun richtig herum angezeigt. Alternativ finden Sie die Funktion *Bild rotieren* übrigens auch im Wiedergabemenü 1. In dem Fall drehen Sie das Bild durch Drücken der *SET*-Taste.

RAW-Bilder entwickeln

RAW-Bilder können von den meisten Softwareanwendungen nicht angezeigt werden. Da ist es nur konsequent, dass Sie RAW-Bilder in der 5DS [R] ins JPEG-Format umwandeln können, um sie im Anschluss direkt verschicken zu können. Allerdings funktioniert dies nur mit Bildern im großen Format *RAW*, also nicht mit *M-RAW* oder *S-RAW*.

1/1000 Sek. | f/2,8 | ISO 1600 | 200 mm
▲ *Ergebnis der kamerainternen RAW-Bearbeitung*

Auch wenn Sie ein RAW-Bild nur noch auf dem Computer haben und Ihr RAW-Konverter einen Bildfehler anzeigt, können Sie versuchen, die RAW-Datei auf die Speicherkarte zu kopieren und in der 5DS [R] zu entwickeln. So etwas kommt zwar selten vor, ist uns aber schon passiert. Denken Sie daran, die RAW-Datei dazu vorab wieder so zu benennen, wie es der kamerainternen Namensstruktur entspricht, sonst erkennt die 5DS [R] das Bild nicht.

Um die RAW-Verarbeitung durchzuführen, rufen Sie das gewünschte Bild in der Wiedergabeansicht auf. Drücken Sie anschließend die Schnelleinstellungstaste und wählen Sie das Symbol RAW↓ aus. Alternativ finden Sie die **RAW-Bildbearbeitung** auch im Wiedergabemenü 1. Wenn Ihnen das Bild bereits sehr gut gefällt, können Sie es ohne weitere Anpassungen direkt als JPEG abspeichern. Dazu wählen Sie mit dem Schnellwahlrad die Option **Aufnahme-Einst. verw.** ❶ aus. Für eine umfangreichere Optimierung steuern Sie die rechte Schaltfläche **RAW-Verarbeit. anpassen** ❷ an und drücken die **SET**-Taste.

▲ *Starten der RAW-Verarbeitung*

③ Die Palette an Optionen wird nun angezeigt. Mit dem Multi-Controller können Sie jede Option ansteuern und den Wert direkt mit dem Schnellwahlrad ändern oder mit **SET** das zugehörige Funktionsfenster öffnen. Wenn alles eingestellt ist, bestätigen Sie die Schaltfläche *Speichern* ❸ mit **SET**.

▲ *Anpassen des Weißabgleichs*

> ✅ **Objektivdaten updaten**
>
> Sollte Ihr Canon-Objektiv noch nicht in der 5DS [R] vermerkt sein, lassen sich die Objektivkorrekturen Vignettierung, Verzeichnung und chromatische Aberration nicht anwenden. Lesen Sie ab Seite 253, wie Sie die Objektivdaten updaten können.

Größe von JPEG-Bildern nachträglich ändern

Wenn Sie ein Foto zum Beispiel via Internet verschicken möchten, sind Dateien mit weniger Speicherbedarf besser geeignet. Daher bietet es sich an, die Fotos zu diesem Zweck zu verkleinern. Das funktioniert bei allen Bildern außer den Formaten *RAW* und *S3*. Suchen Sie sich das gewünschte Bild in der Wiedergabeansicht aus und drücken Sie die Schnelleinstellungstaste. Steuern Sie die Option *Größe ändern* an und wählen Sie die Bildgröße mit dem Schnellwahlrad aus. Die jeweilige Dateigröße und Pixelanzahl werden angezeigt. Mit der **SET**-Taste starten Sie die Bearbeitung und das verkleinerte Bild wird nach Bestätigung des nächsten Menüfensters mit der neuesten laufenden Bildnummer auf der Speicherkarte abgelegt. Alternativ finden Sie die Funktion auch im Wiedergabemenü 2.

▲ *Ändern der Bildgröße über das Schnelleinstellungsmenü*

Ausschnittvergrößerungen

Mit der kamerainternen Bildbearbeitung können Sie den Bildausschnitt optimieren und das Seitenverhältnis nachträglich ändern. Die Pixelmaße des Bilds sind anschließend entsprechend der Ausschnittwahl reduziert, es findet also kein Hochrechnen auf die ursprüngliche Bildgröße statt. Ausgenommen hiervon sind allerdings Bilder im Format *RAW*, *S3* und Movies. m den Ausschnitt zu verkleinern, rufen Sie das Bild in der Wiedergabeansicht auf und öffnen dann im Wiedergabemenü 2 die Option *Ausschnitt*. Alternativ können Sie auch im Schnellmenü das Symbol ansteuern.

▲ *Verkleinerter Bildausschnitt im Seitenverhältnis 16:9*

Um den Ausschnitt zu verkleinern, drehen Sie das Schnellwahlrad nach rechts. Zum Verschieben verwenden Sie den Multi-Controller und mit dem Schnellwahlrad lässt sich das Seitenverhältnis ändern.

Außerdem kann mit der *INFO.*-Taste vom Quer- ins Hochformat gewechselt werden. Wenn Sie sich den Ausschnitt ohne die überzähligen Ränder anschauen möchten, verwenden Sie die Taste Q. Am Ende bestätigen Sie die Ausschnittwahl mit *SET*, wählen zum Speichern die Schaltfläche *OK* und schließen den Vorgang mit *SET* ab.

16.2 Die Canon-Software im Überblick

Die mitgelieferte Software Ihrer 5DS [R] beinhaltet ein umfangreiches Bildbearbeitungs- und Archivierungspaket. Damit lassen sich sowohl JPEG- als auch RAW-Bilder optimieren und verwalten.

◂ *Einfache Installation der Software*

Wenn Sie die *EOS Digital Solution Disk* in das CD-ROM-Laufwerk Ihres Computers einlegen und die einfache Installation auswählen, werden automatisch folgende für die EOS 5DS [R] relevante Programme auf Ihrem Computer installiert:

> **Neue Versionen und weitere Programme**
>
> Wenn Canon neuere Versionen für die eigene Software zur Verfügung stellt, können Sie diese kostenlos auf der Support-Seite zur EOS 5DS bzw. 5DS R herunterladen (*www.canon.de/support/consumer_products/product_ranges/cameras/eos/*). Zu Beginn müssen Sie hierbei die Seriennummer Ihrer Kamera einmal eingeben. Dort können Sie auch die Software **EOS MOVIE Utility** erhalten, mit der Videos betrachtet oder mehrere 4-GByte-Dateien fusioniert werden können.

- *EOS Utility* (3.2.20): wird für die Bildübertragung auf den PC benötigt, kann zum Übertragen neuer Bildstile oder Musikdateien in die 5DS [R] verwendet oder für die Kamerafernsteuerung vom Computer aus eingesetzt werden.

- *Digital Photo Professional* (4.2.32): bietet umfangreiche Entwicklungsmöglichkeiten für RAW-Aufnahmen (Belichtung, Kontrast, Schärfe, Bildrauschen, Objektivfehlerkorrekturen), in eingeschränktem Umfang können aber auch JPEG-Bilder optimiert werden

- *Picture Style Editor* (1.15.20): zum Erstellen eigener Bildstile oder zum Anwenden vorgefertigter Stile, die zuvor aus dem Internet heruntergeladen wurden (siehe *http://web.canon.jp/imaging/picturestyle/*).

- *EOS Lens Registration Tool* (1.2.20): wird benötigt, um noch nicht registrierte Canon-Objektive in der EOS 5DS [R] zu hinterlegen, damit die kamerainterne Objektiv-/Aberrationskorrektur darauf angewandt werden kann (siehe Seite 253).

16.3 Bilder mit EOS Utility auf den PC übertragen

Auf der Speicherkarte können die Bilder und Filme natürlich nicht ewig bleiben. Daher steht nach einer ausgiebigen Fotosession die Übertragung der Daten auf Computer, Notebook oder Tablet-PC auf dem Plan. Hierfür gibt es prinzipiell zwei Möglichkeiten. Entweder verbinden Sie die EOS 5DS [R] über das mitgelieferte Schnittstellenkabel direkt mit einer USB-Buchse Ihres Computers. Oder Sie verwenden ein Kartenlesegerät, das ebenfalls über einen USB-Anschluss angekoppelt wird.

Wenn Sie Ersteres vorhaben, schalten Sie Ihre 5DS [R] zuerst aus. Bringen Sie als Nächstes den Kabelschutz ❸ an, damit sich das USB-Kabel nicht versehentlich lockern kann. Dazu befestigen Sie die mit dem Kabel verbundene Klemme mit dem Kabelschutz. Der Kabelschutz kann anschließend mit den Schrauben ❶ so am Kamerabody angebracht werden, dass er perfekt über dem Digital- und dem HDMI-Anschluss liegt.

▲ *EOS 5DS [R] mit angeschlossenem USB-Schnittstellenkabel und Kabelschutz*

Die Kabelseite mit dem Digital-Anschluss kann nun in die untere Buchse ❷ gesteckt werden. Hierbei muss das Symbol SS⇆ auf dem Stecker zur Kamerarückseite zeigen. Zum Schluss verbinden Sie noch den USB-Anschluss mit dem Computer und schalten die Kamera dann wieder ein. Schalten Sie die 5DS [R] nun ein und starten Sie das Canon-Programm EOS Utility 3, sofern es sich nicht selbst öffnet. Im Startfenster der EOS Utility wählen Sie *Herunterladen von Bildern auf den Computer* und im nächsten Menüfenster *Auswählen und Herunterladen*.

Markieren Sie anschließend die gewünschte Speicherkarte ❹. Versehen Sie danach einzelne Fotos oder Movies mit einem Häkchen ❺. Alternativ können Sie über *Bearbeiten*/*Bild auswählen*/*Alles markieren* ([Strg]/[cmd]+[A]) aber auch alle Bilder auf der Karte in einem Schwung auswählen.

Oben links wird das Dateiformat angezeigt ❻. Wenn Sie mit der Auswahl fertig sind, klicken Sie auf die Schaltfläche *Herunterladen*. Im nächsten Dialogfenster können Sie mit der Schaltfläche *Zielordner* den Ordner angeben, in den die Bilder übertragen werden sollen, und den Vorgang mit der Schaltfläche *OK* starten. Nach Abschluss der Übertragung können Sie die 5DS [R] ausschalten und das USB-Kabel vom Computer wieder abziehen.

▲ *Startfenster von EOS Utility 3*

> **Monitor ausschalten**
> Damit Ihre 5DS [R] während der Computerverbindung nicht zu viel Strom verbraucht, ist es sinnvoll, den Monitor mit der *INFO.*-Taste auszuschalten.

◀ *Auswahl der Bilder, die auf den Computer übertragen werden sollen*

Bilder in der 5DS [R] auswählen

Es ist zwar umständlicher, aber Sie können die Bilder und Movies auch erst in der 5DS [R] auswählen und dann mit der EOS Utility übertragen. Dazu öffnen Sie im Wiedergabemenü 2 den Eintrag **Bildübertragung**. Entscheiden Sie sich bei **RAW+JPEG-Übertrag.**, welche Dateiformate übermittelt werden dürfen.

Gehen Sie dann zu **Bildauswahl/übertr.** und markieren Sie **Bildwahl**, um einzelne Bilder oder Movies zu markieren. Drücken Sie bei jedem gewünschten Bild die **SET**-Taste, setzen Sie per Schnellwahlrad ein Häkchen und bestätigen Sie dies mit **SET**.

Sobald die 5DS [R] an den Computer angeschlossen ist, erscheint die Schaltfläche **Direktübertragung**. Bestätigen Sie diese, um die Daten zu senden. Wichtig ist, dass Sie in der EOS Utility über die Schaltfläche **Voreinstellungen** und **Zielordner** einen geeigneten Speicherordner gewählt haben, denn von der 5DS [R] aus ist das nicht möglich.

▲ Einstellungen für die Bildübertragung

16.4 RAWs mit Digital Photo Professional entwickeln

Um RAW-Bilder anzeigen oder als Papierbild ausdrucken zu können, müssen diese entwickelt werden. Mit der Anwendung **Digital Photo Professional** (DPP) steht Ihnen hierfür eine Software zur Verfügung, die perfekt auf die RAW-Dateien der 5DS [R] abgestimmt ist, denn nur Canon kennt die internen Standards genau.

Erfahren Sie im Folgenden, welch vielseitige Möglichkeiten in DPP stecken. Und wenn Sie mal ein JPEG-Foto aufpeppen möchten, ist das ebenfalls möglich, denn viele der Bearbeitungsschritte lassen sich analog auch mit JPEG-Fotos durchführen.

Um die Bearbeitung mit DPP zu starten, wählen Sie als Erstes den gewünschten Bilderordner ❶ aus. Im Hauptfenster werden alle Dateien aufgelistet. Am Symbol **RAW** oder **R+J** ❷ sind die Rohdaten zu erkennen. Bei Parallelaufnahmen beider Dateitypen ist es sinnvoll, die Schaltfläche **RAW- und JPEG-Bilder gruppieren** ❸ zu aktivieren, um eine Flut doppelter Vorschaubilder zu vermeiden. Zur eigentlichen Bearbeitung geht es dann mit der Schaltfläche **Bild bearbeiten** ❹.

> **DPP-Schulungen im Internet**
>
> Canon bietet Schulungsvideos zu Digital Photo Professional an. Wer sich gerne tiefer in die Materie einarbeiten möchte, findet unter www.canon.de/For_Home/Product_Finder/Cameras/Digital_SLR/dpp_tutorials.asp eine ganze Reihe interessanter Tutorials.

▲ *Arbeitsoberfläche von Digital Photo Professional*

Horizont begradigen und Zuschneiden

Wenn der Horizont nicht perfekt horizontal aufgenommen wurde, können Sie das Bild schnell begradigen. Wählen Sie dazu die Schaltfläche **Bild bearbeiten**. Klicken Sie danach die Registerkarte **Bilder schneiden und drehen** ❶ an. Möchten Sie ein bestimmtes Seitenverhältnis erzielen, stellen Sie es über das gleichnamige Drop-down-Menü ❷ ein. Wenn Sie darin **Benutzerdefiniert** wählen, können Sie die Verhältniswerte auch individuell eintragen. Aktivieren Sie die Option **Raster anzeigen** ❹ und verwenden Sie den Regler **Winkel** ❸, um das Bild zu drehen. Der neue Bildausschnitt lässt sich nun durch Anfassen des Bilds mit der Maus verschieben oder durch Ziehen der Eckpunkte nach innen verkleinern. Mit dem Rückwärtspfeil ❺ schließen Sie die Bearbeitung ab.

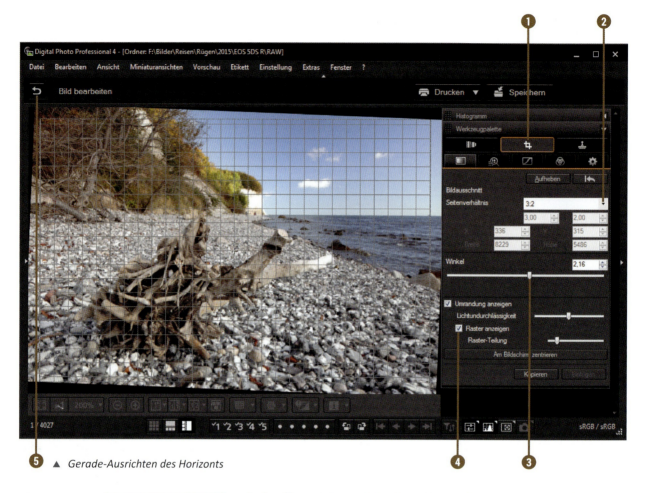

❺ ▲ Gerade-Ausrichten des Horizonts

▲ Beschnitt am weißen Rahmen erkennbar

In der Übersicht wird der Ausschnittrahmen angezeigt. Das Schöne ist: Die restlichen Bildanteile gehen bei dieser Bearbeitung nicht verloren, sie können später jederzeit wieder hinzugezogen werden.

Änderungen rückgängig machen

Falls Ihnen eine durchgeführte Änderung nicht gefällt, können Sie diese rückgängig machen. Drücken Sie dazu die Tastenkombination ⌈Strg⌉+⌈Z⌉, um den als Letztes durchgeführten Arbeitsschritt zu revidieren (mit ⌈Strg⌉+⌈Y⌉ können Sie ihn wiederherstellen). Über die Rückwärtspfeile , die Sie neben den einzelnen Funktionen finden, werden hingegen alle Änderungen der jeweiligen Funktion zurückgesetzt.

Helligkeit und Kontrast optimieren

Viele „unentwickelte" RAW-Bilder wirken etwas flau. Manchmal sind auch die Schatten zu dunkel oder die Lichter zu hell und ausgebrannt.

Durch eine Anpassung der Belichtung lässt sich der Aufnahme jedoch schnell mehr Brillanz verleihen.

Um zu helle oder zu dunkle Bildbereiche gut zu erkennen, aktivieren Sie die **Lichter-/Schattenwarnung** im Menü **Vorschau**. Im Beispielfoto sind ein paar Bereiche zu dunkel geraten, was durch die blaue Markierung ❶ zu erkennen ist.

▼ *DPP bietet umfangreiche Möglichkeiten zur Belichtungsanpassung*

▲ Anpassen der Bildhelligkeit

Mit dem Regler *Einstellung Helligkeit* können Sie nun die Gesamthelligkeit des Bilds anpassen (hier 1,17 Stufen). Die Änderungen werden sofort sichtbar (rechter Ausschnitt).

Weiter unten bei *Gamma-Einstellung* können Sie auf die Schaltfläche *Auto* ❷ klicken und DPP eine automatische Belichtungsanpassung durchführen lassen, die oft gute Resultate liefert.

Diese kann anschließend noch feiner nachjustiert werden. Dazu lassen sich die drei Markierungslinien innerhalb des Histogramms verschieben.

Mit der linken Linie ❸ beeinflussen Sie die ganz dunklen Bildpixel (Schatten), mit der rechten ❺ die ganz hellen Stellen (Lichter) und mit der mittleren ❹ alle Helligkeitsstufen dazwischen (Mitteltöne).

Danach lassen sich der *Kontrast*, die *Schatten* und die *Lichter* mit den entsprechenden Reglern ❻ noch weiter anpassen, bis Ihnen die Belichtung zusagt. Achten Sie gut darauf, dass die hellen Bildstellen strukturiert bleiben. Am Ende können Sie die Farbe mit dem Regler *Sättigung* noch etwas kräftigen.

Weißabgleich und Farbbalance

Sollte die Farbstimmung einmal nicht stimmen, hat die 5DS [R] den Weißabgleich vermutlich nicht perfekt getroffen. Bei den Schafen hat der automatische Weißabgleich *AWB* einen blauen Farbstich erzeugt (linke Bildhälfte). Nach der Farbanpassung wirkt die Szene wieder natürlich.

Für die Justierung des Weißabgleichs gibt es vier Möglichkeiten. Sie können vordefinierte Werte verwenden, wie zum Beispiel die Einstellung *Tageslicht* ❶. In dem Drop-down-Menü finden Sie auch die Vorgabe *Farbtemperatur*, mit der sich der Kelvin-Wert manuell festlegen lässt.

Mit der Weißabgleich-Pipette ❷ können Sie aber auch auf eine Bildstelle klicken, die in neutraler Farbe dargestellt werden soll. Alle anderen Farbtöne werden entsprechend angepasst. Zudem lassen sich Farbverschiebungen durch Klicken in das Farbfeld ❸ bei *Feinabstimmung* erzielen. Dies ist vergleichbar mit der kamerainternen Weißabgleichkorrektur.

▲ Farbanpassung durch Klicken mit der Weißabgleich-Pipette auf das Schaf

Bildrauschen mindern und Nachschärfen

RAW-Bilder, die bei hohen ISO-Werten fotografiert wurden, leiden unter Bildrauschen (linke Bildhälfte), welches vor allem in den dunklen Bildpartien als störend empfunden wird. Im Programm DPP können die Aufnahmen jedoch wirkungsvoll von den störenden Fehlpixeln befreit werden (rechte Bildhälfte).

Stellen Sie die Bildansicht im Bearbeitungsfenster hierzu auf ×1 ❶, um das Bildrauschen gut sehen zu können. Wechseln Sie in der Werkzeugpalette auf den Reiter **Bilddetail einstellen** ❷.

Hier können Sie das Helligkeits- und das Farbrauschen ❸ durch Verschieben der Regler unabhängig voneinander reduzieren. Achten Sie generell darauf, dass diese Bearbeitung nicht übertrieben wird, denn unter zu starker Helligkeitsrauschreduktion kann die

Bildauflösung leiden und bei übertriebener Farbrauschminderung kann als Nebeneffekt ein „Ausbluten" der Farben auftreten.

Das Tolle an DPP ist jedoch, dass Sie meist gar nicht eingreifen müssen, denn die Daten aus der 5DS [R] werden automatisch so gut analysiert und die Regler entsprechend eingestellt, dass ein wirklich gutes Ergebnis dabei herauskommt.

▲ *Entfernen von Bildrauschen eines ISO-12800-Bilds, an der automatischen Voreinstellung haben wir nichts weiter geändert.*

Gleiches gilt für die Bildschärfe, die von DPP ebenfalls sehr gut an das Bildmaterial aus der 5DS [R] angepasst wird (rechte Bildhälfte).

Möchten Sie darüber hinaus selbst Hand an die Regler legen, finden Sie in der Tabelle Informationen zur Wirkung der drei Regler **Stärke**, **Feinheit** und **Schwelle** ❹.

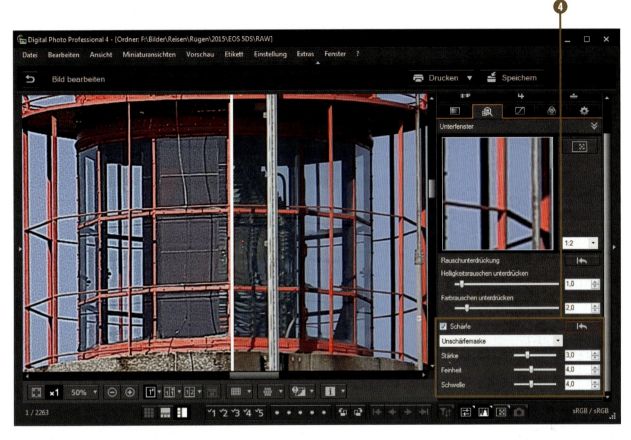

▲ *Nachschärfen mit DPP*

Achten Sie dabei vor allem darauf, dass an harten Kanten im Bild keine weißen oder schwarzen Ränder (linke Bildhälfte) entstehen, die unnatürlich wirken und eine Überschärfung andeuten.

◄ *Eigenschaften der Unschärfemaske-Regler*

Stärke	Regler links: schwache Schärfung Regler rechts: starke Schärfung (Kanten können überschärft aussehen)
Feinheit	Regler links: sehr feine Details werden geschärft (Landschaft, Architektur) Regler rechts: nur bereits stärkere Kontrastkanten werden geschärft (Porträt)
Schwelle	Regler links: Schärfung feinster Kontrastkanten (Bildrauschen erhöht sich!) Regler rechts: Abschwächung der Schärfung (Bild kann schwammig werden!)

Objektivfehler effizient korrigieren

Viele Objektive, selbst die teuren Profilinsen der Canon-L-Serie, haben hier und da ihre Tücken. So kann es bei niedrigen Blendenwerten zu Randabschattungen (Vignettierung) kommen. Weitwinkelobjektive neigen zu tonnenförmiger Verzeichnung. Das Auftreten von Randunschärfe und Farbsäumen an kontrastreichen Motivgrenzen ❶ (chromatische Aberration) ist eine nicht seltene Abbildungsstörung. Mit der Objektivfehlerkorrektur können Sie den Artefakten zu Leibe rücken (rechte Bildhälfte). Allerdings funktioniert das nur mit RAW-Bildern und auch nur, wenn diese mit Canon-Objektiven fotografiert wurden. Im Bearbeitungsfenster von DPP wechseln Sie auf die Registerkarte *Bildobjektivkorrektur ausführen* ❷. Setzen Sie einen Haken bei *Digitale Objektivoptimierung*, *Vignettierung* und *Verzeichnung*. Mit den Schiebereglern können Sie die Effekte variieren, was in der Regel aber nicht notwendig ist.

▼ *Beheben objektivbedingter Bildstörungen*

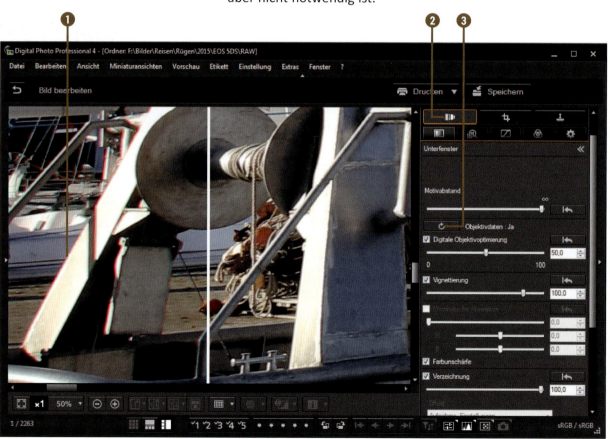

418 Kapitel 16 Bildbearbeitung und Menükompass

Sollte bei *Objektivdaten* ein *Nein* abzulesen sein, klicken Sie auf die Aktualisierungsschaltfläche ❸. Es öffnet sich ein neues Fenster, in dem Sie das für die Aufnahme verwendete Objektiv fett gedruckt finden, wenn dafür Korrekturdaten existieren. Setzen Sie einen Haken und installieren Sie die Objektivdaten über die Schaltfläche *Starten* auf Ihrem Computer.

▲ *Objektivdaten für das Canon EF 50 mm f/1,8 STM hinzufügen*

Speicheroptionen

Nach der Optimierung des RAW-Bilds geht es ans Speichern. Hierbei ist zu empfehlen, zunächst die Änderungen der RAW-Bearbeitungsschritte zu sichern, damit Sie die Bearbeitung später nicht noch einmal wiederholen müssen. Dazu wählen Sie *Datei/Speichern*.

Anschließend sollte die bearbeitete RAW-Datei in ein Format umgewandelt werden, das für andere Bildbearbeitungsprogramme, Internetbrowser oder Drucker lesbar ist. Wählen Sie *Datei/Konvertieren und speichern*.

Zu empfehlen ist hierbei das TIFF-Format, denn es speichert die Datei ohne Komprimierung ab. Das Bild kann daher immer wieder geöffnet und abgespeichert werden, ohne dass die Qualität darunter leidet, wie es bei JPEG der Fall ist. Die TIFF-Dateien lassen sich später immer noch in JPEG umwandeln, um sie zum Beispiel auf Ihrer Internetseite zu präsentieren. Im nächsten Fenster können Sie den Speicherort auswählen, den Dateinamen ändern und das Speicherformat bestimmen. Wählen Sie *Exif-TIFF 8Bit*, wenn keine umfangreichen Nachbesserungen in

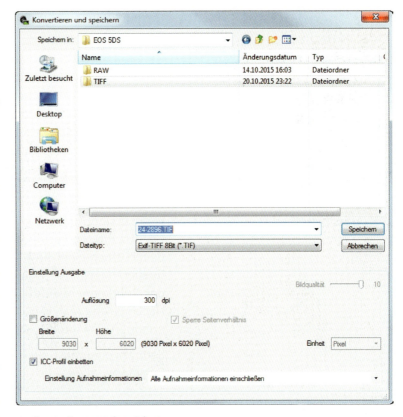

▲ *Konvertieren und speichern*

einem anderen Bildbearbeitungsprogramm geplant sind. Wenn das Bild hingegen, zum Beispiel mit Photoshop, weiter optimiert werden soll, wäre das speicherintensivere *Exif-TIFF 16Bit* besser geeignet. Beenden Sie die Aktion mit einem Klick auf *Speichern*.

Der Vorsatz *Exif* bedeutet, dass alle Kameraangaben (Blende, Zeit usw.) in der Datei mitgespeichert werden. Diese Informationen können später bei der Bildersuche helfen. Belassen Sie auch das Häkchen bei *ICC-Profil einbetten* (Farbraumdefinition), damit die Bildfarben von farbmanagementfähiger Software richtig interpretiert und dargestellt werden können.

16.5 Weitere empfehlenswerte RAW-Konverter

Canons Digital Photo Professional liefert eine sehr ordentliche Leistung. Ambitionierten Fotografen wird das jedoch bald nicht mehr genügen. Daher haben wir im Folgenden drei weitere Programme näher unter die Lupe genommen.

Generell entwickelt jeder RAW-Konverter die Bilder in der Standardeinstellung ein wenig anders. Das gilt für die Farben genauso wie für die Korrektur von Bildrauschen oder das Herauskitzeln von Details aus hellen oder dunklen Bildpartien. Der RAW-Konverter will also gut gewählt sein.

Adobe Camera Raw und Lightroom

Sehr weit verbreitet und von vielen Fotografen standardmäßig genutzt sind Adobe Camera Raw und Adobe Lightroom. Adobe Camera Raw ist Bestandteil von Photoshop (Elements) und wird beim Öffnen einer RAW-Datei automatisch gestartet. Lightroom fungiert dagegen als eigenständiges Programm und verfügt neben der Rohdatenentwicklung auch noch über diverse Bildkatalogisierungs- und Archivierungsmöglichkeiten. Beide RAW-Konverter erlauben eine intuitive Bedienung und arbeiten sehr zuverlässig.

Sehr angenehm ist die moderate Sättigungssteuerung über den Regler *Dynamik*. Auch die spezifische Rettung sehr heller oder sehr dunkler Bildbereiche mit den Reglern *Tiefen/Lichter* und *Weiß/Schwarz* ist sehr komfortabel gelöst. Überdies liefern die

Rauschreduzierung und die Schärfungstools überzeugende Resultate. Eine Objektivfehlerkorrektur lässt sich ebenfalls anwenden, selbst wenn Objektive von Fremdherstellern an der 5DS [R] verwendet wurden. Zudem ist es möglich, eigene Objektivprofile zu erstellen oder aus dem Internet herunterzuladen und mit Lightroom zu nutzen.

▲ RAW-Entwicklungsoberfläche von Adobe Lightroom

DxO Optics Pro

Der RAW-Konverter DxO Optics Pro glänzt durch ausgereifte Voreinstellungen, sogenannte **Presets**, und gut funktionierende automatische Anpassungen. Zusätzlich lassen sich verschiedene Entwicklungsstile anwenden, zum Beispiel **HDR-künstlerisch**, und im rechten Bearbeitungsbereich stehen weitere Werkzeuge zur Farbanpassung und Belichtungskorrektur zur Verfügung. Der Vorteil von DxO Optics Pro liegt darin, dass in vielen Fällen kaum noch selbst Hand an die Regler gelegt werden muss, obgleich dies ohne Weiteres möglich ist. Auch werden Objektivfehler und Bildrauschen in den RAW-Dateien automatisch und schnell optimiert. Die

Korrektur objektivbedingter Fehler erfolgt auf Basis downloadbarer Kamera-Objektiv-Kombinationen. DxO Optics Pro überzeugt mit qualitativ hochwertigen Ergebnissen und vielen unkomplizierten Automatiken. Wenn man die Regler selbst anpassen möchte, kann man sich in den vielen Optionen aber auch schnell verlieren.

▲ RAW-Entwicklungsoberfläche von DxO Optics Pro (Achtung, die M- und S-RAW-Dateien der EOS 5DS [R] wurden zur Drucklegung dieses Buches nicht erkannt!)

RawTherapee

Wer das Entwickeln von RAW-Bildern erst einmal ohne weiteren Kostenaufwand bewerkstelligen möchte, sich aber mehr Optionen wünscht, als sie Digital Photo Professional liefern kann, findet mit dem Programm RawTherapee eine interessante Alternative (*http://rawtherapee.com/downloads*).

RawTherapee bietet umfangreiche Bearbeitungsmöglichkeiten mit einer gut funktionierenden Schattenaufhellung. Objektivfehler wie Vignettierung, Verzeichnung und sogar stürzende Linien können korrigiert werden.

▲ Entwicklungsoberfläche von RAWTherapee (Achtung, die M- und S-RAW-Dateien der EOS 5DS [R] wurden zur Drucklegung dieses Buches nicht erkannt!)

16.6 Weitergabe von Bildern

Angenommen, ein Fotografenkollege hat, ebenfalls mit einer EOS 5DS [R] oder einer anderen Canon-DSLR, ein Bild von Ihnen aufgenommen.

Wenn Sie eine CF-Karte dabeihaben und Ihr Kollege eine SD-Karte oder umgekehrt, könnten Sie das Bild mit der 5DS [R] von Karte zu Karte kopieren.

Bilder von Karte zu Karte kopieren

Um Fotos auf eine andere Karte zu übertragen setzen Sie beide Kartentypen in Ihre Kamera ein. Wählen Sie über das Schnellmenü die Speicherkarte aus, die das zu übertragende Bild enthält.

▲ Quellspeicherkarte bestimmen, hier die SD-Karte

Kapitel 16 Bildbearbeitung und Menükompass **423**

Anschließend navigieren Sie im Wiedergabemenü 1 zum Eintrag *Bildkopie*. Im nächsten Fenster können Sie mit *Bildwahl* zur Ansicht des *Quellordners* auf der Speicherkarte gelangen, den Ordner auswählen und darin das zu kopierende Bild ansteuern.

▲ *Zu kopierendes Bild markieren*

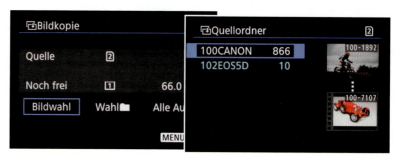

▲ *Links: Bildwahl starten, rechts: Quellordner öffnen*

▲ *Zielordner auswählen*

Mit der *SET*-Taste vergeben Sie ein Häkchen. Danach können Sie noch weitere Fotos gleichermaßen markieren. Sind alle Bilder gewählt, drücken Sie die *RATE*-Taste.

Die Zielspeicherkarte wird angezeigt und Sie können einen *Zielordner* auswählen oder auch einen neuen Ordner anlegen.

Wenn Sie anschließend die Schaltfläche *OK* mit *SET* bestätigen, startet der Kopiervorgang.

Fotobuch-Einstellungen

Mit der Funktion *Fotobuch-Einstellung* im Wiedergabemenü 1 können Sie einzelne Bilder oder alle Bilder auf der Speicherkarte für die Erstellung eine Fotobuches auswählen. Allerdings sind Fotos im RAW-Format davon ausgenommen.

Kopien der so ausgewählten Bilder werden beim Importieren der Fotos mit der Canon-Software EOS Utility in ein separates Album mit dem Namen *Photobook* gespeichert.

▲ *Auswahl eines einzelnen Bilds für das geplante Fotobuch*

Die Fotobuch-Bilder sind damit bereits vorsortiert und können später beispielsweise an Online-Druckdienste gesendet werden.

Damit die Sortierung in das Album funktioniert, wählen Sie in der EOS Utility die Option *Herunterladen von Bildern auf den Computer* und danach bei *Einstellungen* die Vorgabe *Alle Bilder*.

Klicken Sie danach die Option *Download automatisch starten* an und beantworten Sie die Frage nach dem Fotoalbum mit *Ja*.

◀ *EOS Utility fragt beim Import nach, ob die Fotobuch-Bilder in ein separates Verzeichnis kopiert werden sollen.*

Druckaufträge vorbereiten

Wenn Sie Ihre frisch bearbeiteten Bilder oder auch die Original-JPEG-Dateien direkt von der Speicherkarte auf einem DPOF-kompatiblen Drucker ausdrucken möchten, können Sie die grundlegenden Druckeinstellungen in der 5DS [R] festlegen.

Navigieren Sie dazu ins Wiedergabemenü 1 zu *Druckauftrag*. Bei *Setup* legen Sie fest, ob die Bilder in voller Größe (*Standard*) oder in Form einer Indexübersicht (*Index*) gedruckt werden sollen, oder beides. Außerdem können Sie die *Datei-Nr.* und/oder das *Datum* auf die Bilder drucken lassen.

▲ *Einstellungen für den Druckauftrag*

Welche Bilder in die Druckliste mit aufgenommen werden sollen, können Sie mit *Alle Aufn* (alle Bilder auf der Speicherkarte) oder *Von* (alle Bilder eines bestimmten Ordners) bestimmen. Oder Sie legen jedes Foto einzeln fest, indem Sie *Bildwahl* wählen.

Drücken Sie anschließend bei jedem gewünschten Foto die *SET*-Taste, legen Sie mit dem Schnellwahlrad die Anzahl der Ausdrucke fest und bestätigen Sie dies mit *SET*.

> **Was bedeutet DPOF?**
>
> Die Einstellungen im Druckmenü erfolgen getreu dem DPOF-Standard (**D**igital **P**rint **O**rder **F**ormat). Das ist ein Speicherformat für die den Bildern zugeordneten Druckeinstellungen.
>
> Diese liefern dem Drucker zu Hause oder im Fotolabor alle notwendigen Informationen zum Druckformat, zur Anzahl und zu weiteren wichtigen Angaben.

16.7 Kamerasoftware updaten

Die kamerainterne Software, die **Firmware** Ihrer EOS 5DS [R], benötigt hin und wieder einmal ein Update, mit dem eventuell auftretende Probleme behoben oder Funktionen erweitert werden können. Im folgenden Workshop erfahren Sie, wie Sie das Gehirn Ihrer Kamera wieder auf den neuesten Stand bringen können, sobald Canon eine neue Firmware-Version zur Verfügung stellt.

Bevor Sie zum Updaten schreiten, informieren Sie sich erst einmal, welche Softwareversion auf Ihrer EOS 5DS [R] bereits installiert wurde. Stellen Sie dazu das Programm **P** ein und öffnen Sie im Einstellungsmenü 4 den Eintrag **Firmware-Vers.** Darin finden Sie die Softwareinformationen für die Kamera und je nach Modell auch für das Objektiv und den Systemblitz. Prüfen Sie nun auf den Internetseiten von Canon, ob für die EOS 5DS [R] eine aktuelle Software zur Verfügung steht. Folgen Sie dazu dem Link http://de.software.canon-europe.com/. Wählen Sie im Bereich **Consumer** Ihr Land und danach die Produktkategorie **Kameras**, **EOS Kameras** und **EOS 5DS [R]** aus den Vorgaben aus.

▲ *Firmware-Version der 5DS R und des angesetzten Objektivs EF 50 mm f/1,8 STM*

▶ *Verfügbare Updates für die Canon EOS 60D*

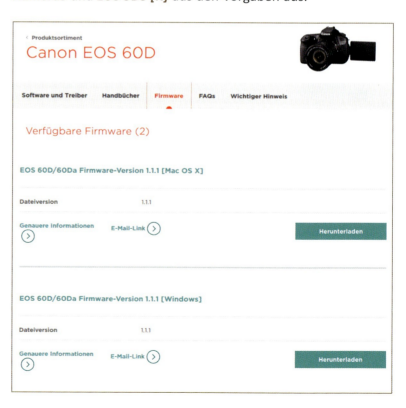

 Akku fit?

Achten Sie beim Updaten darauf, dass der Akku vollständig geladen ist. Die Stromzufuhr darf während des Updates nicht unterbrochen werden, schalten Sie die EOS 5DS [R] daher keinesfalls aus. Alternativ zum Selbstupdaten können Sie die Prozedur natürlich auch vom Canon-Service durchführen lassen.

Klicken Sie die Checkbox **Firmware** an. Wird ein Update bereitgestellt, finden Sie darunter den entsprechenden Link. Zur Drucklegung des Buches lag noch keine neue Firmware-Version für die EOS 5DS [R] vor, daher zeigen wir hier exemplarisch das Update der EOS 60D.

Wählen Sie den Link passend zum Betriebssystem (Windows oder Mac OS X) aus und laden Sie die Datei auf Ihren Computer herunter. Öffnen Sie die heruntergeladene ZIP-Datei. Sie enthält die eigentliche Firmware-Datei, die in diesem Fall die Bezeichnung **60D00111.FIR** trägt. Als Nächstes leeren Sie die Speicherkarte vollständig mit der Funktion **Karte formatieren** im Einstellungsmenü 1. Anschließend verbinden Sie die Speicherkarte mit Ihrem Computer, zum Beispiel über ein Kartenlesegerät. Schieben Sie die Firmware-Datei ❶ in die oberste Ordnerebene der Karte ❷, hier **EOS_DIGITAL (H:)**.

> **Updates für Objektive**
>
> Da viele Canon-Objektive ebenfalls softwaregesteuert betrieben werden, können auch hierfür Aktualisierungen vorliegen, wie beispielsweise für das EF 40 mm f/2,8 STM. Vom Prinzip her läuft der Vorgang genauso ab wie beim Aktualisieren der Kamerasoftware. Wichtig ist, dass Sie das zu aktualisierende Objektiv auch an die Kamera angeschlossen haben.

◀ Verschieben der Firmware-Datei auf die oberste Ebene der Speicherkarte

Legen Sie die Speicherkarte nun wieder in die 5DS [R] ein. Im Einstellungsmenü 4 wählen Sie wieder den Eintrag **Firmware-Vers.** aus und drücken beim Eintrag **Kamera** die **SET**-Taste. Bestätigen Sie die Schaltfläche **OK** im Menüfenster **Firmware-Aktualisierung** ebenfalls mit der **SET**-Taste.

Im nächsten Fenster bestätigen Sie die ausgewählte Firmware-Datei, hier **60D00111.FIR**, mit der **SET**-Taste, um das Update zu starten. Warten Sie, bis der Vorgang abgeschlossen ist, und schließen Sie den Prozess durch Bestätigen der **OK**-Schaltfläche mit der **SET**-Taste ab.

Im Einstellungsmenü 4 bei **Firmware-Vers.** können Sie die aktuelle Softwareversion prüfen. Formatieren Sie die Karte am Ende erneut, um die Firmware-Datei wieder zu entfernen.

▲ Start des Firmware-Updates nach Auswahl der Firmware-Datei **60D00111.FIR**

16.8 Weitere Menüeinstellungen

Wie Sie es sicherlich von Ihrem Smartgerät oder Computer her kennen, besitzt auch die 5DS [R] einige Basisparameter, die es nach Inbetriebnahme der Kamera einzustellen gilt. Ist dies einmal geschehen, werden Sie diese normalerweise nur noch selten benötigen. Im Folgenden haben wir Ihnen die entsprechenden Menüeinträge zusammengestellt, die im Buch bislang noch nicht erwähnt wurden.

6: Messtimer

Der *Messtimer* legt fest, wie lange die Belichtungszeit und Blende im Livebild-Modus oder bei Filmaufnahmen nach dem Loslassen des Auslösers angezeigt werden. Das hat vor allem eine Auswirkung auf die Dauer der Belichtungsspeicherung über die Sterntaste.

▲ Bei uns läuft der Messtimer standardmäßig mit 16 Sek.

Wenn Sie den Wert auf *16 Sek.* oder *30 Sek.* erhöhen, geht die Speicherung weniger schnell verloren und Sie haben mehr Zeit für die Wahl des Bildausschnitts. Allerdings verbraucht die 5DS [R] dann auch mehr Strom.

1: Ordner wählen oder neu erstellen

Die Bilder werden auf der Speicherkarte in Ordnern abgelegt, die mit maximal 9.999 Bildern gefüllt werden. Da wir die Bilder nach dem Kopieren auf die Festplatte ohnehin umbenennen und in ein eigenes Ordnersystem einpflegen, bleibt es bei uns bei der automatischen Ordnerwahl.

▲ Ordner auswählen und neue Ordner erstellen

Wenn Sie aber beispielsweise lieber für jeden Fototag einen eigenen Ordner anlegen möchten, geht das auch. Navigieren Sie dazu zur Rubrik *Aufn.funkt. + Karte/Ordner ausw*. Die Ordnerwahl ist bei beiden Speicherkarten möglich, daher wählen Sie bei *Aufn./Play* erst die gewünschte Karte aus und öffnen anschließend den Eintrag *Ordner*. Bestätigen Sie den

Eintrag *Ordner erstellen* mit der *SET*-Taste. Der neue Ordner erhält die Nummer *101EOS5D*, der nächste *102EOS5D* usw. Sollen die Bilder außerdem jeden Tag mit der Nummer 0001 beginnen, wählen Sie bei der Funktion *Datei-Nummer* die Einstellung *Auto reset*. Die Gefahr doppelter Bildnummern und Überschreibungen erhöht sich dann aber erheblich.

1: Datei-Nummer

Damit in der Bildersammlung kein Chaos entsteht oder gar Bilder versehentlich überschrieben werden, weil sie die gleiche Nummer tragen, verpasst die 5DS [R] jedem Bild oder Film eine fortlaufende Nummer. Dies behält sie auch bei, wenn die Speicherkarte zwischendurch formatiert wird oder mit einer anderen Speicherkarte weiterfotografiert wird. Erst wenn die Nummer 9999 erreicht ist, beginnt die Nummerierung mit 0001 wieder von vorn. Generell empfehlen wir, die fortlaufende Nummerierung beizubehalten. Dazu sollte bei *Datei-Nummer* die Option *Reihenauf.* eingestellt sein. Um die Nummerierung der Bilder in jedem neuen Ordner, monatlich oder täglich, mit 0001 beginnen zu lassen, wählen Sie *Auto reset*. Beim Einlegen einer neuen oder geleerten Karte ist es dann wichtig, die Karte immer zuerst zu formatieren. Mit *Man. reset* können Sie die Dateinummerierung manuell auf 0001 zurücksetzen, was automatisch zum Erstellen eines neuen Ordners führt.

▲ *Optionen zur Nummerierung der Bilder und Filme*

1: Dateiname

Standardmäßig beginnt der Dateiname vor einer vierstelligen Bildnummer, hier mit *2D8A* (Farbraum sRGB) oder *_D8A* (Farbraum Adobe RGB). Bei *Dateiname* können Sie das Präfix aber ändern. Mit der *Nutzereinst.1* erhalten die Dateien das vierstellige Präfix *IMG_* (sRGB) oder *_MG_* (Adobe RGB). Die *Nutzereinst.2* vergibt ein dreistelliges Präfix, *IMG* oder *_MG*, plus ein Kürzel für die Bildgröße: *U* (JPEG S3),

▲ *Auswahl des Dateinamens*

T (JPEG S2), *S* (JPEG S und S-RAW), *M* (JPEG M und M-RAW), *L* (JPEG L und RAW), _ (Movies).

Die Nutzereinstellungen können Sie aber auch mit eigenen Kürzeln benennen. Wenn beispielsweise zwei Personen die 5DS [R] nutzen, könnten Sie die Bilder anhand der Namenskürzel auseinanderhalten. Um das Präfix zu ändern, wählen Sie *Änderung Nutzereinstellung1* oder *2* aus.

Geben Sie anschließend den neuen Namen ein oder drücken Sie direkt die *MENU*-Taste, um die Nutzereinstellung ohne Namensänderung zu aktivieren. Bestätigen Sie im nächsten Fenster die *OK*-Schaltfläche. Ab jetzt läuft die Nummerierung zwar weiter, aber das Präfix ist geändert.

▲ *Ändern des Dateipräfixes*

1: Automatisch drehen

Die Funktion *Autom. Drehen* betrifft jeden, der nicht nur im Querformat fotografiert. Denn die automatische Bildausrichtung sorgt dafür, dass Bildbetrachtungs- und -bearbeitungsprogramme die Hochformatbilder auch als solche identifizieren und entsprechend hochformatig anzeigen.

▲ *Zum automatischen Drehen von Hochkantaufnahmen*

Wenn Sie die Hochformatbilder auch bei der Wiedergabe in der Kamera hochformatig gedreht betrachten möchten, belassen Sie die Einstellung Ein 🅾 🖳 bei. Die Fotos sind dann aber recht klein. Mit Ein 🖳 können sie am Kameramonitor hingegen querformatig und damit größer wiedergegeben werden. Der Computer erkennt sie trotzdem als hochformatig – unsere aktuell präferierte Wahl.

Allerdings kann es vorkommen, dass der „Orientierungssinn" der 5DS [R] durcheinanderkommt. Das passiert zum Beispiel bei Überkopfaufnahmen oder bei solchen, die mit nach unten gerichteter Kamera entstehen.

Es kann also vorkommen, dass Sie das ein oder andere Bild nachträglich drehen müssen (Wiedergabemenü 1 */Bild rotieren*).

2: LCD-Helligkeit anpassen

Mit der Funktion *LCD-Helligkeit* können Sie, nomen est omen, die Helligkeit des Displays anpassen. Da Ihre 5DS [R] auf der Rückseite einen *Umgebungslichtsensor* ❶ besitzt, kann die Monitorhelligkeit automatisch angepasst werden, vorausgesetzt, der Sensor wird nicht mit dem Daumen verdeckt. ns ist das etwas zu unsicher, daher arbeiten wir lieber mit konstanter Helligkeit im Modus *Manuell*. Und da die 5DS [R] tendenziell eher unter- als überbelichtet, haben wir den Helligkeitswert auf Stufe 3 heruntergeregelt. Das verleitet uns dazu, die Bilder etwas heller aufzunehmen. Dies ist aber nur zu empfehlen, wenn Sie ein wenig Erfahrung mit der Beurteilung und Korrektur der Belichtung gesammelt haben und häufig im RAW-Format fotografieren.

Bei extrem starker Sonneneinstrahlung kann es aber auch sinnvoll sein, die LCD-Helligkeit zu erhöhen, um überhaupt ordentlich etwas auf dem Display sehen zu können. Das ist in beiden Modi möglich. Die verschiedenen Graustufen sollten aber noch differenziert zu sehen sind, sonst läuft die Bildkontrolle aus dem Ruder.

▲ *Umgebungslichtsensor*

▲ *Bei uns ist die manuelle Steuerung mit Helligkeitsstufe 3 eingestellt.*

> ✓ **Belichtung kontrollieren**
> Wenn Sie die LCD-Helligkeit ändern, ist es sinnvoll, nach der Aufnahme immer auch einen Blick auf das zugehörige Histogramm zu werfen.

2: Datum und Uhrzeit festlegen

Gleich nach dem ersten Anschalten der 5DS [R] erscheint automatisch der Bildschirm *Datum/Zeit/Zone* bzw. *Date/Time/Zone*. Stellen Sie die Werte hier gleich richtig ein, dann werden Ihre Fotos von vornherein mit den korrekten Zeitdaten abgespeichert. Abschließend bestätigen Sie die Schaltfläche *OK* mit der *SET*-Taste. Sollten Sie nachträglich Änderungen vornehmen wollen, ist dies problemlos möglich.

▲ *Datum, Zeit und Zeitzone einstellen*

2: Spracheinstellungen

Damit Sie verständliche Botschaften von Ihrer fotografischen Begleiterin erhalten, können Sie Ihre bevorzugte *Sprache* aus 25 Möglichkeiten auswählen.

4: Bilder mit Copyright-Informationen versehen

Für jeden, der seine Bilder an andere weitergibt oder im Internet präsentiert, könnte die Möglichkeit interessant sein, die Bilder mit Copyright-Informationen zu versehen. Es gibt zwei Felder, die individuell mit dem eigenen Namen, einem Copyright-Vermerk oder mit anderen Begriffen ausgefüllt werden können. Um dies zu tun, navigieren Sie im Einstellungsmenü 4 zum Eintrag *Copyright-Informationen*.

Öffnen Sie darin die Option *Name des Autors eingeben* oder *Copyright-Detail eingeben* und geben Sie Ihren Text ein (Buchstaben löschen mit 🗑 und auswählen mit [Q] und Multi-Controller). Über *Copyright-Info anzeigen* können Sie die Angaben prüfen und über *Copyright-Info löschen* wieder komplett entfernen.

▲ *Copyright-Informationen bearbeiten*

4: Anzeige Zertifizierungs-Logo

Besonders an internationalen Zulassungsdaten für Kameras interessierte Zeitgenossen dürfte die Rubrik *Anzeige Zertifizierungs-Logo* gefallen. Sie liefert diverse Logos der Kamerazertifizierung, die nicht auf dem Kameragehäuse angebracht sind. Eine rundum spannende Angelegenheit – die allerdings selten zu besseren Bildern führt.

3: Drehung Wahlrad bei Tv/Av

Standardmäßig bewirkt das Drehen des Hauptwahlrads nach rechts, dass sich im Modus *Tv* die Belichtungszeit verkürzt und bei *Av* der Blendenwert erhöht. Wenn Sie die Richtungen umdrehen möchten, können Sie im Individualmenü 3 bei *Drehung Wahlrad bei Tv/Av* die Option *Umgekehrt* ✚⁃ einstellen. Auch in den anderen Modi kehren sich die Einstellungsrichtungen für die Programmverschiebung (*P*) oder die Auswahl von Zeit und Blende (*M*, *B*) dann um.

3: Multifunktionssperre

Im Eifer des Fotografierens kann es vorkommen, dass versehentlich an den verschiedenen Wahlrädern gedreht wird. Uns ist es schon passiert, dass wir plötzlich total überbelichtete Bilder hatten, weil per Schnellwahlrad unabsichtlich eine Belichtungskorrektur eingestellt wurde. Dies können Sie verhindern, indem Sie die LOCK-Taste nach rechts schieben. Welche Wahlräder dann gesperrt sind, lässt sich im Individualmenü bei *Multifunktionssperre* festlegen.

▲ *Die Multifunktionssperre betrifft standardmäßig nur das Schnellwahlrad.*

Kamera- und Individualfunktionen löschen

Wenn Sie auf Ihrer EOS 5DS [R] einmal so richtig Klarschiff machen möchten, bietet sich die Funktion *Alle Kamera-Einst.löschen* im Einstellungsmenü 4 an. Mit der Option setzen Sie die 5DS [R] komplett auf die Werkseinstellungen zurück. Möchten Sie auch alle veränderten Einstellungen in den Individualfunktionen löschen, wählen Sie im Individualmenü 4 die Option *Alle C.Fn löschen*.

16.9 Das My Menu konfigurieren

Um auf die von Ihnen häufiger genutzten Funktionseinstellungen schneller zugreifen zu können, hat Canon der 5DS [R] ein Menü zum Selbstkonfigurieren mit auf den Weg gegeben, das *My Menu*. Darin können Sie bis zu fünf Registerkarten mit jeweils sechs Funktionen in beliebiger Reihenfolge abspeichern.

▲ Neue Registerkarte anlegen

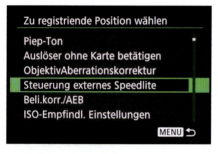

▲ Positionen auswählen

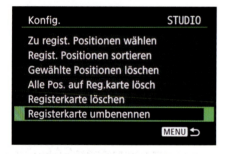

▲ Konfiguration der neu erstellten Registerkarte

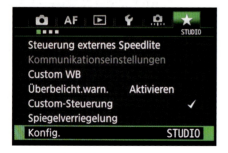

▲ Menü STUDIO

Wählen Sie zu Beginn das grüne My Menu ★ aus und bestätigen Sie den Eintrag *Registerkarte My Menu hinzuf.* mit der *SET*-Taste. Mit *OK* wird im nächsten Fenster das Anlegen der neuen Registerkarte *MY MENU1* bestätigt.

Anschließend können Sie über *Konfig.* und *Zu regist. Positionen wählen* damit anfangen, die Funktionen zu speichern. Bestätigen Sie hierbei jede Option und danach die *OK*-Schaltfläche mit der *SET*-Taste.

Beenden können Sie die Auswahl mit der *MENU*-Taste. Anschließend besteht die Möglichkeit, die Funktionen zu sortieren, einzelne zu löschen oder auch wieder alle zu entfernen.

Interessant ist auch die Möglichkeit, der Registerkarte mit der Funktion *Registerkarte umbenennen* einen eigenen Namen zu verpassen. Hier haben wir beispielsweise das My Menu *STUDIO* erstellt, in dem sich alle Funktionen tummeln, die wir bei Aufnahmen im Fotostudio regelmäßig benötigen.

Welche Funktionen sind uns nun so ans Herz gewachsen, dass wir sie in den exklusiven Kreis des My Menu aufnehmen? Nun, drei unserer Registerkarten sehen wie folgt aus:

- Das Menü *STUDIO* enthält Funktionen, die wir bei der Studiofotografie häufig benötigen, etwa die Steuerung externer Speedlites oder die Kommunikationseinstellungen für die WLAN-Übertragung mit dem Wireless File Transmitter WFT-7.

- Die Registerkarte *ACTION* hält alle wichtigen Funktionen zum Anpassen des AI Servo AF für Sportaufnahmen unter freiem Himmel oder in der Halle (*Anti-Flacker-Aufn*) parat.

- Im Bereich **KREATIV** haben wir uns Funktionen zur Korrektur des Weißabgleichs, Mehrfach- und HDR-Belichtungen, Intervallaufnahmen und die Spiegelverriegelung für erschütterungsfreie Stativaufnahmen zusammengestellt.

- Denkbar wäre beispielsweise auch noch eine Karte **MOVIE** mit den zum Filmen relevanten Einstellungen, wie Movie-Aufn.qual., Movie-Servo-AF, Tonaufnahme, Movie-Servo-AF Geschwind. und Zeitraffer-Movie.

▲ *Menü ACTION*

 Direktzugriff auf das My Menu

Egal, wie viele Registerkarten angelegt sind, in der jeweils letzten Karte **MY MENU: Set up** können Sie den Anzeigemodus festlegen.

Wenn Sie bei **Menüanzeige** die Option **Von Reg.Karte My Menu anz.** wählen, wird mit der **MENU**-Taste stets direkt das My Menu aufgerufen. Damit haben Sie immer sofort Zugriff auf Ihre wichtigsten Funktionen.

Mit **Nur Reg.Karte My Menu anz.** beschränkt sich das Menü auf das My Menu und die anderen Menüs werden ausgeblendet, was wir Ihnen nicht unbedingt empfehlen würden.

▲ *Menü KREATIV*

16.10 Individuelle Schnellmenüs aufbauen

Das Schnellmenü bietet einen gut erreichbaren und flinken Zugriff auf viele wichtige Aufnahmeparameter. Aber vielleicht gibt es einige davon, die Sie nur äußerst selten benötigen, und wiederum andere, die Sie im Schnellzugriff vermissen.

Dieser Tatsache trägt Canon nun Rechnung und hat der 5DS [R] ein individuelles Schnellmenü verpasst. Dieses kann durch Drücken der **INFO.**-Taste aufgerufen werden.

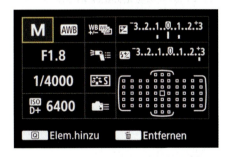

▲ *Individuell eingerichtetes Schnellmenü*

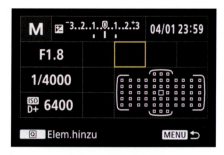

▲ Freie Menüposition auswählen

▲ Menüelement auswählen

▲ Symbolgröße bestimmen

Das individuelle Schnellmenü setzt sich aus einzelnen Funktionsbausteinen zusammen, die Sie auswählen und in gewissen Grenzen frei arrangieren können.

Um damit zu starten, öffnen Sie im Einstellungsmenü 3 die Option *Schnelleinstellung anpassen*. Wenn Sie sich von Beginn an ein ganz neues Schnellmenü aufbauen möchten, können Sie direkt mit *Alle Elemente löschen* loslegen und das Menü komplett leeren.

So oder so, wählen Sie anschließend den Eintrag *Layoutbearbeitung starten* aus, um das Schnellmenü zu bearbeiten. Bestätigen Sie den kurzen Informationsbildschirm mit **OK**.

Anschließend können Sie vorhandene Funktionen oder leere Menüpositionen mit dem Multi-Controller ansteuern (gelber Rahmen). Wenn Sie **SET** drücken, lässt sich der Menüpunkt anschließend mit dem Multi-Controller verschieben (gelber Rahmen mit Pfeilen). Drücken Sie danach wieder **SET**. Um eine Menüposition frei für neue Einträge zu machen, wählen Sie das Element aus und drücken anschließend die Löschtaste. Eine Position neu belegen können Sie durch Drücken der Taste [Q]. Es erscheint ein Auswahlmenü mit den verfügbaren Funktionen.

Suchen Sie sich das gewünschte Funktionselement daraus aus, hier die Blitzbelichtungskorrektur. Drücken Sie anschließend die **SET**-Taste, um die Symbolgröße zu bestimmen.

Die Menüsymbole können sich über ein, zwei oder drei Kästchen erstrecken – oder im Fall der AF-Messfeldanzeige auch über sechs Kästchen. Bestätigen Sie die Auswahl der Symbolgröße mit **SET**.

Es kostet zwar etwas Zeit, sich das individuelle Schnellmenü von Grund auf aufzubauen, aber es ist eben auch recht praktisch, es entweder als alleiniges Schnellmenü oder parallel zum Standard-Schnellmenü in besonderen Fotosituationen einsetzen zu können.

1,3×|1,6×-Bildausschnitt 49, 271, 301
2Sek/Fern 231
2-Sek.-Selbstauslöser 311
10Sek/Fern 231
61-Punkte-Weitbereich-AF 20, 105

A

Abbildungsmaßstab 298
Abblendtaste 24, 71
Abbrennzeit 237
Achromat 301
Actionfotografie 277
Adobe Camera Raw 420
Adobe RGB 190
AEB, autom. Belichtungsreihe 30, 333
    Anzahl Belichtungsreihenaufn 332
    Automatisches Bracketingende 332
    Bracketing-Sequenz 333
AE-Speicherung 33, 342
AF-Ausg.feld AI Servo AF 283
AF-Bereich 110
AF-Bereich-Erweiterung 116
AF-Bereich, Objektivabhängigkeit 107
AF-Bereich-Umgebung 116
AF-Betrieb 29, 32, 110
    einstellen 127
    One-Shot 123
AF-Betrieb-Taste 27
AF Feinabstimmung 139
AF-Feldanzeige 56, 114
AF-Feld Anzeige währ.Fokus 122
AF-Feld-Nachführung 131
AF-Hilfslicht 233
AF-Menü 37
AF-Messfeld 32, 110
    blinkende AF-Felder 111
    Direktauswahl AF-Feld 112
    einstellen 111
AF-Messfeldanzeige 56
AF-Messfeldwahl
    AF-Messfeld speichern 120
    Einzelfeld-AF 117

AF-Messfeldwahl
    Man. AF-Messfeld Wahlmuster 119
    Spot-AF 117
    wählbares AF-Feld 117
AF-Messfeldwahl-Taste 25
AF-Methode 135
AF-Methode, Movie-Servo-AF 360
AF-ON-Taste 25, 284
AF-Spot 221, 223
AF-Spotmessfeld 32
AF-Statusanzeige 32
AF-Zone 114
AI SFocus SAF 127
AI SServo SAF 127
    AF-Feld-Nachführung 131
    AI Servo Reaktion 129, 284
    Case 129
    Nachführ Beschl/Verzög 130
    Priorität 1. Bild 131
    Priorität 2. Bild 132
Akku 39
    einlegen 39
    Info Akkuladung 39
Akkugriff 387
Akkuladestand 30
Alle C.Fn löschen 433
Alle Kamera-Einst.löschen 433
ALL-I 355
Anschlüsse
    Digital-Anschluss 28
    Fernbedienungsbuchse 28
    HDMI OUT 28
    Kabelanschlussbuchse 28, 408
    MIC 28
    PC-Anschluss 28
Anti-Flacker-Aufn 293
Anti-Flacker-Funktion 21
Anz. Belichtungsreihenaufn 174, 332
Anzeigeform wechseln 31
Anzeige Livebild-Aufnahmebereich 50
Anzeige Zertifizierungslogo 432
Arbeitsblende 71

Architekturfotografie 246
Aufnahmemenü 37
Aufnahmepegel 368
Aufn.funkt.+Karte/Ordner 41, 389, 428
Auslösepriorität 131
Auslöser 23
   ⌔-Tasten-Funkt. 364
   ohne Karte betätigen 41
Ausschnitt 406
Ausschnittbereich 32
Ausschn./Seitenverh. 49, 271, 301
Auswahl Karte 41
Auto.Absch.aus 275
Auto-AF-Pktw. EOS iTR AF 115
Auto als Tarnung 272
Autofokus 109
Autofokus, Movie-Servo-AF 351
Auto-ISO-Bereich 80
Autom. AF-Messfeldwahl 113
Automatisch Drehen 430
Automatische Motiverkennung 320
Automatisches Bracketingende 332
Autom. Belichtungsopt. 30, 319
Autom. Belichtungsreihe 333
Autom. Motiverkennung 44
Autom. Motiverkennung, Motivsymbole 46
Autom. Weißabgleich 167
Autom. Weißabgleich, Priorität Weiß 170
Autom. Weißabgleichreihe 174
Av 297
Av mit Blitz 203
Av (Zeitautomatik) 70, 151
AWB 167
AWB, Priorität Weiß 170

B

Backfokus 139
Bajonett 23, 372
Bajonettkontakte 24
Banding-Effekt 358
Batteriegriff 387
Bayer-Pattern 54, 229

Beauty-Dish 224
Bedienkonzept 34
Beleuchtung
   Anti-Flacker-Aufn. 293
   Sucheranzeigen 123
Belichtung
   AE-Speicherung 342
   Autom. Belichtungsopt. 319
   Belichtungszeit 66
   Blende 70
   Histogramm 89
   ISO-Empfindlichkeit 72
   Mehrfeldmessung 82
   mittenbetonte Messung 85
   Selektivmessung 87
   Spotmessung 87
   Überstrahlung 317
Belichtungskorrektur 29, 94, 95
   AEB-Reihe 333
   Movie-Aufnahmen 359
   Safety Shift 154
   Tonwert-Priorität 317
Belichtungsmessung 85
Belichtungsmessung .... *siehe* Messmethode
Belichtung speichern 33, 342
Belichtung speichern, Movie 359, 360
Belichtungsreihenautomatik 30, 333
Belichtungsstufenanzeige 29, 33, 156
Belichtungswarnung 148
Belichtungszeit 66, 356
   Bildstabilisator 68
   Bulb 337
   Einst. Verschlusszeitenbereich 280
   Stabilisator 67
Beli.korr./AEB 95
Betriebsart 29, 32
   2Sek/Fern 231
   2-Sek.-Selbstauslöser 311
   10Sek/Fern 231
   Fernsteuerung 387
Betriebsart-Taste 27

Beugungsunschärfe 308
   Blendenbereich einstellen............................310
Bewegung einfrieren 279
Bewertung..58
Biegestativ...385
Bild
   rotieren...404
   zuschneiden 406
Bildaufnahmequalität...33
Bildaufnahmequalität, Kompression 47
Bildausschnitt ....…..49, 271, 301
   Anz. Livebild-Aufnahmebereich 50
Bildauswahl Mehrfachbelichtung.....................99
Bildbearbeitung..404
   Bild rotieren...404
   Grauverlauf 265
   Größe ändern 406
   stürzende Linien 249
Bildebene 28, 299
Bildgröße
   FHD..351
   HD..351
   JPEG...47
   Movie 351
   mRAW 47
   RAW 47
   sRAW 47
   VGA..351
Bildkopie..424
Bildqualität..47
   Bayer-Pattern..54, 229
   JPEG...51
   MOV 352
   Movie 351
   M-RAW, S-RAW 53
   RAW 53
Bildrate 353
Bildrauschen...73
   Exposure to the right..................................323
   High-ISO-Rauschreduzierung........................77
   Multi-Shot-Rauschred. 77, 325
   Rauschred. bei Langzeitbel..................79, 337

Bildsprung mit Bildsprung mit ☼...................55
Bildstabilisator 68
   Hybrid-IS..70
   Mechanismus 70
   Mitzieher..291
Bildstabilisator (IS)..67
Bildstil...182
   anpassen 185
   Bildstile entwerfen 187
   Feindetail...183
   Neutral 356
   Schärfe einstellen 185
   Übersicht...186
Bildübertragung..410
Bildübertragung auf den PC 408
Blasebalg 396
Blaue Stunde 320
Blende 70
Blende, Einstellung Blendenbereich...............310
Blendenautomatik (Tv) 148, 280
Blendenwert...29
Blinkende AF-Felder 111
Blitz
   1. Verschluss..211
   2. Verschluss..211
   AF-Hilfslicht 233
   Blitzdiffusor 201
   Blitzgeräte 197
   Blitzsteuerung 208
   Blitzsynchronzeit bei Av..............................204
   Blitzzündung deaktivieren 234
   C.Fn Einstellungen 197
   drahtlos 213
   einfacher Drahtlosblitz 215
   entfesselt blitzen 212, 224, 307
   FE-Speicherung..33
   Funk-Blitzauslöser 212
   Hi-Speed-Sync..33, 209
   Kanal...216
   Leitzahl...198
   Makroringblitz 297
   Modus M 206

Blitz
   Nachtporträt 232
   Programmautomatik (P) 202
   Prüfblitzauslösung 215
   Softbox 201, 232
   Steuerung externes Speedlite 197
   Stromabschaltung 216
   Synchronzeit 204
   Zeitautomatik (Av) 203
Blitzbelichtungskorrektur 29, 33, 207
Blitzbelichtungskorrektur-Taste 27
Blitzbelichtungsreihe (FEB) 208
Blitzbereitschaft 33
Blitz C.Fn Einstellungen
   Autom.Stromabschaltung Slave 216
   FEB Automatische Löschung 209
Blitzschiene 395
Blitzsynchronisationskontakte 27
Blitzsynchronzeit 236
Bohnensack 272
Bokeh 153, 373
Bracketing-Sequenz 333
Bulb 157, 337
Bulb, Langzeitbelichtungs-Timer 158

C

C1/C2/C3-Modus 160
Case (AF) 129, 281, 282, 284, 286
CF-Kartenslot 30
CF-Speicherkarte 40, 388, 389
Chromatische Aberration 250, 252, 418
Chromatische Aberrationskorr. 406
Copyright-Informationen 432
Cropmodus 49, 271, 301
Custom-Steuerung 112, 120, 284

D

Dämmerung 320
Dateiformat .... *siehe* Bildqualität
Datei-Nummer 429
Datum 431
Detailauflösung 73
Detaillierte Aufnahmeinformationen 56

Detailschärfe 104
Diaschau 59
Digital-Anschluss 28
Digitale Objektivoptimierung 418
Digitalkompass 392
Digital Photo Prof 56, 78, 114, 169, 253,
                                      320, 398, 408, 420
   Compositing-Werkzeug 100
   HDR-Werkzeug 330
Dioptrieneinstellung 25
Direktauswahl AF-Feld 112
Direkttasten 36
DPOF-Standard 425
Drahtlos blitzen 213
Drehung Wahlrad bei Tv/Av 433
Druckauftrag 425
Druckerkalibrierung 191
Dual-DIGIC6-Prozessor 19
Dualkreuzsensor 106, 373
Dunkelbild 79
DxO Optics Pro 421
Dynamik durch Mitziehen 289
Dynamikumfang .... *siehe* Kontrastumfang

E

EF-Bajonett 372
EF-Objektiv-Ansetzmarkierung 23
Einfacher Drahtlosblitz 215
Einstellschlitten 312
Einstellstufen 151
Einstellung, Blendenbereich 310
Einstellungen löschen 433
Einstellungsmenü 37
Einst. Verschlusszeitenbereich 280
Einzelfeld-AF 117
Einzelporträt 221
Entfesselt blitzen 212, 213, 224, 307
EOS iTR AF 115
EOS Lens Registration Tool 408
EOS MOVIE Utility 353
EOS Utility 239, 408, 424
EOS Utility, Objektivdaten updaten 253
Exif 420

Exposure to the right 323
Eye-Fi-Einstellungen 389
Eye-Fi-Speicherkarte 389

F

Farbmanagement 191
Farbmoiré 229
Farbraum 189
Farbraum, ICC-Profil 420
Farbsäume 418
Farbstich erkennen 93
Farbtemperatur 166
Farbtemperatur einstellen 176
Favoritensterne 58
FEB 208
FEB Automatische Löschung 209
Feindetail 183
Fernaufnahmen 238
Fernbedienung 385
Fernbedienungsbuchse 28
FE-Speicherung 33
Festwinkelobjektiv 220
Feuerwerk 157, 335
Filmen .... *siehe* Movie
Filter
    Graufilter (ND) 258, 358
    Grauverlaufsfilter 263
    Polfilter 254
Firmware-Aktualisierung 426
Firmware-Aktualisierung, GPS-Empfänger 392
Firmware-Version 426
Flackerbeleuchtung 291
Flackererkennung 21
FlexiZone Single 135, 136, 350
Flicker-Effekt 358
Flicker-Warnung 33, 293
Focus Preset 289
Fokuspriorität 125
Fokussieren
    AF-ON-Taste 284
    FlexiZone Single 350
    Fokusbereich einschränken 288

Fokussieren
    Fokusebene speichern 289
    Gesichtsverfolg. 350
    Man. AF-Messfeld Wahlmuster 119
    manueller Fokus 133
    manuell nachfokussieren 127
    Movie-Servo-AF 360
    Objektiv Electronic AF 127
    wählbares AF-Feld 117
    Wahlmodus AF-Bereich wählen 112
Fokussieren .... *siehe* Scharfstellen
Fokussierschalter 134
Förderliche Blende 308
Fotobuch-Einstellg. 424
Framerate 353
Freistellen Person 221
Frontfokus 139
Führungslicht 236
Funk-Blitzauslöser 212
Funktionseinst. ext. Blitz 208
Funktransmitter 236

G

Gegenlicht 53
Gehegezaun 270
Gesichtsverfolgung 135, 138, 350
Gewitter 157
Gitteranzeige 32, 342, 343
Gitteranzeige, Wiedergaberaster 343
GPS 30
GPS-Geräteeinstellungen 391
Graufilter (ND) 258, 358
Graukarte 175
Grauverlaufsfilter 263
Größe ändern 406
Gruppenbilder 222
Gyrosensoren 70

H

Hauptlicht 236
Hauptschalter 28
Hauptwahlrad 28

Haustiere 268
HDMI-Kabel 60
HDMI-OUT-Anschluss 28, 60
HDR 30, 325
    autom. Belichtungsreihe 331
    Digital Photo Professional 330
    HDR-Modus 327
    Software 334
High-ISO-Rauschred................................73, 77
Hi-Speed-Sync. 209
Hi-Speed-Synchronisation 33
Histogramm 89
    Farbstich erkennen 93
    RGB 92
    Voreinstellung 93
Hochformatgriff 387

I

ICC-Profil...420
Image Stabilizer (IS) 68
Individualfunktionen (C.Fn)
    Einstellstufen 151
    ISO-Einstellstufen 75
    Obj. b. Abschalt. einziehen.........................381
Individualmenü..37
Individualmenü, Alle C.Fn löschen 433
Info, Akkuladung..39
INFO.-Taste 25, 31
INFO.-Taste Anzeigeoptionen 31
Infrarot-Auslöser 385
Insekten..306
Interpolation...54
Intervallaufnahme, Zeitraffer-Movie 365
Intervall-Timer.........................30, 337, 340, 366
IPB 355
IR-AF-Hilfslicht 234
IS (Image Stabilizer) 67
ISO-Automatik 80
ISO-Automatik, Mindestverschlusszeit............81
ISO-Empfindlichkeit 29, 33, 72
    Auto ISO-Bereich 80
    Bildrauschen 73

ISO-Empfindlichkeit
    Exposure to the right................................323
    High-ISO-Rauschreduzierung.......................77
    ISO 50 76
    ISO-Automatik 80
    ISO-Bereich 75
    ISO-Einstellstufen 75
    ISO-Wert...73
    Multi-Shot-Rauschred. 77, 325
    Rauschred. bei Langzeitbel. 79, 337
ISO-Taste..27, 75

J

JPEG 51

K

Kabelanschlussbuchse 28, 408
Kabelfernauslöser..385
Kabellos blitzen 212, 213, 307
Kabelschutz 239
Kalibrierung 191
Kamera
    Aufsicht 27
    Gehäuse 18
    INFO.-Taste 31
    LCD-Anzeige..29
    Rückansicht 25
    Sucheranzeige 31
    Teilebezeichnungen 23
    Vorderansicht 23
Kameramenü 36
Karte formatieren..44
Kelvin-Wert...166
Kissenförmige Verzeichnung 250
Kommunikationseinstellungen 395
Kompressionsstufe 47
Kontakte 24
Kontinuierlicher AF 137
Kontrastumfang...317
    Autom. Belichtungsoptimierung 319
    Grauverlaufsfilter 263
    Tonwert-Priorität 317

Konturenlicht 236
Korrektur der Belichtung 94, 95
Kreativaufnahme-Taste 26
Kreuzeinstellschlitten 312
Kreuzsensor 106
Kugelkopf 384
Kunstlicht, Flackerbeleuchtung 291

L

Langzeitbelichtung 157, 158, 335, 337
Langzeitbelichtungs-Timer 29, 158
Lautsprecher 26, 367
LCD-Anzeige 28, 29
   beleuchten 28
   Warnungen 34
LCD-Helligkeit 431
LCD-Mattscheibe 33
Leise LV-Aufnahme 275, 303
Leiser Betrieb 359, 368
Leitzahl 198
Lichtempfindlichkeit ..... *siehe* ISO-Empfindlichkeit
Lichtformer 224
Lichtspuren 335
Lichtstärke 372
Lightroom 169, 242
Liniensensor 106
Livebild 25, 38
   Autofokus 135
   FlexiZone Single 135, 136, 350
   Gesichtsverfolg. 135, 138, 350
   Gitteranzeige 343
   kontinuierlicher AF 137
   Leise LV-Aufnahme 275
   Livebild/Movie-Schalter 25
   Lupenfunktion 312
   Messtimer 343
   Motivverfolgung 138
   Seitenverhältnis 50
LOCK-Taste 26
Löschen 62
   Alle C.Fn löschen 433
   Alle Kamera-Einst.löschen 433

Löschen
   MyMenu-Registerkarte 434
   Standard-Löschoption 63
Löschtaste 26
Lupenfunktion 312
Lupentaste 26

M

Magnesiumlegierung 18
Makrofotografie 295
Makroobjektiv 220, 304
Makroringblitz 297
Man. AF-Messfeld Wahlmuster 119
Manuelle Belichtung (M) 70, 155, 321
Manuelle Belichtung (M) mit Blitz 206
Manueller Fokus 133
Manueller Weißabgleich 174
Manuell nachfokussieren 125, 127
Map Utility 393
Master-Blitzgerät 212
Mehrfachbelichtung 30, 95
   Digital Photo Professional 100
   Grenzen 101
   Mischmethoden 98
   mit vorhandenem Bild 99
Mehrfeldmessung 82
Menü
   Aufnahme 37
   Autofokus (AF) 37
   Einstellung 37
   Individualfunktionen 37
   Movie-Aufnahme 37
   My Menu 38, 433
   Wiedergabe 37
MENU-Taste 25, 36
Messmethode 29, 32
   Mehrfeldmessung 82
   Mittenbetont 85
   Selektiv 87
   Spot 87
Messmethode-Taste 27
Messtimer 148, 343, 428

M-Fn-Taste 27, 111
MIC-Anschluss 28
Micro-USM-Motor 126
Mikrofon 23, 367
   Aufnahmepegel 368
   externes 368
Mindestverschlusszeit 81
Mirror Vibration Control System 19
Mittenbetonte Messung 85
Mitzieher 289
M mit Blitz 232
Modus
   Autom. Motiverkennung 44, 320
   Av 297
   Av mit Blitz 203
   Av (Zeitautomatik) 70, 151
   B (Langzeitbelichtung) 157
   M (manuelle Belichtung) 70, 155, 321
   M mit Blitz 206, 232
   P mit Blitz 202
   P (Programmautomatik) 146
   Tv 280
   Tv (Blendenautomatik) 148
Modus-Wahlrad 27
Mögliche Aufnahmen 29
Moiré-Effekt 226
Monitorkalibrierung 191
Motivsymbole 46
Motivverfolgung 138
MOV 352
Movie 350
   ALL-I 355
   Aufnahmegröße 351
   Aufnahmequalität 351
   ⬥-Tasten-Funkt. 364
   Autofokus 350
   automatische Belichtung 350
   Banding-Effekt 358
   Belichtungskorrektur 359
   Belichtung speichern 359, 360
   Belichtungszeit 356
   Bildrate 353

Movie
   Dämpfung der Tonaufnahme 368
   Follow-Focus 364
   IPB 355
   ISO-Wert 75
   leiser Betrieb 359
   manueller Fokus 363
   MOV 352
   Movie-Servo-AF 360
   Movie Wg.-Zähler 362
   Schärfentiefe 357
   Standbild aufnehmen 353
   Timecode 362
   Tonaufnahme 367
   Touchpad 359, 368
   Videoneiger 363
   Video-Rig 364
   Videosystem 61, 353
   Windfilter 368
   Zeitraffer-Movie 365
Movie-Aufnahmemenü 37
Movie-Servo-AF 351
M-RAW 53
Multi-Controller 25
Multi-Shot-Rauschred 77, 325
My Menu 38, 433
My Menu, Menüanzeige 435

N

Nachführ Beschl/Verzög 130
Nachschärfen 185
Nachtaufnahme 158, 320
Nachtporträt 232
Naheinstellgrenze 296
Nahlinse 300
Naturfotografie 261
Neiger 363
Neutraldichtefilter 258, 358
Nodalpunkt 345
NTSC 353
Nutzbare AF-Messfelder 374

O

Objektiv
- Aberrationskorrektur ... 251
- AF Feinabstimmung ... 139
- Bajonett ... 372
- Canon-empfohlen ... 373
- chromatische Aberration ... 250, 252, 418
- digitale Objektivoptimierung ... 418
- Electronic AF ... 127
- Firmware-Update ... 427
- Fokussierschalter ... 134
- Lichtstärke ... 372
- Makroobjektiv ... 304
- Naheinstellgrenze ... 296
- Normalzoom ... 377
- nutzbare AF-Messfelder ... 374
- Obj. b. Abschalt. einziehen ... 381
- Porträt ... 381
- Qualitätsvergleich ... 375
- Randunschärfe ... 418
- Reinigung ... 396
- Retroadapter ... 303
- STM-Objektiv ... 127
- Telekonverter ... 380
- Telezoom ... 379
- Tilt-Shift-Objektiv ... 246, 248
- Verzeichnung ... 250, 252, 418
- Vignettierung ... 250, 418
- Weitwinkelzoom ... 378
- Zwischenring ... 302

Objektiventriegelungstaste ... 23
One-Shot AF ... 123
One-Shot AF Prior.Auslösung ... 125
Optischer Sucher ... 25
Ordner erstellen ... 428
Ortsdaten ... 30

P

PAL ... 353
Panorama ... 341
- Nodalpunkt ... 345
- Panoramakopf ... 347
- Software ... 344

PC-Anschlussbuchse ... 28
People-Fotografie ... 220
Personen ... 220
Picture Style Editor ... 408
Picture Style ... *siehe* Bildstil
Piepton ... 110
Polfilter ... 254
Porträtfotografie ... 220
Porträtobjektiv ... 220, 381
Priorität Weiß ... 170
Programmautomatik (P) ... 146
Programmautomatik (P) m. Blitz ... 202
Programmverschiebung ... 147, 203
Prozessor ... 19
Prüfblitzauslösung ... 215
Pufferspeicher ... 278
Pufferspeicher, M RAW, S RAW ... 54

R

Randunschärfe ... 418
RATE-Taste ... 26
RATE-Tasten-Funkt. ... 62
Rauschred. bei Langzeitbel. ... 79, 337
RAW ... 53
RAW-Bildbearbeitung ... 404
RawTherapee ... 422
Reflektor mit Öffnung ... 225
Reihenaufnahme
- langsam ... 279
- maximale Anzahl ... 33
- schnell ... 278

Remote-Blitz ... 212
Retroadapter ... 303
RGB-Histogramm ... 92
Rim-Light ... 236
Ring-USM-Motor ... 126

S

Safety Shift ... 154
Schärfeebene ... 104
Schärfe einstellen ... 185
Schärfenindikator ... 33, 109
Schärfens. wenn AF unmögl. ... 288

Schärfentiefe 151
   Beugungsunschärfe 308
   Blendenbereich einstellen 310
   Blitz 203
   Bokeh 153
   förderliche Blende 308
Schärfentiefe-Prüftaste 24, 71
Schärfespeicherung 221
Scharfstellen 104
   2Sek/Fern 231, 311
   10Sek/Fern 231
   61-Punkte-Weitbereich-AF 105
   AF-Ausg.feld AI Servo AF 283
   AF-Bereich 110, 111
   AF-Bereich-Erweiterung 116
   AF-Bereich-Umgebung 116
   AF-Betrieb 110
   AF-Feld Anzeige währ.Fokus 122
   AF-Messfeld 110, 111
   AF-Messfeld speichern 120
   AF-Zone 114
   AI Focus AF 127
   AI Servo AF 127
   AI Servo Prio. 1. Bild 131
   AI Servo Prio. 2. Bild 132
   AI Servo Reaktion 284
   Autofokus 109
   Autom. AF-Messfeldwahl 113
   Case 129, 281, 282, 284, 286
   Direktauswahl AF-Feld 112
   Dualkreuzsensor 106
   Einzelfeld-AF 117
   EOS iTR AF 115
   FlexiZone Single 135, 136
   Flugaufnahmen 287
   Fokuspriorität 125
   Fokussierhilfen 109
   Gesichtsverfolg. 135, 138
   Kreuzsensor 106
   Liniensensor 106
   Livebild 135
   Lupenfunktion 312

Scharfstellen
   manuell nachfokussieren 125
   Motivverfolgung 138
   Movie-Servo-AF 351
   Objektivabhängigkeit 107
   One-Shot AF 123
   Schärfeebene 104
   Schärfenindikator 109
   Schärfens. wenn AF unmögl. 288
   Spiegelverriegelung 310
   Spot-AF 117
   Wahlmethode AF-Bereich 112
Schneidedaten hinzufügen 51
Schnelleinstellung anpassen 436
Schnelleinstellungsbildschirm 35
Schnelleinstellungstaste 26, 35
Schnellkupplungssystem 384
Schnellmenü 35
Schnellmenü anpassen 435
Schnellrücklaufspiegel 24
Schnellwahlrad 26
Schützen 61
Schützen, RATE-Tasten-Funkt. 62
Scrollanzeige 55
SD-Kartenslot 30
SD-Speicherkarte 40, 388
Seitenverhältnis 50
Selbe Bel. f. neue Blende 156
Selbstauslöser 231
   2Sek/Fern 231, 311
   10Sek/Fern 231
Selbstauslöser-Lampe 23, 231
Selektivmessung 87
Sensor 19
Sensor, Bayer-Pattern 54, 229
Sensorebene 28, 299
Sensorreinigung 397, 400
SET-Taste 26
Softbox 224, 232
Software 407
   Adobe Camera Raw 420
   Adobe Lightroom 420

Software
- Digital Photo Prof. 56, 78, 398, 408, 410
- DPP 100, 114, 169, 253, 320, 330, 420
- DxO Optics Pro 421
- EOS Lens Registration Tool 408
- EOS MOVIE Utility 353
- EOS Utility 239, 408, 424
- HDR 334
- Lightroom 169, 242
- Map Utility 393
- Objektivdaten updaten 253
- Panorama 344
- Picture Style Editor 408
- RawTherapee 422
Sommerzeit 431
Sonnenuntergang 266
Speicherkarte 40, 388
- CF-Kartenslot 30
- Eye-Fi 389
- Reihenaufnahme 278
- SD-Kartenslot 30
- Wi-Fi SDHC 390
Sperrtaste 27
Spiegelverriegelung 30, 310
Sportfotografie 277
Spot-AF 117
Spotmesskreis 32
Spotmessung 87
Sprache 432
S-RAW 53
sRGB 190
Standard-Löschoption 63
Standardzoomobjektiv 220
START/STOP-Taste 25
Stativ 382
Stativ, Biegestativ 385
Stativkopf 384
Staub entfernen 396
Staublöschungsdaten 398
Sterntaste 25, 342
Steuerung externes Speedlite 197

STM-Objektiv 127
Strg über HDMI 61
Studioblitz 237
Studioporträt 234
Stürzende Linien 247
Sucher 25
- Beleuchtung Sucheranzeigen 123
- Flicker-Warnung 293
- Gitteranzeige 342
- Sucheranzeige einstellen 33
- Warnungen 33, 34
Sucheranzeige 31
Synchronzeit 204
Systemblitz 224
Systemblitzgeräte 197

T

Teilebezeichnungen 23
Telekonverter 380
Tether-Aufnahmen 238
Tiefpassfilter 21, 228
Tierfotografie 267
Tierfotografie, Gehegezaun 270
TIFF-Format 419
Tilt-Shift-Objektiv 246, 248
Timecode 362
Timelapse-Video 365
Tonaufnahme 367
Tonnenförmige Verzeichnung 250
Tonwert-Priorität 30, 33, 317
Tonwert-Priorität, ISO-Bereich 75
Touchpad 26, 359, 368
Transmitter 236
Tv (Blendenautomatik) 148, 280

U

Überbelichtung 90
Überbelichtungswarnung 91, 318
Überstrahlung 317
Umgebungslichtsensor 26, 431
Umkehrring 303
Unterbelichtung 90

Update der Firmware 426
Update der Firmware, GPS-Empfänger 392

V

Vergleichsansicht 57
Vergleichsansicht-Taste 26
Vergrößertes Livebild 312
Vergrößerte Wiedergabe 57
Vergrößerung (ca.) 57
Verschlusszeiten-
   automatik (Av) .... *siehe* Zeitautomatik (Av)
Verzeichnung 250, 252, 418
Verzeichnungskorrektur 406
Videoneiger 363
Video-Rig 364
Video .... *siehe* Movie
Videosystem 61, 353
Vignettierung 250, 418
Vignettierungskorrektur 406
Vignettierung, Slim-Filter 250
Vollautomatik 320
Vorsatzlinse 300

W

Wählbares AF-Feld 117
Wahlmethode AF-Bereich 112
Wahlmodus AF-Bereich wählen 112
Warnungen im Sucher 33, 34
Warnungen in LCD-Anzeige 34
Wasserwaage, elektronische 32
WB-Korr.einst. 174
Weißabgleich 29, 33
   AWB 167
   Bracketing 174
   einstellen 171
   Farbtemperatur einstellen 176
   für Kunstlicht 173
   für natürliches Licht 171
   Graukarte 175
   Korrektur 173
   manuell 174
   Probleme 168

Weißabgleich
   RAW-Konverter 169, 173
   Weißabgleichkorrektur 414
Weißabgleichkorrektur 30, 266
Weißabgleich-Taste 27
WFT-E7B (WLAN-Transmitter) 395
WFT-E7 (WLAN-Transmitter) 395
Wiedergabe 55
   AF-Feldanzeige 56, 114
   Bewertung 58
   Bildindex 57
   Detaillierte Aufnahmeinf. 56
   Fotobuch-Einstellung 424
   Movie Wg.-Zähler 362
   Scrollanzeige 55
   Strg über HDMI 61
   Vergleichsansicht 57
   Vergrößerung 57
   Vergrößerung (ca.) 57
Wiedergabemenü 37
Wiedergaberaster 343
Wiedergabetaste 26
Wi-Fi-Speicherkarte 390
Windfilter 368
Winterzeit 431
Wischeffekt 210, 256
WLAN-Transmitter (WFT-E7) 395
WLAN-Transmitter (WFT-E7B) 395

X

X-Synchronzeit 209

Z

Zeit 431
Zeitautomatik (Av) 70, 151
Zeitrafferaufnahme 340
Zeitraffer-Movie 21, 30, 365
Zeitzone 431
Zirkularer Polfilter 254
Zubehörschuh 27
Zugriffsleuchte 26
Zwischenring 302